# 平台工程
## 技术、产品与团队

Platform Engineering
A Guide for Technical, Product, and People Leaders

[美]卡米尔·富尔涅（Camille Fournier）
[澳]伊恩·诺兰德（Ian Nowland） 著

茹炳晟　徐德晨 译

Beijing · Boston · Farnham · Sebastopol · Tokyo　O'REILLY®

O'Reilly Media, Inc. 授权机械工业出版社出版

机械工业出版社
CHINA MACHINE PRESS

Copyright © 2025 Camille Fournier and Ian Nowland. All rights reserved.

Simplified Chinese Edition, jointly published by O'Reilly Media, Inc. and China Machine Press, 2025. Authorized translation of the English edition, 2024 O'Reilly Media, Inc., the owner of all rights to publish and sell the same.

All rights reserved including the rights of reproduction in whole or in part in any form.

英文原版由O'Reilly Media, Inc. 2024年出版。

简体中文版由机械工业出版社2025年出版。英文原版的翻译得到O'Reilly Media, Inc.的授权。此简体中文版的出版和销售得到出版权和销售权的所有者——O'Reilly Media, Inc.的许可。

版权所有，未得书面许可，本书的任何部分和全部不得以任何形式重制。

北京市版权局著作权合同登记　图字：01-2025-1330号。

### 图书在版编目（CIP）数据

平台工程：技术、产品与团队 /（美）卡米尔·富尔涅(Camille Fournier), （澳）伊恩·诺兰德(Ian Nowland) 著；茹炳晟，徐德晨译 . -- 北京：机械工业出版社，2025.8. -- ISBN 978-7-111-78808-9

Ⅰ. TP311.52

中国国家版本馆CIP数据核字第2025NL9832号

机械工业出版社（北京市百万庄大街22号　邮政编码100037）
策划编辑：赵亮宇　　　　　　　　责任编辑：赵亮宇　冯润峰
责任校对：甘慧彤　王小童　景　飞　责任印制：张　博
北京机工印刷厂有限公司印刷
2025年8月第1版第1次印刷
178mm×233mm・17.75印张・358千字
标准书号：ISBN 978-7-111-78808-9
定价：99.00元

电话服务　　　　　　　　　　　网络服务
客服电话：010-88361066　　　　机　工　官　网：www.cmpbook.com
　　　　　010-88379833　　　　机　工　官　博：weibo.com/cmp1952
　　　　　010-68326294　　　　金　书　网：www.golden-book.com
**封底无防伪标均为盗版**　　　　机工教育服务网：www.cmpedu.com

# O'Reilly Media, Inc.介绍

O'Reilly以"分享创新知识、改变世界"为己任。40多年来我们一直向企业、个人提供成功所必需之技能及思想,激励他们创新并做得更好。

O'Reilly业务的核心是独特的专家及创新者网络,众多专家及创新者通过我们分享知识。我们的在线学习(Online Learning)平台提供独家的直播培训、互动学习、认证体验、图书、视频,等等,使客户更容易获取业务成功所需的专业知识。几十年来O'Reilly图书一直被视为学习开创未来之技术的权威资料。我们所做的一切是为了帮助各领域的专业人士学习最佳实践,发现并塑造科技行业未来的新趋势。

我们的客户渴望做出推动世界前进的创新之举,我们希望能助他们一臂之力。

## 业界评论

"O'Reilly Radar博客有口皆碑。"
——*Wired*

"O'Reilly凭借一系列非凡想法(真希望当初我也想到了)建立了数百万美元的业务。"
——*Business 2.0*

"O'Reilly Conference是聚集关键思想领袖的绝对典范。"
——*CRN*

"一本O'Reilly的书就代表一个有用、有前途、需要学习的主题。"
——*Irish Times*

"Tim是位特立独行的商人,他不光放眼于最长远、最广阔的领域,并且切实地按照Yogi Berra的建议去做了:'如果你在路上遇到岔路口,那就走小路。'回顾过去,Tim似乎每一次都选择了小路,而且有几次都是一闪即逝的机会,尽管大路也不错。"
——*Linux Journal*

# 本书赞誉

作者将海量可操作且富有洞察力的建议,提炼成一本结构严谨、通俗易懂的指南。每一位从事大规模系统构建的人士都应阅读这本书。

——Adrian Cockcroft,Orionx.net 技术顾问,
曾任 Netflix 云架构师及 AWS 架构策略副总裁

作者拨开平台工程的浮夸迷雾,直面构建和管理内部平台的现实。他们结合自身的实践经验,分享了规避常见失败模式的方法,以及如何打造一个令人信赖且备受喜爱的内部平台。

——Tanya Reilly,*The Staff Engineer's Path* 作者

平台工程是一项团队运动,而这本战术手册将成为你的制胜之道。

——Kelsey Hightower,谷歌前杰出工程师,
*Kubernetes: Up & Running* 合著者

这本书提出了一个令人信服的论点,即平台应被视为一种产品,适用于各类规模的组织。它强调,平台的作用是推动成功,而非限制实现方式。

——Sam Newman,技术专家和技术图书作者

平台工程是一项具有挑战性的工作:相关举措往往需要数月甚至数年的努力才能见效,而且很难将这些举措直接与业务成果挂钩。Camille 和 Ian 凭借构建优秀平台工程团队的宝贵实战经验,在这本精彩的著作中为读者提供了深刻的洞察。他们详细讲解了如何打造高效团队、选择恰当的举措、应对组织内部的政治博弈,以及如何判断自己是否取得成功。

——Sarah Wells,独立顾问和技术图书作者

无论是从象征意义还是实际应用层面,Camille Fournier 和 Ian Nowland 都为平台工程奠定了基石。他们的著作已成为理解和构建平台工程的权威参考书。我强烈推荐这本书。

——James Turnbull,首席技术官和技术图书作者

对于任何踏上平台工程旅程的领导者来说，这本书都是一部不可或缺的指南。它犹如一张详尽的路线图，帮助读者穿越技术、组织和系统层面的重重挑战，作者通过深厚的专业知识、丰富的实践经验和认知共情的视角，引导读者构建高效能的平台。

——Smruti Patel，Apollo GraphQL 公司工程副总裁

# 译者序

在数字化转型的浪潮中，平台工程（Platform Engineering）正逐渐从软件工程领域的边缘实践演变为软件企业构建高效技术体系的核心方法论。这一领域不仅涉及流程和架构的顶层设计，更关乎组织文化的基因重组与协作范式的根本性变革。Gartner 2023 年技术成熟度曲线报告显示，全球已有超过半数的头部企业将平台工程列为战略性投资方向，而这一比例在中国市场更高。本书正是对这一技术革命浪潮的深刻解构与全景式呈现。

两位作者的复合型背景为本书注入了独特的权威性。Camille Fournier 不仅是 CNCF 技术监督委员会创始成员，更以 *The Manager's Path* 一书重塑了技术领导力认知范式。她参与的 Red Hat OpenShift 平台战略成功实现了从单一 PaaS 产品到企业级混合云平台的进化，这一经历为本书的生态化平台思维提供了鲜活注脚。而 Ian Nowland 作为 AWS ECS 容器服务的早期架构师，曾参与完成日均调度容器量从百万级到十亿级的跨越式增长，其后在 Datadog 构建的可观测性平台更被业界视为"黄金标准"。这种从基础设施到应用层、从初创公司到超大规模企业的全场景实践经验，使得本书既具备技术架构的穿透力，又充满商业场景的实感。

当下国内的技术圈对平台工程的认知普遍存在一些偏差。虽然行业共识认为平台工程的本质是"通过构建内部开发者平台（IDP）实现开发者的自助服务与运维效率提升"，但根据 2023 年 DevOps 现状调查报告，仍有很多企业将平台工程等同于工具链集成，还有不少组织仅仅将原有 DevOps 团队更名。这种浅表化实践的根源在于未能理解"平台即产品"（Platform-as-Product）的深层逻辑。本书通过深度剖析一线企业标杆案例，揭示了成功的平台工程必须遵循的三重范式转换：从项目交付到持续运营、从技术实现到用户体验、从被动响应到主动赋能。

国内的软件研发团队在平台工程实践中面临的挑战尤为复杂。除了行业普遍存在的认知偏差，更叠加了特有的组织文化障碍。我们在翻译过程中特别关注到以下几个具有本土特征的困境：

- 形式化陷阱：将 DevOps 团队更名为"平台工程团队"，实际工作却仍陷于工单处理（TicketOps），缺乏长期战略规划，缺乏对系统性解决问题的思考。
- 技术盲目性：过度追逐新实践而忽略实际需求，导致开发成本激增而生产力下降。
- 与开发者脱节：平台设计仅关注管理者的管控视角，未从开发者视角和运维者视角出发，最终导致无法实际落地。

上述这些"光有行动，没有灵魂"的实践最终让平台工程团队的产出沦为"技术摆设"。而本书的独特价值在于，它不仅提供方法论，更通过对真实场景的复盘，揭示了如何通过"渐进式抽象"和"用户驱动设计"规避此类问题。

在翻译过程中，我们同样深刻体会到书中谈及的理念与中国技术生态的适配性。此外，书中对平台工程实践的很多讨论，对当前中国企业优化技术投入具有重要参考价值。

作为译者，我们深信，中文版不应只是文字的转译，更要成为连接全球智慧与中国创新的桥梁。翻译本书的挑战不仅在于技术术语的准确性，更在于如何在中文语境中保留作者独特的叙事风格——既有工程师的理性逻辑，又不失管理者的战略视野。

最后，我们期待本书中文版的出版能帮助更多中国技术领导者跳出工具化思维，转向以用户为中心的平台战略，我们相信，最好的平台不是最复杂的技术栈，而是最能赋能开发者的生态系统。期待这本融合了理论智慧与实践案例的著作，能帮助中国技术领导者在平台化转型的深水区找到属于这个时代的答案，助力企业级的软件研发效能提升。

# 目录

序 ............................................................................................. 1

前言 .......................................................................................... 3

## 第一部分 平台工程的内容和意义

### 第 1 章 平台工程为何变得不可或缺 ............................... 11
- 1.1 定义"平台"及其他重要术语 ................................................ 12
- 1.2 过度泛化的泥沼 ................................................................ 13
- 1.3 我们如何陷入过度泛化的泥沼 .............................................. 15
  - 1.3.1 变革之一：选择的爆炸性增长 ...................................... 15
  - 1.3.2 变革之二：更高的运营需求 ......................................... 17
  - 1.3.3 结果：深陷泥沼 ....................................................... 19
- 1.4 平台工程如何疏通泥沼 ........................................................ 20
  - 1.4.1 在限制原语的同时最小化开销 ..................................... 20
  - 1.4.2 减少应用程序间的黏合代码 ........................................ 21
  - 1.4.3 集中管理迁移成本 .................................................... 22
  - 1.4.4 允许应用程序开发人员运营他们开发的系统 .................. 23
- 1.5 赋能团队专注于构建平台 ..................................................... 23
- 1.6 结语 ................................................................................. 26

### 第 2 章 平台工程的支柱 ................................................ 27
- 2.1 采用精心策划并以产品为导向的方法 ..................................... 28
- 2.2 开发基于软件的抽象 .......................................................... 29
  - 2.2.1 主要抽象层：平台服务及 API ..................................... 30

i

## 2.2.2 胖客户端 ............................................. 31
## 2.2.3 OSS 定制化 ........................................... 32
## 2.2.4 集成元数据注册表 ..................................... 32
### 2.3 服务广大应用程序开发人员 .............................. 34
### 2.4 作为企业的基础设施开展运维 ............................ 36
#### 2.4.1 对整个平台的责任 .................................. 36
#### 2.4.2 支持平台 .......................................... 37
#### 2.4.3 运维规范 .......................................... 38
### 2.5 结语 .................................................. 39

# 第二部分 平台工程实践

# 第 3 章 如何开始以及何时开始 ................................ 45
## 3.1 培育小规模的平台合作 ................................... 45
## 3.2 构建替代传统协作模式的平台团队 ......................... 51
### 3.2.1 集中所有权的收益是否值得付出这些成本 .............. 52
### 3.2.2 认识到集体动力已消失 .............................. 52
### 3.2.3 专注于解决问题，而不是一味关注新技术或架构 ........ 53
### 3.2.4 谨防来自超大规模公司的新工程师 .................... 53
### 3.2.5 谨慎且缓慢地招聘产品经理（并避免项目经理）......... 54
### 3.2.6 集成 / 共享服务平台的附加问题 ..................... 55
## 3.3 传统基础设施组织的转型 ................................. 57
### 3.3.1 工程文化需要彻底改变 .............................. 57
### 3.3.2 确定最具潜力的起步领域 ............................ 57
### 3.3.3 要认识到，不能只靠产品经理来搞定一切 .............. 58
### 3.3.4 改变产品支持方式 .................................. 58
### 3.3.5 更新面试流程 ...................................... 58
### 3.3.6 更新认可与奖励体系 ................................ 59
### 3.3.7 不要设置过多的项目经理 ............................ 59
### 3.3.8 应当接受团队将花更多时间与客户沟通，并减少写代码的时间 ..... 59
### 3.3.9 进行必要的重组 .................................... 60
### 3.3.10 保持乐趣 ......................................... 60
## 3.4 结语 .................................................. 60

# 第 4 章 打造优秀的平台团队 .................................. 62
## 4.1 单一职能平台团队的风险 ................................. 63

  4.1.1 过度关注系统 .................................................. 63
  4.1.2 过度关注开发 .................................................. 64
 4.2 平台工程师的不同角色 ............................................. 65
  4.2.1 软件工程师 .................................................... 66
  4.2.2 系统工程师 .................................................... 67
  4.2.3 可靠性工程师 .................................................. 68
  4.2.4 系统专家 ...................................................... 69
 4.3 各类工程师的招聘与认可 ........................................... 70
  4.3.1 允许角色特定的职位头衔 ........................................ 71
  4.3.2 应避免创建新的软件工程师职级矩阵 .............................. 71
  4.3.3 最多使用一级矩阵来表示系统角色 ................................ 72
  4.3.4 如有必要，创建新的软件工程师面试流程 .......................... 73
  4.3.5 系统相关岗位的面试仅需略作调整 ................................ 74
  4.3.6 客户同理心面试 ................................................ 75
 4.4 优秀的平台工程经理需要具备哪些特质 ............................... 76
  4.4.1 平台运维实践经验 .............................................. 76
  4.4.2 大型长期项目的经验 ............................................ 77
  4.4.3 注重细节 ...................................................... 77
 4.5 平台团队的其他角色 ............................................... 78
  4.5.1 产品经理 ...................................................... 78
  4.5.2 产品负责人 .................................................... 79
  4.5.3 项目经理 / 技术项目经理 ....................................... 79
  4.5.4 开发者布道师、技术文档撰写者及支持工程师 ...................... 80
 4.6 构建平台工程团队文化 ............................................. 80
  4.6.1 一个由开发团队和 SRE 团队共生的平台 ........................... 80
  4.6.2 开发团队的优势与劣势 .......................................... 81
  4.6.3 合并团队与增加产品管理 ........................................ 81
  4.6.4 注入平台工程文化 .............................................. 82
 4.7 结语 ............................................................. 83

# 第 5 章 平台即产品 ...................................................... 84
 5.1 产品文化以客户为中心 ............................................. 85
  5.1.1 内部客户的特征 ................................................ 85
  5.1.2 与内部客户协作 ................................................ 87
  5.1.3 设身处地为客户着想 ............................................ 89

5.1.4 摆脱"功能商店陷阱"，更全面地服务客户 .................................. 91
　5.2 产品发现与市场分析 .................................................................. 92
　　5.2.1 识别潜在的平台产品 ............................................................... 92
　　5.2.2 改进现有产品/服务：是边缘优化还是重新思考问题 .................. 95
　　5.2.3 市场调研：验证新投资 ............................................................. 97
　　5.2.4 产品度量指标 ......................................................................... 100
　5.3 成功的产品执行：制定产品路线图 ............................................. 104
　　5.3.1 愿景：长期 ............................................................................. 105
　　5.3.2 战略：中期 ............................................................................. 105
　　5.3.3 目标和指标：本年度 ............................................................... 106
　　5.3.4 里程碑：季度性 ...................................................................... 106
　　5.3.5 面向客户的路线图 .................................................................. 106
　　5.3.6 功能规格说明 ......................................................................... 107
　　5.3.7 熟能生巧 ................................................................................ 107
　5.4 产品失效模式 ............................................................................. 109
　　5.4.1 低估迁移成本 ......................................................................... 109
　　5.4.2 高估用户的变更预算 ............................................................... 109
　　5.4.3 在稳定性较差时高估新功能的价值 ......................................... 110
　　5.4.4 产品经理过多导致的工程团队配比失衡 ................................. 110
　　5.4.5 产品经理承担了工程经理应履行的工作 ................................. 111
　5.5 结语 ........................................................................................... 112

# 第 6 章 平台的运维 .......................................................... 113
　6.1 值班实践 .................................................................................... 114
　　6.1.1 为什么需要 24×7 全天候值班保障 ........................................ 114
　　6.1.2 为什么要合并 DevOps ............................................................ 115
　　6.1.3 实现可持续的值班工作负载 .................................................... 116
　6.2 用户支持实践 ............................................................................. 119
　　6.2.1 平台工程师为何应该参与支持工作 ......................................... 119
　　6.2.2 第一阶段：确定支持级别 ........................................................ 120
　　6.2.3 第二阶段：将非关键支持从值班工作中区分开 ........................ 121
　　6.2.4 第三阶段：聘请支持专员 ........................................................ 122
　　6.2.5 第四阶段：在规模化条件下的工程支持部门 ........................... 124
　6.3 运维反馈实践 ............................................................................. 126
　　6.3.1 SLO 和 SLA 是必要的，错误预算则是可选的 ........................ 126
　　6.3.2 变更管理 ................................................................................ 128

6.3.3 合成监控 ............................................................. 130
6.3.4 运维评审 ............................................................. 131
6.4 结语 ........................................................................... 133

# 第 7 章 规划与交付 ............................................. 134

7.1 规划长期项目 ......................................................... 135
7.1.1 在提案文件中明确目标与需求 ....................... 135
7.1.2 从提案到行动计划 ........................................... 136
7.1.3 避免长期拖延 ................................................... 138
7.2 自下而上的路线图规划 ......................................... 141
7.2.1 "基础运维"工作 ........................................... 142
7.2.2 强制任务 ........................................................... 143
7.2.3 系统改进 ........................................................... 143
7.2.4 综合分析 ........................................................... 147
7.3 双周状态沟通：成果与挑战 ................................. 150
7.3.1 基本原理 ........................................................... 151
7.3.2 为什么：价值是什么 ....................................... 151
7.3.3 是什么：结构化成果与挑战更新 ................... 152
7.3.4 别忘了这些挑战 ............................................... 153
7.3.5 让团队主动记录成功经验与面临的挑战 ....... 154
7.4 结语 ........................................................................... 155

# 第 8 章 平台架构重构 ........................................ 157

8.1 为什么选择架构重构而不是构建 2.0 版本 ......... 158
8.1.1 不同的工程思维模式 ....................................... 159
8.1.2 架构需求驱动思维模式需求 ........................... 160
8.1.3 为什么构建 2.0 版本很难但重构具有可行性 ....... 161
8.2 通过架构解决安全问题 ......................................... 163
8.3 架构重构的防护准则 ............................................. 168
8.3.1 兼容性 ............................................................... 168
8.3.2 测试 ................................................................... 168
8.3.3 前期环境 ........................................................... 169
8.3.4 分批次部署、缓慢发布与版本滞后 ............... 169
8.4 架构重构规划 ......................................................... 169
8.4.1 第一步：对最终重构目标要有远大构想 ....... 171
8.4.2 第二步：考虑迁移成本 ................................... 173

8.4.3 第三步：确定未来 12 个月的主要成果 .................................................. 174
　　8.4.4 第四步：争取管理层的支持与认同，并做好等待的准备 ................. 175
　8.5 结语 ............................................................................................................................. 176

# 第 9 章 平台迁移与退役 ................................................................. 177
　9.1 迁移的不良模式 ..................................................................................................... 178
　9.2 构建更简易的迁移 ................................................................................................. 179
　　9.2.1 使用产品抽象：减少黏合代码并限制变化 .................................................... 179
　　9.2.2 设计透明迁移架构 .................................................................................................. 180
　　9.2.3 跟踪使用元数据 ....................................................................................................... 182
　　9.2.4 开发自动化功能以避免使用记录板 .................................................................. 183
　　9.2.5 使用文档帮助用户建立切换路径 ....................................................................... 184
　9.3 协调更平稳的迁移 ................................................................................................. 185
　　9.3.1 界定、限制和确定计划变更的优先级 .............................................................. 185
　　9.3.2 及早公开沟通 ........................................................................................................... 187
　　9.3.3 完成最后 20% 的工作 ........................................................................................... 188
　　9.3.4 谨慎使用强制命令 .................................................................................................. 189
　9.4 平台退役 ................................................................................................................... 190
　　9.4.1 决定何时终止 ........................................................................................................... 190
　　9.4.2 协调退役操作 ........................................................................................................... 192
　　9.4.3 在适当的时候不要害怕逐步让平台退役 ......................................................... 193
　9.5 结语 ............................................................................................................................. 193

# 第 10 章 管理与利益相关者的关系 .................................................. 194
　10.1 利益相关者图谱：权力 - 利益矩阵 .............................................................. 195
　10.2 以恰当的透明度进行沟通 ................................................................................ 198
　　10.2.1 警惕过度分享细节 ................................................................................................ 198
　　10.2.2 恰当安排一对一会谈 ........................................................................................... 200
　　10.2.3 跟踪期望和承诺 ..................................................................................................... 201
　　10.2.4 通过协作会议和客户顾问委员会扩展规模 .................................................. 201
　　10.2.5 在困难时期加强沟通 ........................................................................................... 202
　10.3 寻找可接受的折中方案 ..................................................................................... 202
　　10.3.1 明确商业影响 ......................................................................................................... 203
　　10.3.2 有时需要"接受妥协" ......................................................................................... 204
　　10.3.3 如何说"不"而不破坏关系 ............................................................................. 205

- 10.3.4 影子平台的妥协方案 ... 207
- 10.4 资金困境：成本与预算管理 ... 210
  - 10.4.1 第一步：弄清楚谁将在未来受益 ... 210
  - 10.4.2 第二步：将工作划分为团队（避免逐一分配给个人）... 211
  - 10.4.3 第三步：提出削减内容的建议，并对需要保留的内容表达明确意见 ... 212
- 10.5 结语 ... 212

# 第三部分 怎样算成功

# 第 11 章 你的平台相互协同 ... 217
- 11.1 目标一致 ... 219
  - 11.1.1 通过合适的人才组合使团队与目标保持一致 ... 219
  - 11.1.2 通过共同实践使文化与目标保持一致 ... 220
  - 11.1.3 借助团队协作使文化与目标保持一致 ... 220
- 11.2 产品战略的协同 ... 220
  - 11.2.1 通过独立产品管理培养跨平台思维 ... 221
  - 11.2.2 促进具有独立贡献者的跨平台架构体系 ... 221
  - 11.2.3 从全平台客户调查的评论中主动寻求反馈 ... 222
  - 11.2.4 审慎地通过重组解决缺乏协同问题 ... 223
- 11.3 计划的协同 ... 223
  - 11.3.1 仅需在较大型项目上达成一致，而无须关注每一个细枝末节 ... 224
  - 11.3.2 直面分歧时要坦诚相待 ... 224
  - 11.3.3 最终的协同源于原则驱动的领导力 ... 225
- 11.4 统筹整合：推动组织协同 ... 225
- 11.5 结语 ... 227

# 第 12 章 你的平台值得信任 ... 229
- 12.1 信任你的运维方式 ... 230
  - 12.1.1 通过充分授权经验丰富的领导者加速信任的建立 ... 231
  - 12.1.2 通过用例排序优化信任增长 ... 232
- 12.2 信任你的重大投资 ... 233
  - 12.2.1 获得技术利益相关者对架构重构的认可与信任 ... 233
  - 12.2.2 为赢得对新产品的信任寻求高管背书 ... 234
  - 12.2.3 维护旧系统以保持信任 ... 234
  - 12.2.4 赢得信任需要对"正确"保持灵活性 ... 234

    12.3 信任优先交付 ............................................................. 235
        12.3.1 打造高效文化 ..................................................... 235
        12.3.2 确定项目优先级以释放团队产能 ........................ 236
        12.3.3 挑战产品范围的假设 ......................................... 237
    12.4 整合探讨：过度耦合平台案例 .................................. 239
    12.5 结语 ............................................................................ 240

# 第 13 章 你的平台管理复杂性 .............................................. 242
    13.1 应对人际协调中的非本质复杂性 .............................. 244
    13.2 管理影子平台的复杂性 .............................................. 246
    13.3 通过控制增长管理复杂性 .......................................... 248
    13.4 通过产品发现管理复杂性 .......................................... 249
    13.5 整合全局：平衡内外复杂性 ...................................... 250
        13.5.1 开源软件运维的倦怠问题 ..................................... 251
        13.5.2 试图改变局面（但未能成功） ............................. 251
        13.5.3 影子平台带来重新规划 ......................................... 252
        13.5.4 重新规划的执行 ..................................................... 253
    13.6 结语 ............................................................................ 253

# 第 14 章 你的平台深受喜爱 .................................................. 254
    14.1 喜爱，自然而然 .......................................................... 256
    14.2 喜爱也可能是一种取巧之道 ...................................... 257
    14.3 喜爱可以很明显 .......................................................... 258
    14.4 喜爱的力量：让用户非凡卓越 .................................. 260
    14.5 结语 ............................................................................ 261

# 结束语 ....................................................................................... 263

# 序

在我的职业生涯中，我有幸与数百家机构及它们的领导团队合作，共同致力于借助软件为客户创造价值。而这一切始于 DORA 研究项目，该项目树立了衡量行业软件交付绩效的标杆。

多年来，我一直在研究如何改善开发者体验，从而推动他们在复杂软件环境中的创新。在技术变革的浪潮中，我看到许多公司艰难应对复杂性，常常寄希望于云端转移能一劳永逸地解决问题，但最终发现还需要进行更多的基础性工作。

在这一领域，平台工程扮演着必不可少的角色，为提升组织敏捷性、缩短产品上市时间以及全面提升产品质量和用户体验奠定了至关重要的基础。通过对工具、基础设施和工作流程的标准化，平台工程简化了开发流程，促进了团队间的协作，并大幅提升了整体效率。作为关键支撑，它确保了系统的可扩展性、可靠性和安全性，使组织能够在保持卓越性能的同时，灵活应对不断变化的需求。

然而，尽管平台工程的重要性不容忽视，但业界显然缺乏指导组织进行平台工程工作的专业资源。本书填补了这一空白，不仅提供了改善开发者体验的实用建议，更从整体角度规划基础设施，帮助组织应对生产环境的挑战——换言之，明确将系统化视角融入工作中。

随着你深入阅读这本书，你将获得关于一些核心问题的深刻见解，例如，何时启动平台项目、如何构建平台团队，以及平台规划为何与众不同。不仅如此，Camille 和 Ian 还深入探讨了整体挑战与动因，并提供了清晰且可操作的建议——从明确团队角色到高效管理利益相关者——这些内容都能让你立即付诸实践。

第 4 章详细解析了平台工程团队中的关键角色与职责，同时提供了面试策略以及工程师晋升体系的构建建议。第 5 章探讨了一项在最初看似不明显但至关重要的工作，告诉读者为什么应该像对待产品一样对待平台，包括产品发现与迭代、路线规划、客户支持以及迁移计划，每一项都需要根据内部应用和利益相关者进行相应调整。熟悉我工作的人都知道我偏爱一套高效的指标体系，之所以如此，是因为优质数据能够帮助我理解背景并诊断问题。作者在第 10 章中介绍的权力 – 利益矩阵是一个强大的工具，能够评估组织动态并为决策提供清晰的指导。

当你开始踏上平台工程的旅程时，我建议你不仅要汲取书中深刻的知识，更要撸起袖子，将其融入你的实际工作情境中。让这本书成为你的指南，帮助你应对平台工程的各种复杂性，助力你的组织在技术探索中取得成功。

——Nicole Forsgren 博士，微软合作研究经理，

*Accelerate* 主要作者

# 前言

## Camille 的前言

2017 年，就在我的第一本书出版的时候，我开始了一份新工作，担任平台工程负责人。也正是在这时，我认识了 Ian。他刚从西雅图搬到纽约，此前在亚马逊和 AWS 工作了好几年。我们一拍即合，迅速成了志同道合的伙伴：我们都面临着同样的挑战，要帮助一群才华横溢的工程师扭转团队声誉，把一个"只关注自己认为有趣的事情，而忽视客户需求和系统稳定性的团队"转变成一个成熟、高效、以客户为中心的平台团队。

在接下来的几年里，我们为这次转型奠定了基础。Ian 向我传授了他在亚马逊工作期间积累的宝贵经验：从撰写六页文档用于设计和规划，到招募系统工程师，再到建立更严格的运营规范（同时始终对用户级网络操作保持审慎态度）。而我则专注于引入产品管理理念、展现果断的领导力、明确目标，以及为追求卓越而主动改变那些需要改变之处的普遍意愿。结合其他平台主管们在技术、产品、管理和运营方面的专业知识，我们成功地改变了团队文化，并实施了许多你将在本书中读到的实践方法。

多年后，Ian 离开公司，投身快速发展的创业领域，迎接新的挑战，而我们一直保持着紧密的联系。毫不意外，Ian 在创业公司担任高管期间取得了卓越的成就。在我们各自带领平台团队不断成长的职业旅程中，彼此扶持前行，共同经历了高峰与低谷。

时光飞逝，转眼已是 2023 年初，一个挥之不去的想法萦绕心头：既然"平台工程"日益流行，为什么不写一本关于它的书呢？当时我手头的工作繁忙，担心自己难以独自承担这样一个项目。但很快，我就想到了一位理想的合著者——Ian！他不仅文笔出色，思维清晰，而且对这一主题有着鲜明的见解。在给他发了一条短信，又与他进行了一次视频通话之后，我们便向 O'Reilly 出版社提交了策划书，本书就这样诞生了。

回顾往昔是为了说明，我们之所以撰写这本书，是因为平台工程多年来既是我们的热情所在，也是我们的职业追求。尽管"平台工程"这个术语可能是近期引发热议的技术热

3

词，但我们一直在实践中努力探索如何做到极致，这远远早于这一概念引发热议的最新浪潮。

事实上，我们听说的大多数平台工程团队都有着相同的名声：仅凭兴趣开发技术，不考虑谁真正需要这些技术，甚至在这类关键工作中也缺乏应有的运营成熟度。这是因为做好平台工程确实非常困难！抛开浮夸的宣传，你会发现，这实际上是组织成熟度的一种演进。既然我们已经认识到产品管理的重要性，就不能仅因为觉得有趣而豪无目标地进行开发。我们也不能再以规划困难为借口来掩饰我们在执行上的不足。如果我们希望赢得信任，为其他工程师提供关键系统，就必须认真对待这些系统的操作稳定性。

本书不仅探讨了上述内容，还涵盖了更多深刻见解。我们多年来在这一领域积累的所有经验教训构成了本书的基础框架。为了确保内容的广度与深度，我们还邀请了行业内不同平台工程领域的多位专家分享他们的宝贵建议与真实故事。

## 读者对象

本书的目标读者是组织中负责软件平台设计和运维的技术、产品及团队领导者，包括资深工程师、架构师、产品经理、项目经理和工程经理。虽然这些读者中大多数人都本能地理解到，平台工程并非仅局限于云计算和开源系统的自动化构建，但是，他们往往难以明确自身应承担的职责，并且缺乏能够做好这些工作的具体实践经验。

我们同样希望能够触及更广泛的技术管理层，包括首席技术官（CTO）、高级副总裁（SVP）以及"产品工程"管理团队。这些领导者通常会提出以下问题："既然我们已经采用了 AWS，为什么平台团队仍然如此庞大？""为什么我们的平台团队人手充足，却依然行动迟缓？""为什么我们最近采用的［公有云／站点可靠性工程（Site Reliability Engineering，SRE）／开发者体验］未能解决这些问题？"本书的前两章将着力解答这些核心问题，而后续章节中详述的诸多技术方法不仅对产品组织大有裨益，还可能引发这些管理者的深刻反思。

最后，本书适合所有希望学习如何使平台工程超越技术实施层面并有效运作的读者阅读。无论你是在创业公司思考何时启动平台建设，还是在大型企业计划从基础设施工程转型为平台工程，抑或介于两者之间的任何情况，本书都将为你提供宝贵的指导与启发。

## 如何阅读本书

本书分为三部分。

第一部分将介绍平台工程的基础知识：它的定义、意义以及核心要素。这两个简短的章节旨在帮助你清晰理解我们在讨论平台工程时所指的核心内容。

第二部分是本书的核心内容，共包含 8 章，将深入探讨平台领域中的各种常见挑战，旨在概述重要的领导力和执行理念与实践。书中偶尔介绍一些技术内容，但本书的目的并非教授平台底层技术，而是聚焦于在这一领域取得成功所需的组织实践。其中部分章节只能提供宏观概述，而这些内容本身足以独立成书（例如，第 5 章虽然篇幅较长，但也仅触及表面）。我们希望，阅读本书的读者能够通过博客、演讲或书籍等形式与技术社区分享自己的新见解。

第三部分全面整合了之前的内容。在这一部分，我们将分享更多成功案例——包括许多部分成功的案例，帮助读者清晰地了解如果开始应用第二部分中的实践方法，可能会呈现出怎样的成果。

## O'Reilly 在线学习平台（O'Reilly Online Learning）

40 多年来，O'Reilly Media 致力于提供技术和商业培训、知识和卓越见解，来帮助众多公司取得成功。

我们拥有独一无二的专家和革新者组成的庞大网络，他们通过图书、文章、会议和我们的在线学习平台分享他们的知识和经验。O'Reilly 的在线学习平台允许你按需访问现场培训课程、深入的学习路径、交互式编程环境，以及 O'Reilly 和 200 多家其他出版商提供的大量文本和视频资源。有关的更多信息，请访问 *https://oreilly.com*。

## 如何联系我们

对于本书，如果有任何意见或疑问，请按照以下地址联系本书出版商。

美国：

    O'Reilly Media,Inc.
    1005 Gravenstein Highway North
    Sebastopol,CA 95472

中国：

    北京市西城区西直门南大街 2 号成铭大厦 C 座 807 室（100035）
    奥莱利技术咨询（北京）有限公司

要询问技术问题或对本书提出建议，请发送电子邮件至 *errata@oreilly.com.cn*。

本书配套网站 *https://oreil.ly/platformEngineering* 上列出了勘误表、示例以及其他信息。

关于书籍和课程的新闻和信息，请访问我们的网站 *https://oreilly.com*。

我们在 LinkedIn 上的地址：*https://linkedin.com/company/oreilly-media*

我们在 YouTube 上的地址：*https://youtube.com/oreillymedia*

# 致谢

### 来自 Camille

在此，我要感谢所有为本书提供帮助的人。这份感谢名单长得简直让我难以形容。

衷心感谢我的伙伴们：Ben、Leif、Kelly、Renee、Scott、Nicole、Jordan、Coda、Ale、Tim、Pete、James、Greg、Kyle、Juan、Caitie、Tasha、Ines、Alex、Lita、Nathan、Zach、Maggie、Silvia、Marco、Kellan、André、Brad、Alexis、Adam、Laura、Jason、Selena、Daniel、Chris、David、Carla、Bea、Danielle、Fiona、Dan、Peter。他们为本书贡献了大小不一的力量，正是因为汇聚了大家的集体智慧，本书才得以完成。

衷心感谢多年来让我学到许多宝贵知识的各位同人，他们让我受益匪浅。特别感谢 Alfred Spector 先生，是他给予了我机会，让我能够在这一领域中发挥领导作用。

感谢我的丈夫 Chris 在我埋头写作的漫长时光里承担起了大部分育儿责任，也感谢他偶尔抽出时间与我一起探讨那些特别棘手的段落。没有他，我绝不会完成本书。

最后，我要特别感谢 Ian，感谢他成为一位出色的合作者，并且容忍我偶尔彻底推翻重来（尽管有时结果未必更好）。我总能从他身上学到东西，也由衷感谢他愿意成为我在这段旅程中的伙伴。

### 来自 Ian

首先，我要感谢我的妻子 Sam。这些年来，我的团队在构建平台时，我常因同事们对平台的错误操作而感到沮丧，并不断向她倾诉。在我逐渐吸取了那些构成本书主要内容的宝贵经验教训后，这些抱怨最终也随之平息了。

我要特别感谢众多同事，从他们那里我直接或者间接地掌握了本书所涉及的各种技术与见解。尤其要感谢 AWS 的 Peter Desantis、James Hamilton 和 Curt Ohrt 三位同事，是他们让我认识到工程领导力是一门独立的学科。同时，我也深深感激那些向我汇报工作的团队成员，他们让我获益良多：Ashley Miller、Ivo Dmitrov、Johan Anderson、Sesh Nalla、Rob Boll、Remi Hakim、Conor Branagan、Joel Barciauskas、Makoto Nozaki、Andrew Kochut、Chris Fortier、Brian Barrett、Jack Bomkamp、Daniel Podwall、Tim Flowers 和 Tim O'Hare。

最后，我要感谢 Camille 邀请我与她合作撰写本书。当时我正处于待业状态，每天能够投入五小时写作，而 Camille 却在繁忙的全职工作之余，连续数月利用夜晚和周末完成写作。最终，我们完成了本书。

**我们共同献上**

我们两人都想感谢 O'Reilly 团队的所有成员，感谢他们的编辑工作和其他支持：Virginia Wilson、David Michelson、Sarah Grey 和 Melissa Duffield。同时，他们还组织了一支出色的技术评审团队，我们在此深表感谢：Tanya Reilly、Cian Synnott、Raju Gandhi、Matt Holford、Diego Quiroga、Jordan West、James Turnbull、Sarah Wells、Niall Murphy 和 Smruti Patel。在此特别感谢 Diego、Jordan、James 和 Smruti，他们为本书提供了重要的支持，同时也要感谢 Kelly Shortridge、Leif Walsh 和 Nicole Forsgren 提出了许多宝贵建议。

# 第一部分
# 平台工程的内容和意义

> 创新并非源于空想,而是诞生于奋斗。
>
> ——Simon Sinek, *Start with Why*

如果你阅读本书是因为已经从事平台工程工作,并希望找到提升的方法,你或许会有跳过开头几章的冲动。毕竟,这些章节可能会讲述你已经熟知的内容:为什么要构建平台,以及构成平台工程核心的关键要素。然而,我们仍然建议你仔细阅读,因为许多人并不像你这样对平台工程有深刻的理解。当你需要向同事、上级和团队解释平台工程时,这些章节将为你提供重要支持,尤其是在面对以下问题时:开展平台工程的动机是什么?平台工程可以解决哪些问题?团队需要专注于哪些方面才能做好平台工程?

我们从平台工程的意义开始本书的讨论,不仅是为了阐明我们认为你应该关注平台构建的原因,更是为了分享我们创作这本书的初衷。我们对解决这些问题充满热情,并希望能激发更多人参与到这些问题的解决中。平台的诞生源自现代规模化软件工程所面临的种种挑战:在不牺牲应用可用性和性能的前提下,团队需要应对管理一个快速演进的庞大生态系统所带来的极其苛刻的要求。当然,这并不意味着平台工程是解决所有问题的灵丹妙药,但我们将向你解释,为什么在应对这种复杂性时,它是一个恰当的选择——这一观点建立在对敏捷开发、DevOps、SRE 以及产品管理等软件发展趋势的总结和借鉴之上。

从整体层面来看,第 2 章将描述成功的平台工程方法的核心支柱。平台工程远不止是组建一个团队并赋予他们解决根本问题的责任。团队成员还需要充分认识平台工程的四大基石——产品、软件、广泛性和运维,并在这些基石的框架内运作。后续章节的内容基于这样一个假设:你已经组建了一支平台工程团队,并能够基于这些基石解决问题。

# 第 1 章
# 平台工程为何变得不可或缺

> 她为了抓鸟而吞了猫，为了抓蜘蛛而吞了鸟，为了抓苍蝇而吞了蜘蛛，我不知道她为什么要吞苍蝇——或许她会丧命！
>
> ——童谣

在过去的 25 年里，软件组织一直面临一个难题：如何处理多个团队共同使用的代码、工具和基础设施？为了解决这一问题，大多数组织尝试建立共享服务团队来负责这些共享需求。然而，遗憾的是，这种方式在大多数情况下并未取得理想的效果。常见的批评包括：共享服务团队提供的产品或服务难以使用，他们忽视客户需求而优先考虑自身事务，他们的系统不够稳定，甚至在某些情况下，这些问题会同时存在。

一些组织没有尝试改进这些共享服务团队的问题，而是允许每个应用团队自行访问云服务并选择开源软件（Open Source Software，OSS）。然而，这种做法使应用团队不得不面对其技术选择带来的运维复杂性，结果却导致相反的结果，既未提升效率，也未实现规模效益。即使有了站点可靠性工程师（Site Reliability Engineer，SRE）和 DevOps 专家这样的专职人员，管理复杂性的成本仍然威胁着应用团队的生产力。

另外一些团队积极拥抱云计算和开源软件的优势，同时他们并未放弃共享服务团队的模式，他们坚信这种模式带来的收益远超其不足。最成功的团队通过构建平台实现了这一点：他们开发了共享平台，使其他工程师能够在此基础上灵活地进行开发。这些团队不仅在管理云计算和开源软件的复杂性方面游刃有余，同时还能为用户提供稳定性。他们始终倾听应用团队的需求，并与之密切合作，以持续推动平台演进，满足公司的发展需要。无论他们是否将这些努力称为平台工程，他们都具备解决复杂性问题所需的思维、技能和方法，能够在应对日益增长的复杂性（苍蝇）时保持轻量化，而不因此增加更多负担。

作为铺垫，本章我们将介绍：

- 我们对平台的定义，以及本书中将会用到的其他重要术语。
- 在云计算和开源软件时代，系统复杂性如何不断加剧，将我们推入了一个充满显性复杂性的"过度泛化的泥沼"之中。
- 平台工程如何应对系统复杂性，助力我们摆脱泥沼。

本章略微侧重于基础设施与开发者工具，但请放心，本书并非仅为从事基础设施或开发平台工作的人员而写！我们将通过所有开发者通用的系统来形象地展示当前的实际情况，然而，应对复杂性这一核心挑战则是各类内部平台开发中普遍面临的共同课题。

## 1.1 定义"平台"及其他重要术语

在正式开始之前，我们先来定义本书中将反复使用的几个重要术语，以便我们能够建立统一的参考框架：

*平台*
　　我们采用了 Evan Bottcher 在 2018 年提出的定义（*https://oreil.ly/y2NfD*），并对其中几个术语进行了更新。平台是由自助式 API、工具、服务、知识和支持构成的核心基础设施，这些元素被整合为一个具有吸引力的内部产品。自主应用团队[1]可以利用该平台更高效地交付产品功能，同时显著降低协调成本。

　　由此引出一个问题：什么不算是平台？就本书的定义而言，平台需要具备平台工程的属性。因此，维基页面并非平台，因为它并不涉及任何工程工作。同样，"云"本身也不是一个平台。虽然你可以整合云产品来构建内部平台，但单一的云只是一个纷繁复杂的产品组合，规模过于庞大，无法被视为一个统一的平台。

*平台工程*
　　平台工程是一门专注于平台开发与运营的学科。它的核心目标是通过管理系统的整体复杂性，为企业提供杠杆作用（即赋能业务发展）。平台工程通过采用精心策划的产品化方法，将平台构建为服务于广大应用程序开发人员的软件抽象层，并将其作为业务的基础来运营。我们将在第 2 章对此进行详细阐述。

*杠杆作用*
　　平台工程的核心价值在于杠杆作用——少数平台团队工程师的工作能够显著提升整个组织的效能。这种杠杆作用主要通过两个方面实现：一是提升应用工程师在日常工作中创造业务价值的能力，二是通过消除应用工程团队之间的重复工作来提高整

---

注 1：在某些语境下，我们会把这些团队称为"用户"或"客户"。

个工程组织的运作效率。

*产品*

我们认为，将平台视为一种产品至关重要。将平台打造为令人信服的产品，意味着我们在确定平台功能时需要以客户为中心。这意味着要将用户置于核心位置，但这远非只是象征性地招聘产品经理、敷衍了事就能达成的。谈及"产品"这一概念时，我们期望平台能够达到史蒂夫·乔布斯在苹果产品上实现的精雕细琢的高度：在面对广泛的功能需求时，通过对产品深思熟虑和优雅的设计，既明确展现其应有的功能，更重要的是，精准取舍，懂得舍弃不必要的功能。

## 1.2 过度泛化的泥沼

内部平台有许多种类型，本书中的建议对所有类型的平台均适用。然而，我们发现当前基础设施与开发者工具（DevTools）领域面临着最显著的痛点，而正是这些领域催生了对平台工程的巨大需求。这是因为这些系统与公有云和开源软件的集成最为紧密。这两大趋势在过去 25 年间推动了行业的诸多变革，但它们并未让一切变得更加简单，反而随着时间的推移增加了系统的运维成本。虽然它们让应用程序的构建更加便捷，但维护难度却随之增加，且随着系统规模的扩展，开发效率也逐步下降——就像在泥沼中艰难跋涉。

这又回到了软件开发和维护的经济现实。你可能认为软件的主要成本与编写代码相关，但实际上，大部分成本都源于软件的维护、支持和保养[注2]。估算显示，软件生命周期总成本中有 60%~75% 是在初始开发之后产生的，其中约四分之一专门用于迁移和其他"适应性"维护[注3]。软件维护涵盖必要的安全补丁升级、重新测试、底层依赖的版本迁移等多个方面，这些维护开销消耗了大量的工程时间。

云计算和开源软件不仅未能减少维护开销，反而加剧了这一问题，因为它们提供了一层不断增长的基础组件：这些通用构建模块具备广泛的功能[注4]，但彼此之间缺乏集成。为了使系统正常运行，这些模块需要"黏合剂"——我们用这一术语来指代集成代码、一次性自动化、配置以及管理工具。尽管这些"黏合剂"将各个组件连接在一起，但同时也带来了黏性，使未来的系统变更变得更加困难。

随着"黏合剂"不断蔓延，过度泛化的泥沼也随之形成，每个应用团队在各种基本构件中独立做出选择，优先选用那些能够帮助他们快速构建具备前沿功能的应用。在追求快

---

注 2：关于软件生命周期的详细图示，请参见 https://oreil.ly/iDM5u。
注 3：参见 Jussi Koskinen 关于软件维护成本的论文，网址为 https://oreil.ly/EFNZ6。
注 4：这正是 2003 年 AWS 愿景文档中的原话（参见 https://oreil.ly/n4ie_）。

速交付的过程中，他们会根据需要开发各种定制化的"黏合剂"来将所有组件拼接在一起，并因快速交付而获得赞扬。随着时间的推移，这种模式反复上演，最终导致公司的系统架构演变为图 1-1 所示的样子。

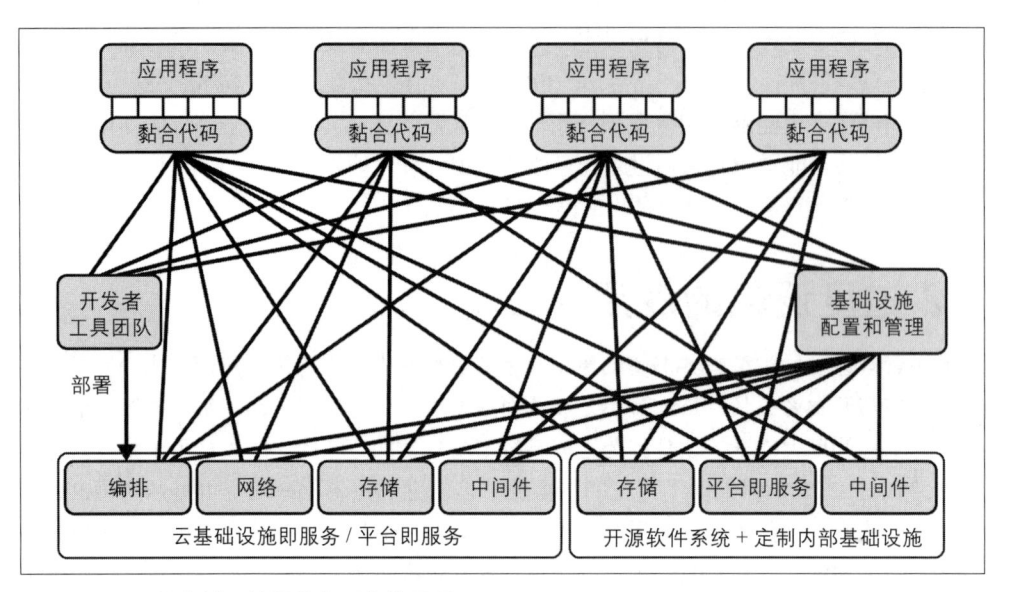

图 1-1：用"黏合剂"勉强黏合泛化的泥沼

架构泥沼的问题不仅仅在于混乱的架构图，更在于这种黏稠混乱的局面随着时间的推移愈发难以改变。这一点尤为重要，因为应用程序会因新功能需求或运营要求而不断演进。每个开源软件和云原语也在持续更新，这就需要不断调整连接它们的黏合代码。然而，当这些黏合代码散布于各处时，即便是对原语进行看似微小的更新（例如安全补丁），也需要耗费大量组织层面的工程时间来进行集成和测试，从而对组织的生产力造成沉重负担。

避免这种情况的关键在于限制系统有多少"黏合剂"，这与经典的架构设计原则"更多的盒子，较少的线条"一脉相承。平台为我们提供了实现这一目标的手段，从而帮助我们摆脱系统复杂性带来的困境。通过结合组织的具体需求，以明确且有倾向性的方式对有限的开源软件和供应商解决方案进行抽象，平台能够实现关注点的有效分离。最终，你将构建出一个更接近图 1-2 所示的架构。

总而言之，平台通过实现抽象化和封装性原则，并创建屏蔽底层复杂性的接口（包括需要调整的实现复杂性），来限制所需要的"黏合剂"数量。这些概念的历史几乎与计算机科学一样悠久——但若它们早已广为人知，为什么行业仍然需要平台工程？要回答这个问题，我们不妨先回顾过去 25 年来企业软件工程的演变。

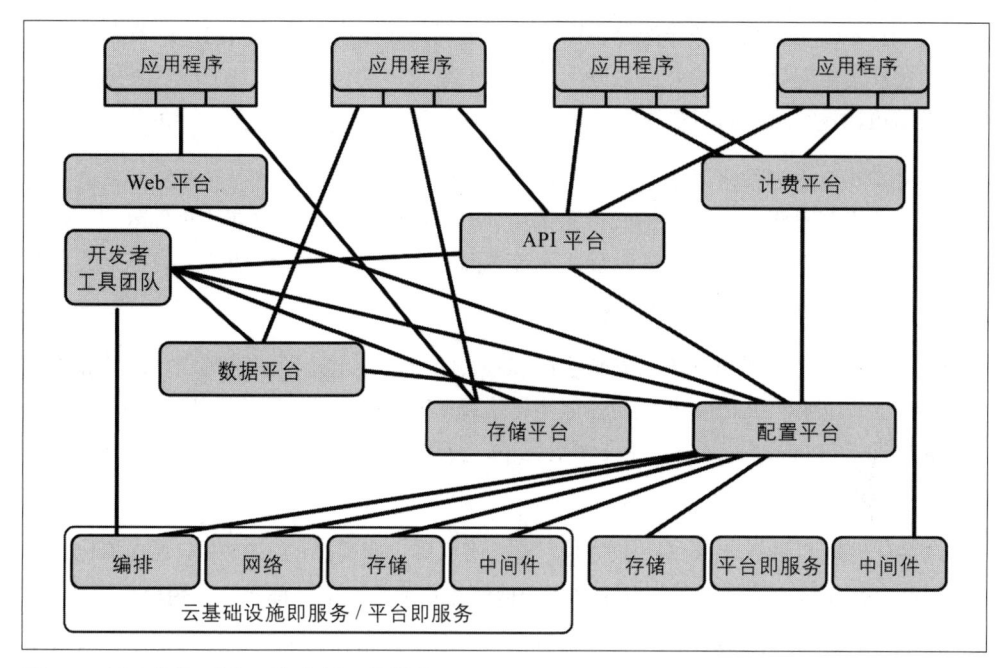

图 1-2：平台如何减少"黏合剂"的数量

# 1.3 我们如何陷入过度泛化的泥沼

在过去的 25 年间，软件行业经历了深刻的变革，而这一切的起点正是互联网的广泛普及。对于行业的资深从业者而言，互联网对软件开发领域的全面重塑早已无须赘述。而对于那些相对较新的从业者来说，可以毫不夸张地说，当前这种"泛化泥沼"在很大程度上源于互联网本身，以及在高压环境下追求更快、更频繁且零容错交付的需求。接下来，让我们一同回顾导致我们陷入这一局面的关键性变化，并探讨这些变化所带来的深远影响。

## 1.3.1 变革之一：选择的爆炸性增长

互联网激发了对新软件的巨大需求，而无论"无服务器架构"这个名称可能让人联想到什么，软件始终需要依托硬件运行。最初的举措是在数据中心中大量增加硬件设备，这推动了基础设施工程的兴起。各家公司纷纷采购更多的服务器和网络设备，与数据中心供应商进行协商，在全球范围内不断扩展硬件部署——这场以大规模基础设施（big I）为根基、大规模工程化（big E）为驱动的技术浪潮，正全力支撑着大互联网（big I）生态的蓬勃发展。

我们并不想低估在这段相对较短的时间内所克服的种种挑战。然而，应用程序开发人员在与基础设施团队交互时，经常因需要应对诸多复杂的硬件问题而感到极度沮丧。他们深受有限且不断变化的服务器选择范围、频繁出现的数据中心容量问题，以及各种莫名其妙的硬件运维问题的困扰，而这些问题却无人愿意协助调试——常见的回复是"系统日志没问题，肯定是你们的软件出了问题"。

毫不意外，当公有云技术兴起时，那些因局限性而感到受挫的应用程序开发人员迫不及待地跃入一个新世界，在那里他们只需调用 API，就似乎能够掌控自己的命运。尽管在架构复杂性、安全风险、可靠性以及成本等方面存在合理担忧，但即便是规模庞大且相对保守的企业，也纷纷开始采用云计算。

遗憾的是，这些合理的担忧不仅得到了证实，实际情况甚至比预想更糟糕。云计算曾承诺通过平台即服务（PaaS）使应用程序不再依赖基础设施，但真正得到广泛采用的是基础设施即服务（IaaS）。这导致在许多情况下，应用程序反而比以往更加依赖基础设施。以下是两者的区别：

- 在基础设施即服务（IaaS）模式中，通过使用供应商提供的 API 来配置虚拟化计算环境以及其他基础设施，可以或多或少地像在物理主机上一样运行应用程序。
- 在平台即服务（PaaS）模式中，供应商完全负责应用程序的基础设施运维，这意味着他们不再提供基础构件，而是提供更高层次的抽象，使应用程序可以运行于可扩展的沙盒环境中。

图 1-3 从宏观角度对比了这两种方法。

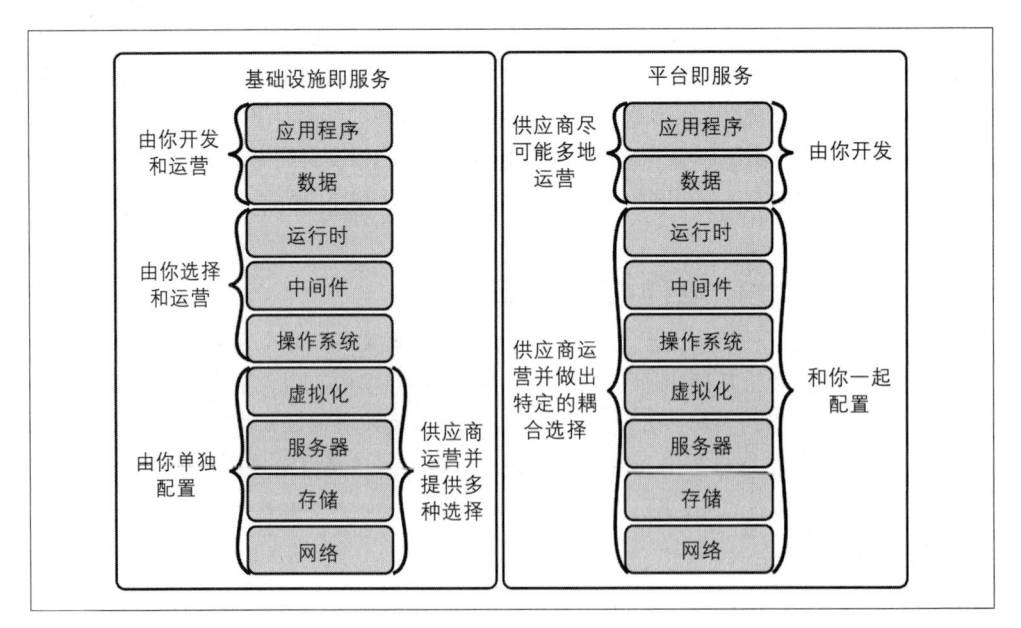

图 1-3：两种方法的比较

最初，人们希望应用团队能够采用完全支持的 PaaS 解决方案——这类解决方案具备 Heroku 的易用性，同时能够处理更高的复杂性[注5]。然而，这些平台在支持广泛类型的应用程序以及与现有应用程序和基础设施集成方面遇到了诸多挑战。因此，几乎所有从事大规模内部软件开发的公司都选择采用 IaaS 来运行其软件，这些公司宁愿接受配置和运维基础设施所带来的额外复杂性，也要换取更大的灵活性。

Kubernetes 编排系统的兴起在许多方面表明，无论是 PaaS 还是 IaaS 都未能充分满足企业的实际需求。它试图通过强制应用程序实现"云原生"来简化 IaaS 生态系统，从而减少对特定于基础设施"黏合剂"的依赖。然而，尽管 Kubernetes 在标准化方面取得了一定进展，却未能真正降低系统的复杂性。作为一个试图支持尽可能多不同类型计算配置的中间层，它是一个典型的"泄漏"抽象层，需要大量复杂的配置才能正确支持每个应用程序。诚然，应用程序如今更多地依赖 YAML"黏合剂"而更少地依赖 Terraform"黏合剂"[注6]，但如我们之前所讨论的，平台工程的核心目标是减少"黏合剂"的总量。

Kubernetes 是我们提到的第二个复杂性来源的一个典型例子。随着云计算的兴起，各种类型的软件开源生态系统也在蓬勃发展。从过去需要向供应商购买开发工具和中间件，到如今形成了一个充满活力、不断发展的生态系统，涵盖了各种开发工具、库，甚至像 Kubernetes 这样的完整独立系统。开源软件的挑战在于选择的数量激增。应用团队通常可以找到完全符合自身需求的开源解决方案，但这些方案未必适合公司其他团队。这样的定制化选择虽然能够帮助团队快速推出初始版本，但最终往往会变成一种负担，因为他们需要独立承担这个"看似免费，实则如养幼犬般需要长期投入"的开源选择所带来的维护成本[注7]。

## 1.3.2 变革之二：更高的运营需求

随着基础设施原语及其相关应用的爆发式增长，一个问题也随之而来：这些系统究竟由谁来运营，又该如何运营。如果我们回到互联网兴起之前的 20 世纪 90 年代，看看当时企业是如何开发与运营内部软件应用程序的，则通常会发现两个角色，而这两个角色在大多数情况下通常由完全独立的团队负责：

*软件开发工程师*

　　负责架构设计、编码、测试等任务，将软件应用程序打包为单体式软件包，并交由

---

注 5：像 Force.com、AWS Elastic Beanstalk 和 Google AppEngine 这样的全栈式 PaaS 平台都未能获得广泛的市场成功。这导致供应商开始将 PaaS 这个术语用于描述更为灵活的解决方案，但这些方案往往需要与 IaaS 服务配合使用，因此同样面临着复杂性方面的挑战。

注 6：这些具体内容我们将在第 2 章中详细介绍。

注 7：这让我想起 Sun Microsystems 前 CEO Scott McNealy 曾经说过的一句话（*https://oreil.ly/1xi1F*），他用这个生动的比喻来说明无论是选择开源软件还是养宠物狗，都需要考虑长期投入的成本。

他人负责运营。

*系统管理员*

负责公司所有软件系统（包括自研应用程序、供应商软件和开源软件）在公司计算机上生产运营的各个方面。

随着互联网的迅猛发展，以及内部软件对公司成功的重要性日益凸显，这些角色开始发生转变。为了满足日益增多的应用程序对全天候运营支持的需求，运维工程团队迅速扩张。这些团队通常由大量初级系统管理员组成——这是他们在迈向更高层次、非运维岗位之前的试炼场。

如今，在一些公司中仍然可以见到运营工程岗位的存在，但这一角色正在逐步衰退。进入21世纪后，软件开发人员开始采用"敏捷开发"（Agile）模式，通过定期发布增量功能来更高效地获取用户反馈，从而打造更优质的产品。然而，敏捷开发模式对传统的运营工程模式提出了严峻挑战：一方面，开发团队负责所有代码更改并推动快速发布周期；另一方面，运营团队则承担了当代码出现问题时的全部一线责任。这样的分工不可避免地引发了冲突。经历过这一阶段的人都深有体会，说"冲突"其实是轻描淡写了，尤其是在系统因"被随意交接的代码"导致故障后，双方往往陷入激烈的指责与推诿之中。而问题的根源在于，这类争议通常难以找到明确的责任方，因为敏捷开发模式模糊了团队之间的责任界限。

这推动了如今业界称之为 DevOps 的创建和广泛应用。DevOps 被定义为一种整合应用开发与运维活动的模型，它不仅与特定技术或角色的采用密切相关，更象征着一种文化的变革。然而，运维工作并未因此消失，基层团队实际上采用了两种不同的实施方式：

*分割*

保持运维团队与开发团队的职责分离，但同时让运维团队承担部分开发任务，尤其是在开发用于将代码部署到生产环境的黏合代码，并实现与基础设施的无缝整合方面发挥作用。因此，原本由运维工程师组成的传统运维团队，直接转型为由 DevOps 工程师组成的 DevOps 团队。

*合并*

将运维与开发团队合并为一个整体。这种被称为"开发即负责"的方法要求所有参与系统开发与维护的人员都在同一个团队中，共同承担运维责任（其中最显著的方面是参与值班轮岗）。尽管许多团队在完全由软件开发人员组成的情况下取得了成功，但也有团队采用了更具跨职能协作的模式，配备专门的工程师负责关键衔接任务，例如，将代码部署到生产环境并与基础设施进行整合。在一些公司，这些工程师也被称为 DevOps 工程师[8]。

---

注8：其他公司则称这类人员为系统工程师或系统开发工程师。

在一次类似的演进中，大约在 2004 年，谷歌逐渐从传统的运维工程转向站点可靠性工程。2015 年，正值 DevOps 热潮高涨之际，谷歌出版了一本介绍其实践经验的著作 *Site Reliability Engineering: How Google Runs Production Systems*（O'Reilly）。这本书一经问世便引发了极大的热议和关注，因为尽管许多公司已经开始采用 DevOps，但仍有不少企业在实际落地过程中面临复杂性带来的巨大挑战。由于 SRE 高度强调以可靠性为核心的流程设计和组织责任分配，因此一些人将 SRE 视为业界急需的"银弹"，认为它可以最终实现运维与开发需求的平衡，从而帮助企业构建更加可靠的系统。

我们认为，SRE 按照最初宣传的方式，在谷歌之外并未取得广泛成功。这些流程过于复杂，其成功过度依赖于谷歌作为全球最大搜索引擎公司所拥有的独特文化资本和组织聚焦力。谷歌前 SRE 总监 Dave O'Connor 在离开谷歌后的经历很好地印证了这一点。他在 2023 年发表了一篇题为"6 Reasons You Don't Need an SRE Team"的文章（*https://oreil.ly/FO2Zg*），文章总结道："作为一个行业，我们的下一个发展阶段应该是摆脱生产环境中的辅助措施，打破 SRE 和产品研发之间的壁垒，基于具体需求，将可靠性作为核心思维进行合理投资。"

软件运维需求无处不在。每家提供在线软件系统的公司都必须在适用的使用时间内（可能是工作时间、全天候或介于两者之间）为软件提供运维支持。那么，如何才能以既经济高效又可持续的方式来管理这些需求呢？你需要尽量减少必须配备专职运维团队（或者用之前提到的术语，即"分离的"DevOps/SRE 团队）的场景，同时尽可能让软件开发人员能够自主完成部署和运维工作，从而实现 DevOps 的愿景。

### 1.3.3 结果：深陷泥沼

如今，你有了越来越多的应用团队，他们需要在日益复杂的开源软件和云原生技术基础上作出更多的选择。这种选择的背后，往往是应用团队为了加速交付进程，而采用当下最契合问题需求的最佳系统（或是他们最熟悉的系统），这确实能够助他们一臂之力。此外，如果这些团队需要独立承担系统的全部运维责任，那么不如让他们自行决定选择的技术，权当是自担风险了！

不仅仅是负责开发新功能的应用工程师希望尽快交付成果。随着互联网系统攻击面的不断扩大，网络攻击和安全漏洞的发现越发频繁，这促使基础设施和开源软件必须加速更新以应对这些安全风险。我们观察到，系统与组件的升级周期已经从按年计算缩短到按月计算。这些变化为应用团队带来了额外的工作量，他们需要更新黏合代码、重新测试，甚至在某些情况下迁移软件，以适应不断变化的环境。

变革的压力已经造就了一片复杂的泥沼，这里混杂着黏合代码以及各团队独立决策所遗留下的长期隐患。每一个新的"绿地项目"都会为这片复杂的泥沼增添更多的选择和

"黏合剂"，随着时间的推移，开发人员逐渐深陷其中，难以自拔。在这片泥沼中举步维艰，行动迟缓，还要随时提防如饥似渴的运维鳄鱼。那么，该如何摆脱这片泥沼？答案显而易见，我们相信，平台工程正是破局之道。接下来，我们将深入探讨它是如何帮助你实现这一目标的。

## 1.4 平台工程如何疏通泥沼

如果你正深陷泛化问题的泥沼，你一定能够体会到平台工程所具有的理性吸引力。你不断扩充基础设施工程师、开发者工具工程师、DevOps 工程师和 SRE 工程师等团队成员，但始终难以应对开源软件和云系统带来的日益复杂的挑战。随着应用程序变得愈加复杂，应用程序开发人员的生产效率逐步下降，你迫切需要找到解决之道。而通过构建平台来管理这些复杂性，无疑是一个行之有效的解决方案。

然而，构建平台需要投入可观的资源。这不仅包括平台的建设和支持维护成本，还涵盖因限制应用团队选择开源软件和云原生基础功能所带来的运营开销。此外，组建平台工程团队可能会带来组织成本，例如，因组织架构调整、岗位变动，以及推出公司新的重点领域所产生的额外开支。在本节中，我们将详细阐释平台和平台工程如何证明这些投资的合理性，并为企业创造长期价值。

### 1.4.1 在限制原语的同时最小化开销

选择的激增并非全然负面：如今，全新应用程序项目的交付速度比以往大幅提升，而当开发人员使用自己喜爱的系统时，他们往往能够感受到更强的自主性和归属感。然而，当企业开始将注意力转向如何降低技术选择多样化带来的维护负担和长期成本时，这些优势往往被忽视。在这种情况下，领导层的第一反应通常是依靠职权来制定一套标准。他们可能会说："作为数据库专家，我来决定应用团队可以使用哪些数据库。"或者"我是架构师，所以我来决定所有的软件工具和程序包。"甚至"我是 CTO，因此一切由我说了算。"然而，这些专家往往难以充分理解业务需求，从而无法做出最佳决策，最终导致应用团队受到影响。显然，仅仅依靠权威来推行标准化是远远不够的。

平台工程认识到，现代工程团队应拥有易用且高效的系统，这些系统由将他们视为客户的团队提供，而非仅仅关注成本削减或自身的支持负担。平台工程并非通过权威来规定一套标准，而是采用以客户为中心的产品方法，精心挑选一组能够满足广泛需求的原语集合。这需要在商业现实的背景下做出妥协，逐步交付优质的平台架构，并愿意直接与应用团队合作，倾听他们的实际需求。如果做得出色，则可以通过展示合作带来的杠杆作用来证明价值，而无须依赖架构师、数据库管理员、CTO 或平台副总裁的权威。通过这种方式，可以减少所使用的开源软件和云原语的数量，同时避免自上而下强制推行所导致的最坏后果。

## 1.4.2 减少应用程序间的黏合代码

平台工程不仅致力于减少所需的基本组件数量，还进一步降低了与剩余组件之间的耦合黏合代码。通过将这些基本组件抽象为系统化的平台功能，从而满足更广泛的需求，这一方法能够显著地减少应用层黏合代码。为了更清晰地说明这一点，我们将深入探讨一个常见的挑战：如何管理 Terraform。

开源软件和云服务在许多方面都极为复杂，其中代价最高的莫过于配置管理——繁多且无尽的参数列表，如果未能正确设置，最终将导致生产环境中出现各种问题。而这一问题在云配置领域尤为突出。到 2024 年，最先进的解决方案是一个名为 Terraform 的开源基础设施即代码（IaC）系统，它完美地展示了平台工程如何有效应对过度依赖黏合代码所带来的弊端。

当应用工程团队纷纷开始推动采用琳琅满目的 IaaS 云服务时，大多数公司选择了一条阻力最小的路径：赋予每个团队自主权和责任，使用自己的配置来部署各自的云基础设施。实际上，这意味着这些团队逐渐演变为"兼职"的云工程团队，既要掌握配置管理，又要精通基础设施部署。如果你希望构建一种可重复、可重建、安全可验证的基础设施，就需要像 Terraform 这样的配置管理和基础设施部署模板。因此，让应用开发团队学习 Terraform 逐渐成为一种普遍趋势。根据我们的经验，这种方式通常会经历以下发展过程：

1. 大多数工程师都不愿意为不常执行的任务学习一整套全新的工具集。基础设施的设置与资源配置并非日常工作的核心内容——即使是那些已经在进行成熟弹性测试并定期从零重建系统的团队也是如此。因此，随着时间的推移，这类工作要么被分配给毫无准备的新员工，要么由少数对 DevOps 感兴趣的工程师负责。在最理想的情况下，团队中可能会有一两位工程师成长为基础设施配置专家，能够编写 Terraform 并全面负责团队的相关工作。然而，这些工程师往往不会在应用团队中长期任职，这就导致这些任务再次交由新人负责，而他们通常会导致工作陷入混乱。

2. 由于资源短缺，再加上公司各部门各自拼凑编写 Terraform 代码，这种状况常常促使管理层将分散在多个团队（甚至是整个公司范围内）的相关工作集中化。然而，这种集中化并非为了构建一个统一的平台，而是简单地将所有 Terraform 工程师汇集到一个团队中，将他们定位为提供 Terraform 代码撰写服务的团队。

3. 这些集中式的 Terraform 开发团队逐渐陷入了"功能商店"思维，仅仅是接收需求并快速交付。这种状况导致那些技术能力强的开发人员（能够通过重构 Terraform 架构来提供更好的抽象的人才)对加入团队失去兴趣。随着时间的推移,代码库逐渐演变成了意大利面代码,这不仅会拖慢那些需求稍有不同的应用团队的开发进度,最终还会引发严重的安全灾难。

更优的路径在于认识到,你需要做的不仅仅是提供集中化的 Terraform 编写支持,而是要思考如何将这一专家团队从一个"黏合剂"式的维护中心演变为一个能够创造价值的工程中心——也就是打造一个真正的平台。这要求你深入理解客户的需求,不仅要让客户更便捷地获取他们想要的东西,还需要形成明确的见解,判断应当提供哪些解决方案。同时,你还需要思考如何构建能够超越单纯"资源配置步骤"的功能,从而实现更大的价值。

在转向新的基础设施提供模式时,集中专业知识并提升效率至关重要。与其让每个工程团队分别雇用自己的 DevOps 和 SRE 工程师来支持基础设施,不如组建一个集中化的平台团队,汇聚这些专家,并扩展他们的职责,致力于为企业识别更广泛的解决方案。这样不仅可以满足各种一次性需求,还能充分利用他们的专业能力,构建起能够抽象底层复杂性的平台。这正是奇迹开始发生的地方。

### 1.4.3 集中管理迁移成本

在本书中,我们将频繁提到迁移,因为我们认为,迁移管理是体现平台价值的重要组成部分。应用程序和原语拥有较长但相互独立的生命周期,在各自的生命周期中都会经历诸多变化。这些变化的叠加往往会导致高昂的维护成本,而平台工程通过以下方式可以有效降低这些成本:

*减少正在使用的开源软件和云系统的多样性*
　　原语越少,因单一原语而需要进行迁移的可能性就越低。

*使用 API 封装开源软件和供应商系统*
　　尽管平台 API 难以完美地抽象化底层开源软件和供应商系统的各个方面,但即使是"足够实用"的 API,只要能够有效隐藏实现细节,也能使平台在底层系统发生变更时,保护应用程序免受影响。

*构建平台使用的可观测性*
　　平台可以提供多种机制,用于标准化采集关于其自身使用情况以及底层开源软件和供应商系统使用情况的元数据。通过这种对使用平台的应用程序依赖状态的可见性,你可以在需要调整这些依赖关系时有效减轻升级的负担。

*将开源软件和云系统的所有权与管理权交由拥有软件开发人员的团队负责*
　　当 API 被证明存在不足时,与传统基础设施组织不同的是,平台团队拥有软件开发

人员，他们能够开发复杂的迁移工具，使迁移对大多数应用团队而言是透明的。

## 1.4.4 允许应用程序开发人员运营他们开发的系统

成熟的 DevOps 的目标在于通过"你构建，你负责"的理念来简化责任管理。尽管这一理念已流行十余年，但许多公司仍未能成功实施这一模式。我们认为，那些取得成功的公司，其关键因素之一在于这些公司的平台的强大支持——这些平台通过抽象底层依赖的运营复杂性，大幅降低了操作的难度。

没有人喜欢值班待命。然而，当团队仅需要处理由自己应用程序引发的问题时，我们发现竟有相当多的团队愿意主动承担运维责任。毕竟，他们为何不全力支持自己日复一日构建的业务关键系统呢？然而，对于许多公司而言，由基础设施、开源软件以及黏合代码引发的运维问题，往往远远超出了应用程序代码本身的问题。

一个典型的例子是，为了追求更高的系统韧性，应用程序通常会部署在多个可用区、云区域或数据中心中。然而，这也使得应用团队容易受到云服务提供商间歇性问题的影响，例如网络故障，以及随之而来的深夜两点的警报。平台工程通过构建高韧性的抽象层来应对这一挑战，这些抽象层能够代替应用团队处理应用程序的故障转移，从而显著减少他们深夜被紧急召唤的次数。

当大部分底层系统的运维复杂性被平台抽象层所隐藏时，这些复杂性可以由平台团队统一承担并进行运维管理。这要求你限制支持的选项范围，从而将抽象边界上移至一组核心服务集，使每项服务都能覆盖广泛的应用场景。同时，这也要求平台团队具备高运维标准，以让应用团队放心依赖他们。

诚然，构建和运营能够解决这些问题的平台并非易事，尤其是在让应用团队接受选择受限时更为困难。但唯一的选择是，要么让整个组织直接暴露在这些问题之中，要么继续依赖运维团队（无论名称为何）来处理这些问题，而这将不可避免地导致责任归属不清、阻碍敏捷开发，以及团队间的相互指责。

# 1.5 赋能团队专注于构建平台

如果你希望充分利用开源软件和供应商提供的基础工具或原语，同时又要降低可能在未来拖慢进度的复杂性，你就需要能够构建平台的团队，以管理这些基础工具及复杂性。当前业界存在四种流行的、与平台相关的方法，这些方法都能为组织带来宝贵的技能，但它们都无法完全满足构建平台所需的专注力和技能组合。表 1-1 概述了这些方法，并解释了它们为什么不适合承担这项任务。

**表 1-1：平台相关方法及其为何难以构建平台**

| 方法 | 专注 | 用它们构建平台的难点 |
|---|---|---|
| 基础设施 | 底层基础设施的稳健运行 | 很少关注抽象化基础设施以简化应用程序，尤其是在跨多个基础设施组件的情况下 |
| DevTools | 直至产品交付的开发者生产力 | 很少关注解决与在复杂基础设施上运行的生产系统相关的开发人员生产力挑战 |
| DevOps | 应用程序交付到生产环境 | 很少关注确保自动化/工具能够帮助最广泛的受众 |
| SRE | 系统可靠性 | 很少关注除可靠性以外的系统性问题，通常通过组织实践而不是开发更好的系统来产生影响 |

来自不同背景的人员可能都会声称，他们个人更希望构建更多的平台，而非从事"黏合剂"式的工作，但组织并不允许他们这样做。对此我们深有同感，我们在此描述的并非个人，而是这些策略在组织中的演变过程，以及组织通常如何定义各团队的使命。然而，问题依然存在——个人的角色受限于团队的使命，而当更大的组织架构期望团队仅仅延续既往的做法时，想要改变团队的使命就变得极为困难。

平台工程是一种工程实践，旨在让各个工程师群组打破各自的独立工作模式，跨越专业界限，组建团队以实现更广泛的目标：共同打造能够兼顾多方需求的综合性平台。这包括：

- 对于基础设施团队而言，需要在基础设施能力与开发者友好的简洁性之间实现平衡。
- 对于 DevTools 团队而言，需要在开发体验与生产支持体验之间实现平衡。
- 对于 DevOps 团队而言，需要在针对单个应用的最佳黏合方案与支持更多数量应用的更通用软件之间实现平衡。
- 对于 SRE 团队而言，需要在系统可靠性与其他关键特性——功能敏捷性、成本效益、安全性和性能——之间实现平衡。

作为对组织期望的有意重置，平台工程使你能够组建专注于开发技术解决方案的团队，最终疏通泥沼。

> **平台是否支持创新**
>
> 希望你已经开始注意到，平台能够解决各种开发难题，让系统更快速、更安全，让开发者工作更高效、自动化处理迁移，并加速完成任务的反馈循环。尽管我们明白，要实现这些目标可能需要相当长的时间，但我们坚信，这一理想值得我们努力追求。
>
> 那么，平台还能带来哪些其他益处呢？作为工程师，我们理所当然地希望平台能

够支持创新与实验，毕竟创新是企业增长的引擎。当然，平台确实可以做到这一点，但我们需要澄清这意味着什么，因为平台既可能支持创新与实验，也可能阻碍它们。

如果仅谈论基于现有技术方案的业务创新，则平台确实能够助力这种创新。通过提高应用开发人员的效率，尤其是让他们能够安全地部署新功能（例如，利用功能开关和 A/B 测试等方式），平台帮助开发团队更快地开发功能，从而使企业能够基于现有技术快速实验各种业务创意。

然而，由于平台的固有特性，总会存在一些它无法支持，甚至会对抗它的创新。涉及技术的重大创新通常需要引入尚不存在的新工具来解决问题。数据领域就是一个典型的例子，因为这个领域变化极为迅速。你可能已经拥有一个优秀的平台，它支持轻松访问关系型数据库，并帮助公司大多数工程师高效完成工作。但如果一个团队意识到需要一种具有显著不同性能特征的存储解决方案来支持新的创新业务机会时，他们可能会暂时或部分转移到其他平台以开发这一方案。如果这一方案最终取得成功，你可能会发现这个新的存储系统非常适合整合到平台服务中——然而需要注意的是，这项创新并非由平台本身驱动！这并不意味着你应当将每一个新想法都勉强整合到平台中；相反，更优的策略通常是让这些想法独立发展，然后仅吸纳那些已经取得成功并且拥有广泛市场需求的方案。

平台团队往往倾向于遏制那些可能使人们偏离平台的创新与实验。在大多数情况下，这些创新想法确实会导致工程资源的浪费，这主要源于软件工程师普遍存在的"非我发明"偏见，这种偏见驱使他们倾向于自行构建并创造解决方案。然而，在某些情况下，这些团队确实需要做一些超出常规的事情。如果平台团队对所有特殊需求都一概否决，或坚持所有新功能都必须由他们来开发，不仅可能使系统过于泛化，还可能抑制健康的创新发展。

因此，你的平台应当在已知领域内为创新和实验提供便利支持，通过提高开发人员的生产力并使他们聚焦于应用层来实现这一目标。然而，平台并非创新的唯一且终极支撑。事实上，如果你希望真正促进创新，就需要允许某些团队短期内自主探索，以验证新的想法。作为平台工程的领导者，如何在推动团队采用统一的核心平台与允许他们创建自己的替代性"影子平台"[注9]之间做出明智选择，是一项至关重要的能力。我们将在第 10 章对此进行深入探讨。

---

注 9：这是在平台层面出现的"影子 IT"现象——其他部门绕过中央 IT 部门，自行部署系统，以填补功能空白或规避中央系统设置的各种限制与管控。

## 1.6 结语

我们正走在不可避免的复杂性冲突之路上，许多人已经感受到了撞墙的压力。无论是应对实现 DevOps 有效性的挑战，还是处理无穷无尽的特例化决策，抑或面对基础设施即代码所带来的日益加剧的复杂性，甚至仅仅是应对所有软件产品所需的升级与迁移，我们都迫切需要帮助。这正是为什么我们认为平台工程正在成为行业不可或缺的重要支柱。通过将产品思维与软件及系统工程专业知识相结合，你可以打造平台，为企业应对复杂性提供强大的杠杆作用。

# 第 2 章
# 平台工程的支柱

> 一座桥的承载能力并不取决于支柱的平均强度，而是取决于最薄弱支柱的强度。
>
> ——齐格蒙特·鲍曼

在讨论完平台工程的"为什么"之后，让我们来探讨它的"是什么"。回顾一下我们在第 1 章中给出的基本定义：

> 平台工程是一门专注于平台开发与运维的学科。它的核心目标是通过管理系统的整体复杂性，为企业提供杠杆作用。平台工程通过采用精心策划并以产品为导向的方法，将平台构建为服务于广大应用程序开发人员的软件抽象层，并将它作为企业的基础设施开展运维。

基于这一定义，我们可以识别出平台工程实践的四大支柱：

**产品**
采用精心策划并以产品为导向的方法。

**开发**
开发基于软件的抽象。

**广度**
服务广大应用程序开发人员。

**运维**
作为企业的基础设施开展运维。

这四大支柱是平台工程成功的基石。缺少它们，你只是在将管理的复杂性推来推去，而非真正实现有效管理。过去的各种方法都未能成功解决这一矛盾。这并不令人意外，因为构建一个优秀的平台确实是一项充满挑战的任务！这也正是我们撰写本书的初衷所在。在本章中，我们将详细阐述为何将这些要素视为平台工程的支柱，并深入剖析它们的基础逻辑。

## 2.1 采用精心策划并以产品为导向的方法

平台工程的第一大支柱是精心策划并以产品为导向的方法，它在平衡其他三大支柱关注点的同时，为平台设计提供了核心指导。所谓以产品为导向的方法，是指摆脱单纯技术导向的思维，重新聚焦于用户对系统的实际需求及使用体验。所谓精心策划的方法，不仅意味着遵循特定的交互模式和使用规范，更重要的是要对平台的适用范围有清晰的观点，并据此精心设计和优化平台功能。

这就是为什么我们强调"精心策划并以产品为导向的方法"，而不是单纯的"精心策划的方法"或"以产品为导向的方法"——因为二者若孤立使用，都不足以打造成功的平台团队。仅采用以产品为导向的方法而缺乏精心策划，虽然能快速响应客户需求，但由于缺乏统一的战略方向，团队可能会逐渐转变为服务中心。而在缺乏以产品为导向的思维的情况下实施精心策划，则可能导致为应用团队提供的方案过于僵化，无法真正满足实际需求。

成功的"精心策划并以产品为导向的方法"能催生出两种截然不同的平台产品类型：

*铺就的路径*

最常见的精心策划平台类型是将多个产品和服务整合为易于使用的工作流，有时被称为"铺就的路径"（见图 2-1）。这些平台建立在优秀基础设施团队精心挑选并整合产品和服务的基础上，确保这些产品和服务能够良好协作。产品成功的关键在于为应用团队隐藏这些常见多系统工作流的大部分复杂性。这是一种兼顾覆盖率和易用性的策略——平台需要有明确观点来覆盖（并鼓励）常见的用例，可以遵循帕累托原则，识别出能够满足 80% 需求的 20% 核心用例，并专注于将这些用例打磨至臻至美。这也意味着平台需要对那些不符合主流的需求或异常需求说"不"。这是一条铺就的路径，而非强制性的解决方案，那些有特殊需求的团队可以随时选择其他路径。

*铁路*

第二类精心策划平台与"铺就的路径"截然不同。在这种情况下，你会发现一个未被任何现有产品覆盖的意义重大的需求缺口，但能够满足众多应用团队的需求。这些平台的诞生源于一个产品发现过程，通过分析各个应用团队的需求模式，并研究团队在缺乏相应平台支持时是如何绕过这种平台缺失的方式来实现的。

这些平台通常基于应用团队为满足特定需求而构建的原型，随后被泛化为更具广泛用途的解决方案。然而，打造这类平台的目标不仅仅是为了优化常见流程，通常还需要进行重大基础设施投资，以将特定功能引入公司内部。我们将这类平台称为

"铁路"（见图2-2）。我们已经构建的一些铁路平台包括批处理作业平台、消息通知系统以及全局应用程序配置平台等。

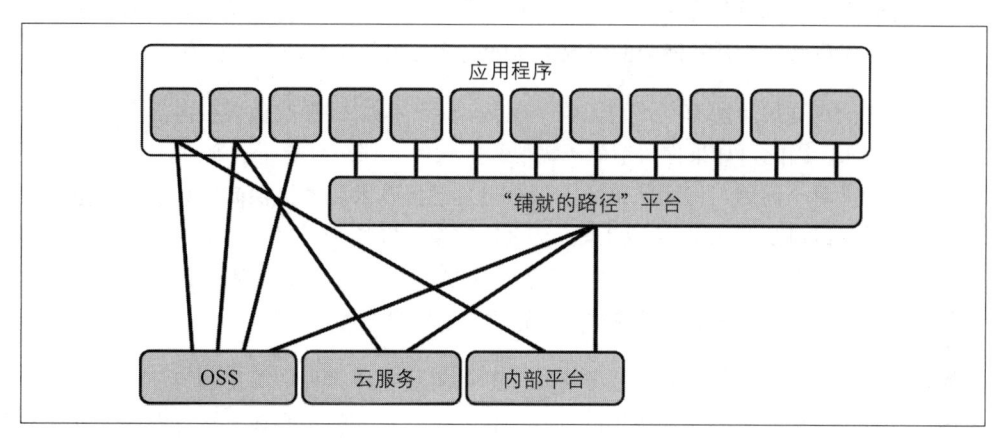

图2-1："铺就的路径"平台的架构

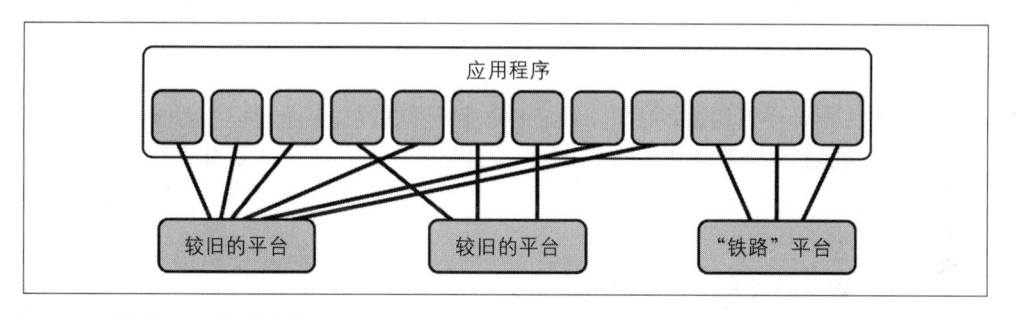

图2-2："铁路"平台的结构

不过，以产品为导向的方式构建平台远不止是优化用户体验并发现显而易见的不足那么简单。它要求团队在所有构建过程中始终坚持客户至上的理念。这意味着我们需要深入思考如何提升客户的整体体验，不仅要让事情变得更简单，还要考虑如何完全接管他们的一些工作。

## 2.2 开发基于软件的抽象

如果不进行软件开发，就不能称为平台工程。

如今，平台工程最常见的实践并非发生在底层架构或开发者工具层面，而是存在于那些拥有多条产品线的大型软件企业中。这些产品线通常依赖自主研发的核心能力，并且这些能力应在各产品线之间共享，其中账单系统就是一个典型例子。最自然的做法是将这些共性功能提取出来，构建为一个统一的平台，以便由一个专门的团队为多条产品线提供支持。显然，这个团队中需要软件工程师，因为平台的各个组件都是随着公司发展逐步研发的。这些软件工程师构建了这些系统，他们也是确保系统持续运转的关键力量。随着平台的演进，可能会将 SaaS（Software as a Service，软件即服务）产品与内部逻辑相结合，但在缺乏软件开发能力的情况下运营这样的团队显然是不现实的。

我们认为这一点适用于所有"平台工程"团队，而不仅限于那些负责由内部定制系统衍生平台的团队。因此，如果你目前尚不需要编写软件，那么可能还未到开展"平台工程"的时机。如果对于你的工程团队来说，一个包含已批准云服务提供商信息及上手指南的 wiki 页面就足以满足当前的平台需求，那么这完全可以接受。尽管这或许并非我们严格意义上的"平台工程"，但对于你的公司而言，或者针对当前的具体问题，现在可能还不是组建"平台工程"团队来解决这些问题的合适时机。

如果你准备启动平台工程计划，请务必从一开始就让软件工程师深度参与。无论你是提供内部计费平台还是基础设施级别的计算平台，平台工程的核心在于通过内部开发的软件逻辑抽象底层系统，从而产生杠杆作用。换句话说：如果没有这种抽象化，你构建的就不是一个能够管理复杂性的真正平台，而只是提供基础设施服务，并将所有的复杂性转嫁给用户。

为了给这些工程师提供构建的指引，我们将逐步介绍在构建平台过程中可能需要的一些抽象概念，这包括平台服务及 API、胖客户端（Thick Client）、开源软件定制，以及集成元数据服务。

### 2.2.1 主要抽象层：平台服务及 API

是的，这一概念直接源自微服务和面向服务架构（SOA）。到了 2024 年，我们可以假设你和业界其他人一样，已经对此非常熟悉了。简单来说，服务是平台的重要组成部分之一，它实现了协调底层 OSS、供应商系统及企业内部系统行为的逻辑，并为应用程序系统提供抽象的高级 API（见图 2-3）。更进一步讲，一个平台的实现可能会被拆分为多个服务组件。此外，API 并不一定是传统的同步请求/响应模式，它可能在客户端或服务端使用消息队列，或者平台服务可能向应用程序发送完全独立于特定请求的异步消息。

服务及 API 是平台的重要组成部分，因此从一开始就让软件工程师参与其中至关重要。没有他们的参与，便很难对复杂性进行有效抽象，从而无法简化应用程序开发和工程师的工作。

尽管 API 非常重要，但我们仍需提出一个警告，这一点对基础设施平台尤为关键。具有纯软件开发背景的人员往往认为，API 及服务需要对底层的开源软件、供应商系统和内部系统进行抽象封装。举例来说，我们曾遇到一些平台团队提出这样的观点：当平台的核心是像 PostgreSQL 这样的开源系统时，要想在系统变更和迁移中掌握主动权，唯一的办法是创建一个完全抽象的 API 层，从而使客户端需要通过发送 API 请求而非直接使用 SQL 进行交互。

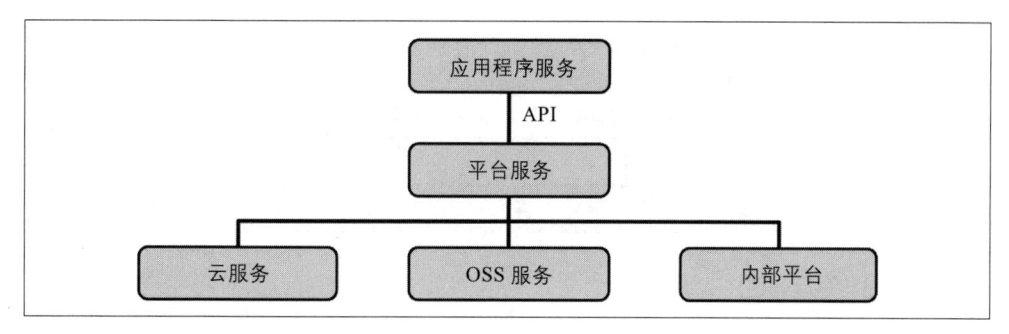

图 2-3：平台中服务和 API 组件的架构示意图

判断全面封装是否为合适的抽象层级，关键在于从应用工程师的视角进行评估——当通过减少暴露接口范围，将工程师与底层开源软件及供应商系统的相关资源（包括公开的文档等）剥离开来时，究竟是提升了他们的生产力，还是仅仅让平台团队的管理更加便捷？在尚未明确能够提升生产力之前，更为审慎的策略是允许工程师直接访问底层系统，以从中汲取实践经验，而非强制推行一个将用户与更广泛生态系统剥离的 API。图 2-4 展示了这样一个架构示例，其中大部分平台依赖组件都已被封装，但仍保留了一个未封装的依赖组件。

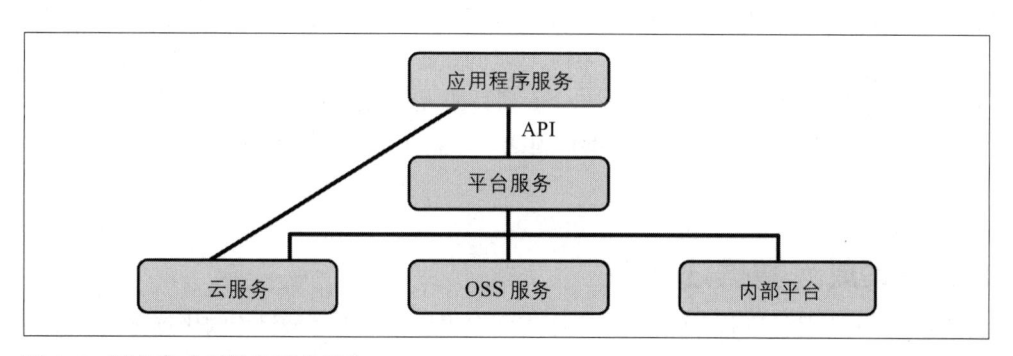

图 2-4：避免完全封装的平台架构

## 2.2.2 胖客户端

通常来讲，与纯粹的服务架构中的"薄层接口"相比，当客户端代码更为复杂时，应用程序的效果往往最佳。可以表现为功能强大的客户端库（如图 2-5 所示），或是可执行的二进制文件。这类文件过去被称为"守护进程"（daemon），而现在通常被称为"边车"（sidecar）。在客户端实现丰富的业务逻辑有时能够带来显著的优势，例如在分片、本地缓存和负载均衡方面显著提升系统的可靠性和性能。对于支持遗留应用程序而言，这种

平台工程的支柱 | 31

方式尤为重要。例如，我们观察到许多存储平台不得不通过 FUSE[注1] 提供挂载方式，从而向遗留用户系统提供标准文件系统的访问接口。

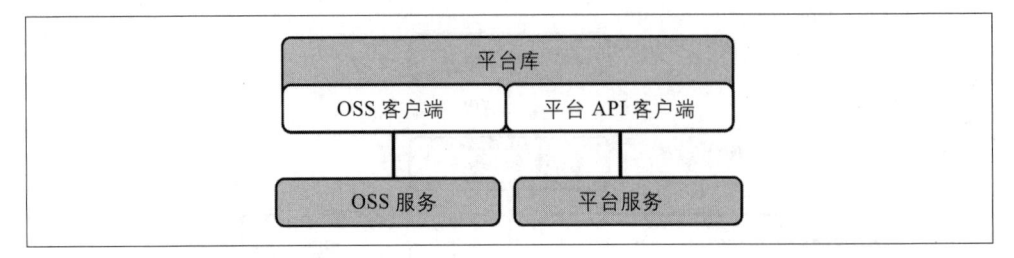

```
┌─────────────────────────────────────────┐
│               平台库                     │
│  ┌──────────────┐  ┌──────────────────┐ │
│  │  OSS 客户端  │  │  平台 API 客户端  │ │
│  └──────────────┘  └──────────────────┘ │
│                                         │
│  ┌──────────────┐  ┌──────────────────┐ │
│  │  OSS 服务    │  │    平台服务      │ │
│  └──────────────┘  └──────────────────┘ │
└─────────────────────────────────────────┘
```

图 2-5：平台胖客户端组件的架构设计

由于平台软件现在运行在客户的应用程序中，采用胖客户端架构会带来显著的成本问题，包括可观测性和故障排查的挑战，同时升级周期也无法由平台团队掌控。因此，在处理复杂业务逻辑（例如协调多个底层服务）时，我们更倾向于将这些逻辑实现于服务端。然而，我们也观察到许多团队仅仅出于架构或运维的纯粹性考虑，就直接排除胖客户端方案，而没有充分评估权衡利弊，也没有思考这是不是最适合平台用户的抽象模型。

### 2.2.3 OSS 定制化

在某些情况下，OSS 已经非常接近提供给应用工程师所需的抽象层，只需要针对公司特定问题进行少量定制即可。这种定制有时可能采取插件的形式，由平台团队负责开发这些插件并运维整个系统。有时，为了满足特定的业务需求，平台团队需要对 OSS 进行定制。在这一过程中，你可能会成为该 OSS 项目的贡献者或领导者，也可能只是为公司创建一个独立的分支。而平台工程的价值之一，就在于能够深入理解并改进 OSS 代码本身。

### 2.2.4 集成元数据注册表

我们希望重点关注这一特定的集成，因为它始终是平台开发领域讨论的热点话题，甚至有人认为它构成了平台开发的核心。如前所述，平台开发的一个重要优势在于，能够代表用户处理底层开源软件和云原语中的问题与变更。然而，要做到这一点，必须掌握每个原语的元数据，从而能够推断原语的具体用途及使用者。平台团队可能需要回答的一些问题包括：

*所有权*
  谁拥有这项服务？

---

注1：由非特权用户（非 root 用户）挂载的用户态文件系统。

*访问控制*
    这个服务是否确实需要对该对象存储桶拥有如此广泛的访问权限？

*成本效率*
    对象存储服务的费用应由哪个组织承担？

*迁移*
    哪些团队正在以非标准方式使用对象存储？在迁移到新供应商的过程中，我们需要与哪些人讨论如何调整以实现兼容？

我们注意到，有几种不同类型的系统正在涌现，用于追踪这些信息。这些系统包括：

*标签管理系统*
    现在，所有主流云服务提供商和可观测性平台都提供了用元数据对单个资源进行"标记"的方法。同时，它们也开始推出管理工具，使平台团队能够执行架构并运行丰富的探索查询。

*API/模式注册表*
    这些工作主要致力于汇总和收集平台与应用程序 API 的编译时信息，将所有相关信息集中到一个位置，用于实现管理、治理规范和技术探索。

*内部开发者门户（Internal Developer Portal，IDP）*
    这些工具在注册中心的基础上更进一步，不仅提供了 API 和资源元数据的统一目录，还涵盖了平台配置数据。其中一个关键特点是可编程用户界面，它允许每个平台团队将功能产品集成，从而在所有平台间打造一致且统一的用户体验。

尽管一些公司声称每种方法都取得了巨大的成功，但现在判断这些方法将如何发展还为时过早。我们见过一些注册功能在起步时就举步维艰，因为创建它的团队认为用户会手动填充数据，或者他们"仅仅"需要在机器抓取数据后进行清理。我们相信，广泛的成功取决于平台能否高效地与这些注册功能集成，从而自动化且持续地采集和标记元数据。毕竟，工程师普遍对被迫承担运维工作深感抵触。

---

### 内部开发者门户是否属于平台工程服务中的核心组成部分

在 2024 年，关于内部开发者门户的讨论不绝于耳。许多人认为，它们不仅是平台[有时在这一语境下被称为内部开发者平台（Internal Developer Platform，IDP），其缩写往往令人困惑]的核心组成部分，更是整个战略中最重要的要素，甚至被视为必不可少。

我们并不反对这类系统。将平台资源的主控权与所有自助服务界面和文档集中整合到一个地方，确实可能正是当下客户所需的高杠杆解决方案。当然，也可能并非如此。为了整合大多数平台用例以使它们具有实际价值，需要投入大量工作。而仅仅通过"看看这个引人注目的界面未来能做什么"这样的论点，并不能减少这些必要的工作量。

如果你的客户表示，他们最大的难题之一是弄清楚该去哪里找到合适的用户界面或使用平台的文档，那么此时确实应该引入一套 IDP。然而，如果这个问题在他们的优先需求列表中并不靠前，那么可以暂时忽略搭建 IDP，而是使用像 wiki 这样的工具来记录文档，并提供指向 API 的链接即可。要打造一个优秀的平台，IDP 并非必需品。

## 2.3 服务广大应用程序开发人员

平台的目标用户是应用程序开发人员——不仅仅是一个或两个团队，而是众多开发团队。有时，应用团队会因中央平台带来的额外负担而感到困扰。如果你习惯了直接访问机器并随意安装所需的软件，那么必须通过一个将所有这些功能抽象化的中央平台，这可能会让人觉得是一种限制。尽管平台的目的并不是为了让那些希望直接访问底层组件的专业用户的每一个操作都变得尽可能简单，但平台团队需要投入精力，提供最佳的开发与运维体验，以满足所有用户的需求。

这就是我们使用"广大"这一泛指性术语的原因。在现代微服务 /SOA 系统中，众多团队开发的软件包含着供其他团队调用的抽象和 API。我们认为，将所有这类系统都称为"平台"并不恰当。然而，随着用户规模的扩大和使用场景的增加，你需要从单纯开发功能转向构建能够使系统更经济、更安全、更易用的关键能力。这些能力包括：

*自助服务接口*

为了实现对大量客户的可扩展支持，自助服务是平台产品的关键组成部分。如果每次新客户入驻都需要平台团队进行手动工作，或者更糟糕的是，需要团队多个部门协同完成手动任务，那么你将失去效能优势。因此，提供自助式的访问、资源分配与配置功能至关重要。这些功能可以通过图形化 / 网页用户界面，或者命令行工具来实现，并且通常会集成到持续集成 / 持续交付（CI/CD）平台中（见图 2-6）。优秀的平台产品不仅应为新手用户提供一套简单易用的默认配置，还应为高级用户在执行更复杂任务时提供直接访问核心组件的能力。这些能力包括：

*用户可观测性*

在平台中，有一种不常被提及但至关重要的自助服务类型，那就是用户可观测性。为此，需要构建完善的遥测系统，帮助开发者在整个应用程序开发与运行的全生命周期中调试自身问题。*The Staff Engineer's Path*（O'Reilly）的作者、高级首席工程师 Tanya Reilly 告诉我们：“我们对平台团队提出的一个重要目标是：确保平台用户能够清楚地分辨出是自己的操作出现了问题，还是平台本身出现了故障。虽然这是一个永远无法完全实现的理想状态，但这是一种良好的思维方式。”

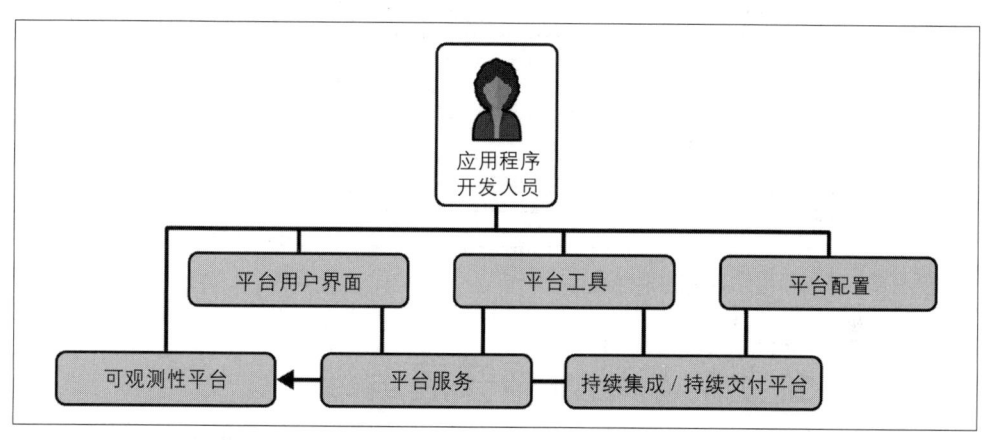

图 2-6：平台自助服务组件架构

**防护措施**

在为广大用户群体提供服务时，尤其是在涉及安全、合规、可靠性和成本控制等专业领域时，不能指望所有用户都精通底层系统。此类情况下，即使是一次微小的配置错误，也可能导致严重的后果。因此，平台建设中的一个重要环节是实施防护措施，即通过保护性限制和默认设置，最大限度地降低代价高昂的错误配置发生的可能性。由于各公司在这些领域的具体需求差异巨大，并且会随着公司的发展不断演变，拥有一个能够及时响应这些变化的内部平台，可以长期显著地提升应用程序开发人员的生产力。

**多租户**

广泛使用的平台的一个核心特性在于，只有采用多租户模式才能实现高效运作，即在同一运行环境中支持多个不同的应用程序。对于超大规模云服务提供商而言，这种模式旨在优化底层硬件资源的经济效益（*https://oreil.ly/dqwJF*）。在平台中采用多租户模式的主要目标更可能是为了提升工程时间的经济效益，也就是说，与其为每个应用程序单独维护一套系统，不如由一个共享服务团队提供共享基础设施，从而支持多个应用程序的运行（见图 2-7）。

在开始提供多租户服务时，会遇到许多棘手的工程问题。这也是平台团队需要具备软件工程师和系统工程师的另一个重要原因。你可能会发现，对于某些组件（或特定客户），更适合不采用多租户架构，此时可以选择混合方案。然而，如果你的平台在某些组件或部署中没有实现应用程序与用户的交织或混合，那么它很可能称不上

平台工程的支柱 | 35

是一个真正的平台。

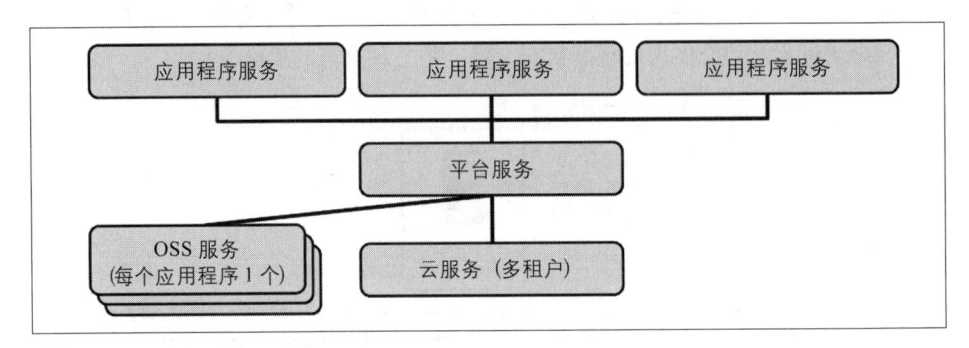

```
┌─────────────────────────────────────────────────────────┐
│  ┌──────────────┐   ┌──────────────┐   ┌──────────────┐ │
│  │  应用程序服务  │   │  应用程序服务  │   │  应用程序服务  │ │
│  └──────┬───────┘   └──────┬───────┘   └──────┬───────┘ │
│         │                  │                  │         │
│         │          ┌───────┴──────┐           │         │
│         │          │    平台服务   │           │         │
│         │          └───┬──────┬───┘           │         │
│  ┌──────┴──────────┐   │      │               │         │
│  │   OSS 服务       │   │      │               │         │
│  │(每个应用程序 1 个)│   │  ┌───┴──────────────┴──────┐  │
│  └─────────────────┘   │  │   云服务（多租户）        │  │
│                        │  └─────────────────────────┘  │
└─────────────────────────────────────────────────────────┘
```

图 2-7：混合多租户架构的平台设计

## 2.4 作为企业的基础设施开展运维

平台工程实践的最后一个支柱是：平台需要作为企业的基础设施来开展运维，使应用工程师能够有信心地将业务建立在平台上。如果你的平台表现出不稳定（无论是由于底层组件还是自身代码的问题），你就会迫使客户不得不成为平台运行的专家。这不仅没有提供杠杆作用，反而是在以最糟糕的方式行事，因为客户能成为专家的唯一途径是通过在平台出现新的运维问题时所获得的被动经验。

一些公司在实践平台工程时以开发者体验为核心，但在运维方面却遇到了困难。作为一种支持数量不断增长的多样化应用程序需求的基础架构，同时还需要依赖于超出完全掌控范围的外部开源软件和供应商系统，要避免陷入"运维地狱"（即无法满足业务所需的运维质量），需要付出大量努力。

平台要成为真正的基础设施，需要具备三个关键要素：承担整个平台的运维责任，确保平台始终得到支持，以及在运维实践中保持高度规范。接下来，我们逐一分析这三个方面。

### 2.4.1 对整个平台的责任

平台工程团队必须负责运维整个平台，而不仅仅是内部开发的软件（见图 2-8）。如果将其他组件交由客户自行管理，则平台的杠杆作用将大大削弱。尽管你可能已经构建了一个能够让应用团队快速上手的系统，但一旦他们在生产环境中遇到问题，就不得不深入掌握底层原语以及平台服务整合这些模块的运行机制。

我们观察到一些团队在选择供应商和开源软件时倾向于逃避运维责任，他们只是以几种能够带来开发时优势但无法提供运维时优势的模式来交付他们的平台。这些模式包括：

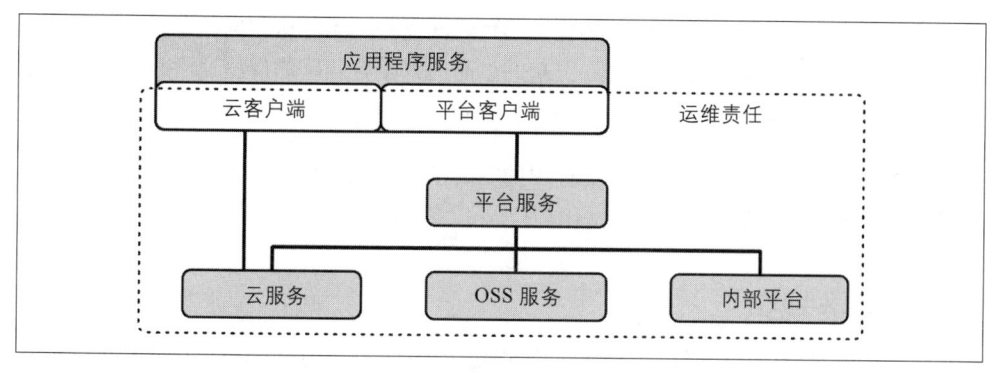

```
┌─────────────────────────────────────────────────┐
│           ┌──────────────────────┐              │
│           │     应用程序服务       │              │
│           └──────────────────────┘              │
│    ┌ ─ ─ ─ ─ ─ ─ ─ ─ ─ ─ ─ ─ ─ ─ ─ ─ ─ ─ ┐     │
│    │ ┌────────┐      ┌────────┐            │   │
│      │ 云客户端 │      │平台客户端│   运维责任    │
│    │ └────────┘      └────────┘            │   │
│           │              │                      │
│    │              ┌──────────┐              │   │
│                   │  平台服务  │                 │
│    │              └──────────┘              │   │
│           ┌──────────┼──────────┐               │
│    │ ┌────────┐ ┌────────┐ ┌────────┐      │   │
│      │ 云服务  │ │OSS 服务 │ │ 内部平台 │          │
│    │ └────────┘ └────────┘ └────────┘      │   │
│    └ ─ ─ ─ ─ ─ ─ ─ ─ ─ ─ ─ ─ ─ ─ ─ ─ ─ ─ ┘    │
└─────────────────────────────────────────────────┘
```

图 2-8：展示平台团队如何对所有组件及依赖项承担运维责任的架构

*资源配置平台*
　　平台负责提供并初始化开源软件和供应商系统的新实例，配置完成后由应用团队接管运维责任。

*框架平台*
　　该平台汇总 OSS 和供应商组件库的版本信息，可能还包含一些内部逻辑，但所有运维责任仍由应用团队承担。

*工具平台*
　　平台提供了工具和用户界面，使团队能够更轻松地操作 OSS 和供应商系统，但应用团队仍需承担这些系统的全部运维责任。

我们完全支持将资源配置、框架和工具纳入平台工程团队的职责范围，并且在某些情况下，不在这些方面投入更多资源确实是合理的。然而，由于这些方法会给用户的运维带来许多困难，这些狭隘的做法在扩展性上表现不佳，因此，这些尝试不应被视为真正的平台工程。

## 2.4.2 支持平台

对于许多应用团队而言，用户支持的问题升级是较为罕见的现象。如果应用程序是面向外部客户的，通常会有庞大的支持工程团队负责处理，他们通常只需应对那些可以归类为运维问题的升级请求。而对于非平台类的内部服务来说，无论是由于用户数量有限、使用范围较窄，还是复杂性较低，这些特点通常也意味着它们不会产生过多的支持请求。

平台团队的情况则截然不同。如前所述，他们需要构建诸如自助式接口、用户监控、防护措施以及多租户等功能。然而，面对如此广泛的使用场景，这些功能很难做到尽善尽美，团队往往无法避免持续不断的用户问题。这些问题通常集中在系统接入阶段的边

平台工程的支柱　|　37

缘案例，以及特定应用程序在生产环境中遇到的问题——无论这些问题是由应用程序本身、平台还是底层系统的变更或故障引起的。而内部平台团队的规模通常较小，往往难以配备专职支持专家。

所有这些都表明，用户支持是平台工程中的重要部分，这不仅体现在支持方法上，还体现在在整个团队中培养用户同理心文化。

## 2.4.3 运维规范

运维规范，即我们所指的专注于日常运维实践的持续执行，这一领域往往容易被具有应用程序软件开发背景的人所忽视（更糟糕的是，有些人甚至对此嗤之以鼻）。有些人认为，系统工程师之所以要如此重视运维实践，仅仅是因为他们起初未能妥善设计 API。

诚然，这些 API 或许可以设计得更好（尽管正如本章前面所述，这样做也会带来成本）。然而，更大的挑战在于运维一个主要功能依赖于外部代码的系统——无论是 OSS、供应商系统，还是其他内部系统。这种依赖关系增加了复杂性，因为那些未知的操作问题（未知的未知）始终是一个持续的隐患。应对这一威胁的唯一方法，是制定一套严格的规范，力求在问题演变成重大损失之前，及早发现、理解并解决各种异常情况。

在许多更适合采用平台化解决方案的公司中，基础设施工程化文化之所以依然盛行，主要是因为：那些本应负责构建此类平台的软件开发人员往往不愿意投入到高效管理他人系统所需的运维实践中。平台工程团队必须在运维实践中采取积极主动的态度，并深刻理解这些实践的重要性：它们是确保这些平台能够成为公司值得信赖的基础的关键所在。

---

**生成式 AI 对平台工程意味着什么**

如果说平台工程的兴起归因于 DevOps/SRE、开源软件和云计算三股力量的共同推动，那么最新一代的生成式 AI 可能会对这一领域带来怎样的影响？尽管我们并非生成式 AI 领域的专家，但随着这项技术的逐步广泛应用，平台开发者或许需要重点关注以下几个方面：

*围绕模型体验的工具支持至关重要*

机器学习运维（MLOps）是指机器学习模型的构建、训练、部署和运行的全过程，这一术语已成为行业标准。它的过程与软件开发生命周期（SDLC）颇为相似，但主要区别在于用户群体——通常并非工程师，而是研究人员，并且正逐渐包括更多非技术人员。

这类客户需要一套能够契合自己工作场景的连贯工具集。正如优秀的开发者工具可以支持开发人员始终在自己所选的集成开发环境、命令行或互联的仪表盘中高效工作一样，设法让研究人员能够专注于笔记本环境或其他熟悉的工作场景，而无须被迫在不同平台间切换，这对于提升他们的工作效率至关重要。

*旨在优化底层基础设施效率的平台将成为未来发展的重点*

由于模型训练成本高昂，因此各方将展开竞争，争相提升底层计算和存储资源的使用效率，优化工作负载，并以研究人员可见的方式实现网络成本最小化。目前，虽然许多人正在使用 OpenAI 等主要供应商提供的 API，但由于成本会随着使用量的增加而上升，一些机构可能会针对最具价值和高强度的使用场景开发自己的内部平台。我们预计，将有大量研发资源投入这一领域的底层分布式系统和基础设施中。

*在基于公司数据开发机器学习平台的过程中，需要特别关注管理机制和数据使用权限的设置与规范*

我们预计，不断变化的法规和消费者需求将加大对以下方面的扎实掌握的需求：数据溯源、模型结果可解释性以及数据访问权限的明确性。这些本身即为棘手问题，而要在企业的机器学习系统中系统性地解决这些问题，则需要平台级解决方案。这些解决方案应支持实现这些控制目标，同时避免将所有人限制在僵化的工作流程中，还要确保他们能够在理想的工作环境中工作。

*AI 能够帮助你提升运维效率，但仅限于你拥有数据的领域*

机器学习需要数据来支持决策。对于你的平台而言，只有配备能够生成所需数据的监测工具，机器学习才能真正发挥作用。对于许多现代系统来说，这可能相对容易实现。但如果你使用的是遗留系统和平台，想要利用机器学习改进运维，就必须首先解决监测数据的获取与管理。

*企业将构建专属平台，精心组织并优化大语言模型（LLM）工具的生态系统，确保其中各组件能够高效协同运作*

这无疑是平台工程师扩展自身专业技能和对公司的价值贡献的良机。迄今为止，支持研究和模型生成的工具领域主要掌握在两类主体手中：一类是谷歌这样的科技巨头，另一类是人手短缺的数据工程团队，这些团队由于缺乏资金或关注，未能充分投资于平台的可用性和可操作性建设。如今，许多正在构建内部 AI 基础设施的公司正面临处理大规模分布式基础设施的典型挑战：如何应对软硬件故障，如何高效协调工作，以及如何在系统出现问题时进行故障排查。

# 2.5 结语

在本章中，我们描述了平台工程成功的四大支柱，并举例说明了它们在实践中的意义。总之，平台工程团队应该：

1. 采取精心策划并以产品为导向的方法，识别出共同客户需求，构建铺就的路径和铁路。
2. 开发基于软件的抽象。这包括各类服务、API、软件库、OSS 的定制化以及元数据的集成。
3. 服务于广大应用程序开发人员群体。该平台应支持多租户，确保每个租户都具备自助服务能力，同时设有适当的防护措施以防止大规模错误的发生。
4. 作为基础设施来运维，这意味着实施高运维规范，并支持整个平台。

如果你正在做这些事情，那么你确实在践行平台工程。在某些情况下，减少工作范围是合理的，但要警惕这样做的长期影响。如果没有明确的范围定义，那么你将难以驾驭整体的复杂性。如果缺乏以客户为中心的产品思维，那么你很可能会构建出错误的系统。如果你没有涉足软件工程，那么你只是在以高度的客户同理心做运维。如果你的平台仅服务于少数几个应用团队，那就称不上是一个真正的可扩展平台。而如果缺乏运维成熟度，那么没有人会信任你提供的解决方案。

既然我们已经向大家说明了为什么平台值得关注，以及我们所说的平台工程具体指什么，那么接下来，让我们来谈谈其中的难点：如何真正实现这一目标？

# 第二部分
# 平台工程实践

> 一颗蛋要蜕变为一只鸟固然不易，但若要在蛋壳中便学会飞翔，那更是难如登天。
>
> ——C.S. 路易斯

在第一部分中，我们探讨了平台工程的"是什么"和"为什么"，希望已经让大多数人认识到在企业中进一步实践平台工程的价值。但我们也清楚地知道，仍有一些人持怀疑态度，他们在思考这是否只是对基础设施工程、DevOps 和 SRE 的重新包装。表面上，团队承诺要开发以客户为中心的产品，实际上却只是专注于运行一堆彼此割裂的开源软件和供应商系统。此外，你的怀疑可能还源于其他原因：也许你曾遇到过一些具有应用程序或产品工程背景的新任领导，他们认为可以通过新软件解决大规模平台的所有难题，但对运行关键且复杂的系统所涉及的深层挑战缺乏真正的认知。

我们也经历过类似的挑战，因此在第二部分，我们的目标是教你如何避免这些问题，从而破壳而出，最终振翅高飞。为此，在接下来的八章中——也是本书的核心内容——我们将深入探讨打造卓越平台工程组织的具体方法。我们会从如何起步、如何选择合适的人员、如何培养以产品为导向的思维以及如何成功运维平台开始讲起。随后，我们将探讨更为复杂的工作，包括规划、架构重构、迁移以及如何实现与利益相关者的有效协作。

本书的这一部分将引导你逐步了解并帮助你应对我们所见的主要失败案例，具体包括：

- 你要么过早开始变革，要么在真正需要转型时低估了所需变革的深度。
- 你的人员搭配不合理。
- 你认为你的平台不需要产品管理。
- 你的平台运维不善。
- 你在持续规划和交付创新价值时感到困难。

- 你被局限在简单的架构中。
- 你昂贵的系统迁移损害了商誉。
- 你未能向同级领导者（即利益相关者）传达自身价值。

在深入探讨之前，让我们先逐一快速浏览这些内容。

*你要么过早开始变革，要么在真正需要转型时低估了所需变革的深度*

正如我们在第一部分所讨论的，平台工程伴随着一定的成本。这些成本不仅包括直接投入的工程时间，还涉及与客户的协作开发。在平台规模较小时，这种协作通常能够自由开展，但随着平台规模的扩大，协作过程会变得愈加复杂，因此需要引入更为正式的管理机制。

在第 3 章中，我们将首先探讨在小规模阶段应采取的行动，以及在团队协作顺畅的情况下，如何逐步发展为平台化方法。接着，我们将分析以下情形：当共同面临的问题规模扩大到需要用正式的平台团队取代简单协作时，你需要考虑哪些关键因素。最后，我们将讨论另一种起步阶段的挑战：如何在传统的、以基础设施为中心的组织中实现文化转型。

*你的人员搭配不合理*

很容易让人以为，只要将一群充满动力的工程师聚集在一起，就能打造出一支成功的平台工程团队。然而，对于许多人来说，组建一支人员搭配合理的团队是一项全新的挑战。你需要的是这样一支团队：其中软件工程师不仅愿意投入大量编码工作，还要对底层系统保持浓厚兴趣，能够善用现有资源而不是从头开始构建，同时具备处理长期项目的能力。考虑到平台通常需要基于开源软件和供应商系统进行构建，你还需要一些对这些技术有深入了解，并能应对基础设施内在复杂性的人才。不过，团队成员也不必都具备这样的背景，毕竟平台构建的意义远不止于运维、扩展和支持他人的软件。

组建一支优秀的团队并打造良好的团队文化往往充满挑战，因为负责组建团队的人通常来自某个特定背景。虽然他们在原则上意识到需要招募其他领域的人才，但在实际操作中，管理那些能力与自己显著不同的团队成员可能会遇到困难。因此，在第 4 章中，我们将提供一些指导：我们将详细说明每个平台团队中应该包含的不同类型的人才、他们的核心优势，以及如何建立一种让每个人都受到重视的团队文化。

*你认为你的平台不需要产品管理*

我们怀着良好的意愿和绝妙的创意投入平台构建，然而现实迎头袭来。那些在规划阶段被忽视的意料之外的边界用例，最终演变成无穷无尽的问题堆积，挥之不去，而客户却希望你能立刻（如果可能的话，最好是昨天就）解决这些问题。所有人都愤怒而无助。平台正在拖慢客户的工作进度，无论你如何竭尽全力督促团队解决这些积压的问题，他们似乎始终无法跟上快速增长的需求。在这种情况下，你该如何应对？

需要注意的一个关键点是，在通往成功的道路上，在"现实"与"假设"之间找到平衡的努力是成长过程中的常见现象，这一点对平台团队和任何 SaaS 企业来说都没有区别。成功的 SaaS 企业会运用产品管理方法来管理这些权衡并实现平衡。这使得他们的工程团队能够以战略眼光平衡系统的运维需求与客户的请求，并打造出能够化解复杂性而非简单传递复杂性的卓越产品。在第 5 章中，我们将探讨如何培养产品思维，并运用它来定义平台的需求。

*你的平台运维不善*

优秀的平台不仅仅依赖于稳定性，但如果缺乏稳定性，你将很难获得同事对系统的信任。毕竟，谁愿意为某个组件的运维问题承担责任呢？大多数平台都严重依赖于 OSS 和供应商系统。基础设施团队、SRE 团队和 DevOps 团队在运维这些系统方面表现出色。然而，这些团队通常不会在执行运维工作的同时，还肩负起开发软件抽象层的责任——这些抽象层是公司内众多的应用团队和工程师将会用到的。

为了在平台功能开发与运维之间实现平衡，我们需要采用调整后的方法。在第 6 章中，我们将详细探讨多项需要通过有规范的日常流程来执行的实践，这些实践涵盖了从值班到用户支持，以及运维反馈等多个方面。

*你在持续规划和交付创新价值时感到困难*

在构建作为企业核心支撑的平台系统时，功能交付往往需要较长时间。如果功能交付周期过长，以至于客户认为自建影子平台更为可取，那么再完善的路线图也将失去意义。实践中有多种常见问题：有些团队在项目层面规划不足，倾向于采用耗时过长的突变式大规模变更；有些团队在制定路线图时未充分考虑运维负载，当不得不在维持业务正常运行和推出备受期待的新功能之间做出取舍时，最终让所有相关方失望；还有些团队虽然做了正确的事情，却在沟通方面未能把握好分寸，要么导致客户淹没于细节之中，要么过于沉默，以至于让人不禁怀疑工程师是否在做更有价值的工作。

在第 7 章中，我们将探讨每一种问题模式，并详细描述你可以在团队中实施的策略，以确保这些问题不会发生。

*你被局限在简单的架构中*

采用产品导向的方式构建新平台，往往会导致架构设计未能充分应对规模扩展需求。这类平台容易停滞不前——尽管它们是业务的核心支柱，但仅仅维持基本运转就需要投入繁重的运维工作，既缺乏工程资源来开发新功能，也因对引入新特性风险的容忍度低而难以实现创新。

为了避免这种结果,需要持续投入系统重新架构的工作,并注意避免第 7 章中提到的"大爆炸"式重构的缺陷。在第 8 章中,我们将提出一个框架,通过确保架构重构能够持续创造增量业务价值,从而使重构工作得以顺利进行。

*你昂贵的系统迁移损害了商誉*

无论你在规划架构重组和其他大型项目时多么周密,总会有一些工作需要客户进行,以便完成系统间的迁移。组织范围内的强制迁移往往会让应用工程团队付出巨大的代价:不仅耗费了本应用于开发核心功能的时间,还会打击团队士气,使应用工程师感到自己是在为平台的目标服务,而非平台在支持他们的工作。

我们在第 1 章介绍了平台团队如何构建平台以降低这些成本的大部分。在第 9 章中,我们将探讨具体操作方法。

*你未能向同级领导者(即利益相关者)传达自身价值*

最后,即便你在其他方面都做得尽善尽美,仍可能因所谓的"组织内的政治因素"而受挫。对于某些应用团队的负责人来说,无论你在整体优化方面取得了多么显著的成就,只要未能完全满足团队的具体需求,就会被视为工作不力。尤其是在你领导生涯的早期阶段,很容易将这些人看作需要由 CTO 来处理的"表现不佳者"。然而,现实远非如此简单。这些团队负责人并非总是错误的,他们只是对业务领域的价值评估标准与你的决策依据之间存在显著分歧。有时,即便是你们"共同的上级"也可能不愿意做出那些艰难的决策来让你的选择变得更轻松。因此,这就需要你承担起责任,持续沟通,并在必要时妥协。

因此,在第 10 章中,我们将通过介绍一些实用方法来总结本部分内容。尽管这些方法未必能够赢得所有人的支持,但它们或许能为你争取到继续推进使命所需的理解与善意。

第 3 章

# 如何开始以及何时开始

从前,有三只小猪。第一只小猪用稻草建了一间房子,第二只小猪用木棍造了自己的家。他们很快就建好了房子,因为懒惰,便整天唱歌跳舞、嬉戏玩乐。而第三只小猪却努力工作了一整天,用砖块建起了一座坚固的房子。

——《三只小猪》

本章主要面向尚未开展平台工程的团队领导者(如果你的团队已经开展平台工程,那么可直接跳至第 4 章)。我们将重点探讨三个具体的起点:

- 在 3.1 节,我们将探讨在小型初创公司中从事平台工程的真正含义,通常最佳的入手方式是围绕共享代码建立协作。
- 在 3.2 节,我们将探讨如何在初期合作机制开始失效时,应对向规范化平台工程团队的过渡。
- 在 3.3 节,我们将探讨一个历史悠久且规模较大的公司中通常会遇到的问题:如何将传统基础设施工程团队转变为平台工程文化。

有时候,用"稻草和木棍"快速搭建一个平台并非不可取,因为这样可以腾出更多时间去专注于对业务更重要的事情[1]。但重要的是要知道何时该开始砌砖,以及如何将那座古老的石头城堡改造成更现代的模样。

## 3.1 培育小规模的平台合作

尽管我们在运维平台团队方面积累了丰富的经验,但这些经验主要来自已经发展到一定规模的创业公司或更大的企业。我们深知,小型创业公司的创业者对这个话题存在一

---

注 1:我们不得不承认,这实际上比仅仅是"唱歌跳舞"要困难得多,而且绝非词语中带有负面意义的"懒惰"。

些重要的疑问：是否需要进行平台工程？什么时候开始最合适？该如何着手进行？为了解答这些问题，我们邀请了我们的朋友詹姆斯·特恩布尔分享他的见解。詹姆斯是 DevOps 领域的开创者之一，他不仅撰写了多部技术著作，包括关于 Puppet、Docker、Prometheus 等主流技术的书籍，还在 2014 年出版了 *The Art of Monitoring*。在他的职业生涯中，他主要担任创业公司的高管，专注于早期创业团队的领导工作。凭借这些丰富的经历，詹姆斯总结了大量关于创业团队起步和成长的宝贵经验，尤其是如何通过简化流程、合理的自动化和协作式决策来培养团队合作文化，确保团队在规模扩大时始终保持凝聚力和高效性。以下是詹姆斯的分享内容。

> ### 平台视角
>
> 当你阅读关于平台工程成果的内容时，你可能会联想到一个成熟且高效的平台，它能够帮助工程师以最小的阻力完成编码、构建、测试和部署的全过程。平台团队的存在表明了组织已达到一定程度的成熟度和稳定性。
>
> 这两个概念对于初创公司来说显然还很遥远。然而，这些平台及团队并非一夜之间就发展而成。它们都从最初的萌芽状态起步，挣扎着从自动化和流程构成的原始汤中爬出，逐步演化而来。如果你正在一家早期公司或创业公司工作，那么该如何启动这一进化过程，并尽可能避开潜在的陷阱呢？
>
> 先说坏消息吧：你会犯错，而且会犯很多错。平台工程的发展过程通常不是一个从合理选择技术栈和工具到构建成熟平台的优雅演进过程。你会遇到规模不足的问题，也会陷入过早优化的陷阱。过程中还会出现演进中的死胡同、回退甚至灾难。但重要的是，从这些弯路和挫折中学习。尽量别犯同样的错误，去尝试犯些新的错误吧。
>
> 为了理解这个过程，我们将应用软件工程™的方法，并使用一个成熟度模型来跟踪进展［在此向 CMM/CMMI（*https://oreil.ly/JwZjQ*）致歉，我借用了它的一些要素，制作了这个简陋版成熟度模型］。接下来，我们将聚焦于平台演进的前两个阶段，这大致涵盖了组织规模达到约 50 名工程师之前的阶段[注2]：
>
> - 第一阶段：临时性——当前可行的方案。
> - 第二阶段：初步管理阶段——我们开始采用更具原则性的方法。
>
> 随着组织或创业公司的成长，尽管会经历后续发展阶段，但该模型主要聚焦于较小型组织和创业公司的早期阶段。
>
> #### 第一阶段：随意起步期，犹如初离水面，学会呼吸
>
> 大多数创业公司的初期工程团队由几位围坐在桌旁（或进行视频会议）的工程师组

---

注 2：这一理论大致基于本章稍后将讨论的邓巴模型，该模型指出我们可以拥有大约 50 个"朋友"。

成，他们一边开发产品，一边探索产品与市场的契合点。他们的工作重点在于短周期迭代、最小可行性产品，以及尽可能缩短从代码编写到产品使用的周期时间。

这种关注点通常会导致缺乏正式的流程和工具。技术栈和工具（包括少量存在的流程）往往依据开发人员的个人偏好选择。代码编写速度很快。测试偶尔存在，但更多时候是缺失的。代码经过有限的审查后迅速合并，并且大多通过手动方式部署。大多数诊断和可观测性指标仅凭肉眼判断，问题的解决通常是被动且局部的。由于团队规模小且成员关系紧密，知识是自然流动的，但没有任何文档或知识共享的正式机制。

在当前环境中，你并不需要一个平台团队；你需要从基础核心入手，迅速推进。关键在于减少代码从编写到部署过程中的阻力。这种专注为未来可能组建的平台团队奠定了基础，但当下的重心是在探索产品与市场契合点的过程中高效完成任务。

你可以根据自己的偏好做出决策，但应该分享你的选择以及驱动这些选择的基本信息。这些基本信息应作为代码仓库中 README 文件的初始内容。以下是针对第一阶段的一些具体建议。

**源代码版本控制**

始终坚持使用版本控制。在 GitHub 和 GitLab 如此普及的今天，提到这一点可能显得多余，但实际上，许多初创企业开始使用版本控制的时间往往比预期更晚。

**自动化持续部署**

降低阻力并让用户快速关注你的产品，最简单有效的手段就是实现代码的持续自动化部署。充分利用那些即插即用、几乎无须配置的部署工具和技术栈。你的应用是否从第一天就需要 Kubernetes？完全不需要，真的完全不需要。无须过度担忧未来的扩展需求，当下应专注于简单且经济高效的解决方案。如果有一天，你的用户量从几十人激增至几十万人，那将是个值得庆祝的好现象，那时才是深入思考扩展方案的最佳时机。

许多平台支持在代码合并到主分支时生成构件，并几乎无须人工干预地完成部署。这些平台涵盖了从久负盛名的 PaaS 平台 Heroku，到各大云服务商和内容分发网络提供的工具，再到 Netlify、Vercel、Cloudplane 和 Northflank 等托管应用平台。平台的选择需要根据具体情况进行，并努力平衡以下因素：

- 复杂性
- 成本
- 规模

- 生命周期

你可以利用 Terraform 等工具，通过代码实现这些任务的自动化部署和管理。这种自动化为未来构建自动化和可管理的基础设施奠定了坚实基础。在此阶段，你需要始终问自己："这个工具是否能提升我的业务竞争力，或是否属于核心业务？"如果答案是否定的，那就外包或使用平台服务来完成相关工作。

**轻量级的流程**

你需要设计一个简洁高效的流程，用于记录工作进展并进行跟踪。在决定采用何种实施流程时，我建议借鉴 Kevin Stewart 对 Michael Pollan 饮食法则的改编（*https://oreil.ly/120Ja*）：

- 使用流程
- 不要太多
- 敏捷为主

从一个简单的基于工单的系统开始追踪工作。无须过分关注工作量估算、迭代冲刺或更多的敏捷的形式化要素。你可以通过跟踪新功能开发与维护/技术债务的比例，来衡量产品的开发速度，这也是初期需要关注的最低粒度指标。对于小型团队来说，要么交付产品，要么不交付。

就这样，别想太多。也别急着组建一个专门负责平台的团队。你可能缺乏足够的人力资源来专门投入这项任务，更重要的是，这可能会拖慢你所需的快速迭代节奏。团队协作中的兼职合作更为高效。让所有人参与解决这些问题——工程师是最佳人选，因为他们每天都在亲身经历这些问题。

## 第二阶段：初步管理阶段，"原始探索"式工作方式

随着创业公司找到产品市场契合点，团队规模不断扩大，产品用户持续增长，工程工具和流程的压力随之增加。团队规模的扩大带来了更高的沟通复杂性，而更多人接触代码库，使得编写、审查、合并和部署的复杂性显著增加。

在这个阶段，你的平台组件逐渐成形，环境也开始进入可管理状态。这并不意味着你需要立即组建一个平台团队。你的团队可能由一个专注于基础设施和自动化的小组构成，其中部分成员专注于这些任务，而其他成员则兼顾其他职责。这些成员可能会成为未来平台团队的核心成员，然而，目前平台工程仍然是一项集体责任。

在这个阶段，你会发现一些最初选择的工具已经被团队的成长所超越。为了支持团队的发展，你可能需要替换那些之前运行良好、适用于 5~25 名开发者的工具，转而采用在性能、功能或成本方面更具优化的解决方案。同时，你可能还需要重新审

视某些工具和技术栈的选择，尤其是那些基于个别开发者偏好，并依赖团队中少数工程师掌握的特定领域知识或技能的选项。

在这个阶段，你选择工具和解决方案时的核心关注点始终是："是否属于核心业务？"如果不是，就将它们交给专业的平台、服务或工具来处理。

此外，这通常是唯一一个你可以接受"让我们用……重写吧"这种提议的可能性的时候。通常情况下，这种话一出口，应该立即引发"绝不可以，任何情况下都不行"的强烈反对。然而，在平台建设的早期阶段，这或许是一个冲动重写却不会显得过于"有害"的窗口期。以下是针对第二阶段的一些具体建议。

**本地开发**

在此阶段，应专注于自动化本地开发环境。这一开发过程通常从简单的实现开始：一个围绕容器工具的简单脚本包装是典型的初始模式。然而，这种模式很快难以为继——它难以管理，随着团队规模的扩大会出现配置偏移问题，并且在系统升级和更新时往往显得脆弱。

你可以采取一些措施来减轻这一问题的影响。将开发环境配置与源代码共同置于代码仓库中。在构建部署到生产环境的工件时，同时发布包含本地开发栈组件的容器镜像。这样，你的包装脚本就可以简化为安装一个容器工具，并下载和启动所需的镜像。通过 Git 挂钩，可以在开发人员日常拉取和推送代码的工作流程中自动提示或更新开发环境，从而显著提高开发环境与生产环境及团队间环境同步的可能性。这种模式不仅更易于管理，还能帮助及时跟踪环境的变化。

**演进之路，各有其景**

应考虑为产品设计更为稳健的测试与部署流程。在此阶段之前，大部分开发工作是在本地环境中完成的，随后被推送到生产环境或构建版本，并尽量实现自动化。随着团队的扩展和系统复杂性的增加，直接部署到生产环境的风险会随之上升。

为了缓解开发环境中因变更增加和交互流量加剧所带来的风险，我们需要重点关注以下三个相辅相成的领域或分支：

*更稳健的测试和持续集成*

> 开始将测试覆盖率作为一项指标进行衡量，只有在测试覆盖率达到足够水平且测试通过时才合并代码。测试覆盖率作为指标并不完美，例如，它没有考虑到代码的关键性，也没有区分对客户计费平台和那些出现故障时影响较小的部分的覆盖率。但在这个刚开始建立测试机制、形成"无测试不合并"行为习惯的早期阶段，测试覆盖率是一个很好的驱动因素。通过将你的环境分析为一种"热力图"来巩固这一基础：找出缺陷最频繁出现的地方，特别是那些对客户有

影响的缺陷。这些区域可能正是需要在测试方面投入更多资源的地方。

基于分支的部署
构建解决方案，使工程师能够直接从分支进行构建和部署。这一进展可能是本地开发过程的一部分，也可能进一步扩展至支持按需或短暂性环境的分支部署。

功能标记
将正在开发的功能隐藏在功能开关后面，以便在功能出错或不稳定时减小影响。请记住，功能标记系统极有可能并非你的核心业务。遵循这一准则：如果某项功能不是核心业务，就借用现成的解决方案。

### 可观测性

此时，你应该已经为平台和工作流具备了基本的可观测性。你需要了解构建是否成功，在失败时触发警报，并掌握环境的状态和性能。为此，你需要为平台和工作流收集和记录指标、异常信息以及应用程序日志。如果你尚未实现这些功能，那么应该尽快开始着手。这里可能有一个捷径：你的产品可能已经实现了可观测性（如果没有，则应该反思原因）。你可以扩展现有的工具，将平台和工作流纳入其中。

### 拥有合适的技术

本地开发、分支部署、短暂性环境、功能标志、提升可观测性以及 CI/CD，这些都需要实现基础设施的自动化。你应该已经在第一阶段通过部署基础设施自动化的工作打下了良好的基础。在此基础上进一步完善，实现对生产环境的全面管理。随后，利用并扩展这些成果，以管理持续集成，并支持开发和测试所需的短暂性环境等功能。

### 社会化变革与决策

现在是时候引入更加正式的流程来管理系统的技术栈与架构的变更了。当前的变更影响范围更广，开发者的选择需结合组织整体需求加以考量。选择一个框架来帮助你做出决策并评估变更。建议从类似于请求评论（Request for Comment，RFC）的流程开始，这种流程常见于 React、Swift 和 Rust 等开源项目。另一个选择是使用架构决策记录（Architectural Design Record，ADR）。保持流程简洁高效，同时任何能够全面权衡解决方案优劣的方法都适用，包括技术、资源调配、运维和预算等方面的考量。

## 知道何时过渡

在不同阶段之间的过渡往往难以规划和预测。通常，只有当工具或流程真正崩溃时，你才会意识到它已经达到了极限。而一次故障常常会引发一连串的连锁效应。

> 这未必完全是负面的，因为它能帮助你明确需要在何时进行哪些投资，但无疑会带来混乱和压力。需要认识到，无论你身处哪个阶段，整个过程都不可能完全一帆风顺。
>
> 或许与你的实际经历并不完全契合，但对这些演进初期阶段的整体把握，能够帮助你了解全局和发展历程，并识别风险区域，明确发展重点。当你需要进步时，无论是因痛点所迫还是实际失败所驱动，都应先评估当前状态，确定需要变革的力度。你的现有工具或流程是完全失效，还是可以扩展或调整？规划你想要实施的变革，最重要的是争取其他工程师的认同。此时的平台建设是协作的产物。工程师往往会基于个人偏好或过往经验选择各自的工具，如果你想对共享平台进行调整，需要确保让他们参与其中。
>
> 最后，请耐心等待。这个过程需要时间和妥协，结果可能不会立刻显现，也可能缺乏持续性和一致性。

## 3.2 构建替代传统协作模式的平台团队

随着组织的成长，组织的实践方式也必须随之演进和完善。当只有 20 人使用时，那种低开销的临时协作方式围绕着共同的代码和工具，曾经非常有效。然而，当使用人数显著增加时，这种方式往往会引发问题。正如压垮骆驼的最后一根稻草，促使人们正视这些不足的事件往往看似微不足道。可能是技术负债的逐步累积，导致系统可靠性下降或开发者生产力受到影响；也可能是突如其来的业务变动，暴露出潜在的复杂性失控问题——例如公司并购或迁移至其他供应商。无论触发事件是什么，都清楚地表明应有的事情并未发生，同时也没有明确的责任人来确保未来能够正确应对。于是，一个平台应运而生。

值得记住的是邓巴数（*https://oreil.ly/trcji*），即人类能够维持稳定社交关系的最大人数。当一个协作团队的规模在 50～250 人之间时，团队成员之间已无法彼此熟识。这时就需要引入更正式的流程来明确责任归属并分配任务。由于这一规则适用于公司内每个协作团队的规模，因此不同团队可能在不同时期面临这一需求。对于需要支持整个工程团队的基础设施和后端开发平台，这种情况通常会较早出现；而对于数据团队、前端团队及面向外部客户的 API 团队，这种情况则往往会稍晚发生。

即使在已经建立平台的公司中，每个新成立的平台团队通常会在初期遇到困难。这是因为尽管合作机制存在缺陷，但它们已经运行了很长时间，所以一个集中化团队不可能立即取代这些机制。更糟糕的是，集中化团队还会引发新的冲突：那些曾经合作解决问题的工程师，现在却会争论到底是平台团队需要修复平台本身，还是客户团队需要改进平台使用方式。

在本节接下来的内容中，我们将探讨以规范化平台与平台工程取代合作机制时需要考虑的关键事项。

## 3.2.1 集中所有权的收益是否值得付出这些成本

当你看到应用团队在开发类似的软件时，很容易想到构建一个统一的平台会更高效。然而，每一个集中管理的平台解决方案都会为应用团队增加一个新的协调点，而他们需要处理的协调点越多，产品交付的难度就会越大。这意味着，创建新平台的理由应该着眼于放大价值，而不仅仅是提升效率。"与其让五个工程师花部分时间处理相似的代码，不如让两个工程师开发一个统一的平台"这样的论点是不够充分的。

有时在解决同一个简单问题时，采用过多不同的解决方案会带来巨大的杠杆成本。例如，在一个计费平台的场景中，你可能希望以一致的方式向客户计费，而不是根据业务随意决定。然而，有些公司却坚持推行一种标准化水平，这种标准化既未能带来显著价值，反而拖慢了应用团队的工作效率。是否真的有必要只使用一种缓存解决方案？是否所有团队都必须采用同一个标准化的 Web 框架？关键在于确保标准化平台能够产生杠杆作用，即创造出难以复制的超额价值。

你可以考虑进行一次快速的总体拥有成本（Total Cost of Ownership，TCO）评估：如果某个系统需要投入大量团队资源来构建和维护，但能够在无须对配置或逻辑进行重大调整的情况下支持多个团队使用，那么这种情况非常适合一次性解决问题。然而，如果系统的构建和维护成本较低，尤其是当每个应用程序都希望自行配置或扩展其逻辑时，那么在这种情况下集中化管理可能并不是最优选择。

## 3.2.2 认识到集体动力已消失

这似乎显而易见（如果不是这样，你也不会考虑改变！），但实际上，出于人性层面的原因，要让所有人都意识到现在是时候改变了确实不容易。因此，你会遇到一些戴着玫瑰色眼镜的客户，他们怀念过去可以随意向平台代码库提交合并请求的日子，并坚持认为任何流程都不过是那些新来的麻烦制造者带来的官僚化的大公司理念，或者只是为了流程而流程。尽管这种想法可能出于善意，但根据我们的经验，即便他们的管理层再三恳求，某些人也永远不会停止对变革的抱怨。正是因为需要妥善应对这类批评，我们在本书后续章节中特别强调了"客户同理心"是平台团队招聘时的必要条件。

这种误区不仅存在于平台的客户工程师中，平台团队自身也常常陷入其中。他们回想起曾经在一个月内完成的一次重大变更——当时只需要服务 50 个用户的共享代码库，然后理所当然地假设可以用类似的方式为服务 500 个用户的平台实施变更。诚然，他们意识到用户基数增加了，但他们认为有了专职平台团队，这项工作应该会更容易才对。然而，他们未能认识到平台规模的增长同样会影响重大变更的实施方式。使用场景的广度增加，参与实现和使用这些场景的人员数量也随之增长。将五个优秀工程师聚集在一个房间里，已经无法涵盖所有视角，这意味着在达成决策的过程中会有更多意见和更大的冲突。所有这些因素都表明，变更的速度将会显著放缓。

### 3.2.3 专注于解决问题，而不是一味关注新技术或架构

鉴于你推迟组建平台团队的时机是等到其效能明显超过协调成本之后，初始系统的状态往往与标准化的平台架构相去甚远。API 和服务边界的定义可能非常粗糙，甚至完全不存在——许多平台最初只是以共享代码的形式存在于代码库或单体应用程序中。不同应用团队之间往往会出现重复的代码实现。而当你建立起一个共享服务团队后，用户通常会提出要求，希望这些系统能够更加"标准化"，从而更便于他们使用。

鉴于平台团队继承了一个分散且混乱的系统，他们可能倾向于退一步重新审视，并引入新的架构或技术来解决问题。然而，正如我们刚才讨论的，现在的变更进程将会变得异常缓慢！在这个阶段，将一个成熟的平台完全迁移到新技术可能需要数年时间才能完成。这意味着，新技术或新架构无法帮助生产环境中的应用团队解决紧急问题。事实上，这样做反而会占用原本用于通过快速优化现有系统来解决问题的资源。

目前，你的团队尚未赢得信任，仅仅积累了一些好感。你刚刚创建了一个新的组织孤岛，当务之急是思考如何尽可能地与其他工程团队保持协作。要建立信任，你需要快速展现价值。即便你的架构决策最终被证明完全正确，但在用户看到实际价值之前，他们仍会持怀疑态度。因此，在初期阶段，应优先解决杂乱的共享代码中最紧迫的问题，比如库文件和单体应用程序，并努力寻找能够快速产生价值的解决方案。此时，你的工作重点应是解开复杂性，而非急于进行架构重构，同时确保在整个过程中持续交付增量价值。

### 3.2.4 谨防来自超大规模公司的新工程师

在第 4 章中，我们将详细探讨平台团队人员配置的策略。但在此之前，需要特别提醒：在组建平台工程团队时，务必要谨慎从大型科技公司招聘高级工程师和工程经理。这些人确实很有吸引力，因为他们曾经接触过更高数量级的规模。然而，尽管他们可能在更大规模的类似平台上积累了丰富经验，但他们很可能并未参与过与你当前规模等效的平台建设。因此，这可能带来一个问题：这些人或许非常自信地认为自己掌握了解决方案，但实际上，他们所了解的只是某家文化不同的公司在一段时间前针对类似问题最终交付的完整解决方案。

我们并不是说完全避免雇用这类工程师——事实上，我们团队中一些最优秀的工程师就

具备大公司的背景，他们选择加入我们，是因为希望能够在这里发挥更大的影响力。但在招聘时仍需保持谨慎。面试时应重点考察他们的专业技能和工作态度，而不是假设他们在大公司积累的知识具有固有价值。面试中的设计环节可以是一个合适的场景来识别这种倾向。如果候选人在面试中总是直接跳到"某大公司的某项技术"作为解决问题的唯一方案，却无法权衡优缺点，那么他们可能在实际工作中也难以在不同情境下进行有效的推理。

## 3.2.5 谨慎且缓慢地招聘产品经理（并避免项目经理）

基于上述观点，还有最后一点需要强调：在招聘产品经理（Product Manager, PM）之前，必须先建立一个具备完整配置且高效运作的平台工程团队，而项目经理的招聘则需进一步延后。

- 在一个小型工程团队尚未证明交付能力之前就开始招聘非技术人员，往往会给客户留下不佳的外界观感。这可能会让人觉得，团队在与客户的沟通上存在明显不足，以至于需要专门引入专业人士来弥补这一短板。
- 在平台建设的头一两年，工作通常较为直接，主要通过技术构建来解决问题。在这一阶段，由于客户团队的规模较小，工程师和工程经理通常可以采用灵活且非正式的方式来收集需求。
- 早期的高级工程师和工程经理需要为团队定下与客户沟通的基调，并保持产品导向。如果过早引入产品经理，这项工作就会被转移给他们，而工程师将失去直接感知客户需求的机会。

你最终会需要配备产品经理和项目经理，但具体人数将取决于你的企业文化和实际问题。我们的一般经验是，对于一个成熟的组织来说，产品经理的数量应该介于团队层级的管理者与管理管理者的管理者之间。而项目经理的比例则显著更高——通常情况下，平台团队规模达到 50 人时才需要引入第一位项目经理，理想状态下最好不要超过 1 : 50 的比例。如果你认为需要更多项目经理，或者需要更早引入项目经理，这通常是一个信号，表明你需要更清晰地定义平台的抽象，以避免平台的变更给用户带来过多的工作负担。

最后，正如我们将在第 4 章详细探讨的那样，在这个阶段的面试中需要特别关注候选人的"流程适应性"。这一点至关重要，因为我们经常发现，许多在大公司环境中表现出色的产品和项目经理，一旦脱离了既定的指导框架，往往无法高效完成任务。因此，你需要寻找那些即使在缺乏严格框架和成熟流程的环境中也能游刃有余的人才，而不是那些进入公司后花费大量时间试图重建流程的人。

## 3.2.6 集成 / 共享服务平台的附加问题

为了总结本节内容，我们希望探讨一种在规模较大的企业中出现的特殊平台团队及它们面临的特殊问题——这种平台团队为多个（外部）产品提供横向支持。具体示例包括：

- 账单管理
- 用户登录、身份和访问管理
- 移动和网络应用程序平台
- 收入系统
- 共享应用程序服务（通知、搜索、分析、消息）

这类平台比纯粹的"基础设施"和"开发者"平台要复杂得多，因为它们不可避免地会有某些部分直接呈现给外部客户。如果你正在考虑组建这样的团队，那么先提出以下几个问题进行探讨是值得的：

*如何与外部产品管理协作？*

当你开发具有面向业务的界面的产品时，业务导向的产品经理自然会伴随而来。因此，在这种情况下，我们建议尽早招聘产品经理，比如在团队刚组建时就开始。然而，需要注意的是，并非所有在业务领域表现出色的产品经理都能成功转型为内部平台角色。他们习惯于通过是否能为公司创造营收和利润来评估自己的表现，因此往往会专注于业务和客户需求。这种倾向可能导致两大问题：一方面，他们可能倾向于将"可靠性"和"开发者生产力"等平台相关事务的范围界定和优先级排序交由工程经理处理；另一方面，除非这些问题已经对客户产生了明显影响，否则他们可能会将这些问题视为次要任务。然而，此时通常已为时过晚，无法通过简单或低成本的方式解决。

此外，在业务决策中存在一种被称为"自行车棚与核电站效应"的现象[注3]。这一效应源自一个著名的比喻，指的是人们往往会对显而易见的小问题（如自行车棚的设计）投入过多关注，而忽略了复杂且关键的议题（如核电站的建设）。在产品开发中，这表现为用户界面设计（类似于自行车棚）因在产品中更为直观可见而受到高度关注和投资，而底层技术架构（类似于核电站）尽管对企业价值的提升至关重要，却常常被忽视。在某些平台中，这种现象导致每一个面向客户的平台决策都会引起 CEO 和项目管理负责人等高管的特别关注。如果产品经理未能妥善平衡优先级，工程师可能会耗费过多时间在用户界面设计和其他终端用户界面的细节打磨上，以迎合 CEO 的偏好，而对核心技术的开发和维护却有所懈怠。这种情况最终不仅会导致系统可靠性问题，还会使内部客户的使用体验被忽视，影响整体业务运作。

---

注 3：参见 https://bikeshed.com。

当然，注重业务的产品经理也能完成这一转型，他们只需适应一个评估标准更广的新角色。第 4 章将提供具体的招聘建议。

### 大家如何找到你的产品和服务？

在构建集成平台时，一个常被忽视的重要因素是服务的可发现性。公司规模越大，其他团队就越难意识到你的团队提供的某些服务可能对他们有所帮助，尤其是那些部分可选的系统。例如，你可能不会强制要求公司所有产品都使用你的搜索服务，但当外部用户在使用公司不同产品时遇到不一致的搜索体验，就可能引发摩擦。当应用团队需要快速启动一个系统时，他们往往不会花时间去了解现有的解决方案，而是直接选择自己偏好的供应商产品、开源软件或团队内部开发的系统组合。这种方式确实能让他们快速发布，但一旦需要与更大的系统生态进行整合时，问题就会突然变得异常复杂。

集成平台的半可选服务往往容易在繁杂事务中被忽视，直到有人发现某个产品没有使用平台提供的功能时，才会引起强烈反应。工程师在这方面常常适得其反，他们给内部平台起了一些过于可爱却不实用的名字，而不是清晰描述它的功能：比如把计费平台命名为"Glengarry"而不是"计费平台"，这并不能解决发现难题。因此，你需要制定一个完整的计划，确保在公司内部有效传递对平台服务的认知。首先，从起一个简单明了的名字开始；然后，编写可以在公司内网中轻松检索的文档。你可以通过发送公告邮件、组织学习讨论会，或者在公司会议上进行宣讲等方式，来提高大家对平台的认知和了解。以何种方式并不重要，关键是要付诸行动。如果没有一个合适的推广计划，你的平台很可能会在繁忙的工作中被忽视，无人问津。

---

**陷入两难境地**

值得指出的是，集成平台团队本质上处于中间位置。他们通常并非核心平台团队的一部分，而核心平台团队负责管理底层的计算、存储、网络，以及通常包括的安全和身份认证服务。由于被视为应用层服务，他们往往无法获得核心团队所拥有的超级用户访问权限，这使得构建共享平台变得颇具挑战性。处于应用程序与底层核心平台之间的角色，也意味着他们需要同时应对来自技术栈两端的问题，这无疑让调试和运维工作更加复杂。

考虑到这些技术细节，即使集成平台团队在组织架构上不直接隶属于核心/基础设施平台团队，也必须与核心平台保持协同。尤其是在项目跨越两个团队时（一个典型案例是 API 网关，它既需要支持客户的 API 调用，同时又是核心网络基础设施的重要组成部分），需要格外留意团队间可能出现的冲突。这种冲突通常源于双方在价值评估上的不同侧重点。为缓解这种情况，可以通过多种方式增强工程层面的团队凝聚力，例如组织团队建设活动、共同参加技术会议，以及在条件允许时安排双方工程师合作参与项目。

## 3.3 传统基础设施组织的转型

最后，让我们看看那些已经营运多年的公司。对这些公司而言，向平台工程的转型是一项变革计划，目标是为现有的基础设施工程组织引入产品管理能力和软件敏感性。这种转型不仅需要组织在技能结构上进行调整，更需要经历一次重大的文化变革——从传统的封闭式、以流程和技术为导向的思维模式，转变为以产品组合视角、可用性和客户为中心的思维方式。这是一个极具挑战性的转型过程，尤其是对于那些职业生涯一直专注于构建基础设施的人来说，他们很容易误解"产品"和"平台"的真正含义。

### 3.3.1 工程文化需要彻底改变

是的，说真的。

基础设施团队往往在许多方面表现出色。他们擅长成本管理、供应商谈判以及大规模系统的运维。他们拥有各类专家，精通数据库的深奥领域、网络技术的细微差别，以及如何调试棘手的内核问题。他们甚至能够熟练地分类处理来自数十个乃至上百个团队的故障请求，规划大规模的故障测试，并协调规模庞大的迁移工作。

遗憾的是，他们通常不太擅长考虑系统使用者的需求，很少将用户偏好纳入考量，也不会像争取留住的客户那样对待他们（他们为什么要在意呢？反正使用他们系统的人往往是被迫使用的受众！[注4]）。无论你是否希望将该团队指定为核心技术的首选提供方，如果想要采用我们在第一部分讨论的精心策划的以产品为导向的方法，那么都需要进行转变。

一种注重成本、规模和流程而忽视人性化与可用性的文化往往难以扭转。而在这个过程中，你又不能因此失去那些难得的技能。那么，该如何应对呢？

### 3.3.2 确定最具潜力的起步领域

你无须一下子彻底改变整个团队！试图强迫组织中最保守的部分接受转型，只会让你分心，阻碍那些已经准备就绪、迫切期待变革的团队取得成功。

如果你从那些已经接近"平台工程"的领域入手，找到有效的方法，并从那里逐步拓展，那么你会更容易取得成效。

寻找那些提供现代化技术解决方案的团队，因为他们最有可能具备启动转型所需的各种

---

注4：我们发现，即便没有正式授权要求所有应用团队必须使用基础设施团队所提供的服务，但在实践中，大多数工程领导层通常会默认要求团队采用这些现成服务。这样做的目的是降低自行构建影子基础设施所带来的风险和运维开销。

要素。一个具有发展潜力的团队通常具备以下特征：拥有充足的软件工程师团队，以定制化软件为主（而非依赖供应商封装系统或物理硬件），并且能够保持高频率的更新迭代和持续的功能交付。此外，你还可以关注那些现代化需求积压较多的领域，例如需要从物理基础设施或虚拟机迁移到基于弹性容器的计算服务的项目。正如我们将在第 4 章中详细探讨的，成功的平台团队往往由软件工程师和系统工程师协同组成，如果你已经拥有或正在组建这样的复合型团队，那么你已具备完成这一转型的条件。

### 3.3.3 要认识到，不能只靠产品经理来搞定一切

尽管这听起来颇具吸引力，但仅靠招聘产品经理无法确保成功。即使你能够找到足够多愿意承担此类职责的优秀产品经理，他们也只有在遇到愿意配合的工程团队时才能真正发挥作用。如果工程团队缺乏为客户交付优质产品的主人翁意识，那么产品经理很难弥合这一差距，反而更可能沦为被美化的待办事项管理员，而非真正的产品领导者。

从那些已经更具以客户为中心特征的领域入手，逐步引入以产品为导向的方法。

### 3.3.4 改变产品支持方式

工单系统的"黑洞"会让客户感到自己是负担，而非被重视的对象。我们深知，管理团队接收的各种请求并非易事，但在这一转型过程中，密切关注支持服务的提供方式、响应问题的速度，以及对新问题的分类处理至关重要。工程师应花时间支持他们负责的产品。如果他们不经常解答客户问题，就会错失一个宝贵的机会——去真正理解客户在使用系统时所面临的困扰。

谨慎对待是否将这项工作设为可选，或交由初级工程师负责。如果你的资深团队成员无法以礼貌且热心的态度与用户互动，那么无论他们看起来多么出色，也无法打造出你所需要的人性化产品。如果你发现某位工程师无法积极有效地支持、帮助其他工程师，那么需要特别警惕，因为这样的人往往无法开发出真正易用的产品。随着时间的推移，你可能会发现自己不得不重做他们的许多工作，因为这些工作不仅难以维护，还会引发大量用户投诉。在第 6 章中，我们将为你提供解决此类问题的具体策略。

### 3.3.5 更新面试流程

在第 4 章中，我们将深入探讨平台工程团队需要的理想人才类型。但在启动这项转型之前，我们建议在所有面试环节中加入我们称之为"客户同理心能力筛选"的步骤。这个筛选过程无须过于复杂，可以简单地询问候选人如何编写代码以便其他开发者更容易理解，或者他们会如何回答关于所构建系统的相关问题。这样做的目的是设定一种基调：我们希望开发者不仅关注如何构建系统，还能充分考虑使用者和协作者的需求。

## 3.3.6 更新认可与奖励体系

如果你只提拔那些解决重大技术问题的人，就很难留住那些致力于改善可用性边缘问题、主动倾听客户团队需求，并调整优先级以解决关键痛点的员工。因此，要仔细审视你在认可、薪酬和晋升方面的标准，确保你重视所有能够改进产品的工作，无论这些工作的形式如何，即使它们在技术层面并非最具挑战性。你可能还需要重新评估工程师晋升体系，确保每个级别的要求都充分体现当前所需的各项技能。请记住，这是一次文化转型，而如果未改变对价值的认知和奖励方式，这样的文化转型注定会失败。

## 3.3.7 不要设置过多的项目经理

项目经理的角色可能始终不可或缺，但如果基础设施团队过度依赖项目经理，往往会导致在处理基础设施团队最常见的任务之一——迁移工作时，缺乏充分的前期技术规划。如果你的迁移过程困难重重，以至于需要项目经理来理解所有依赖关系并跟踪进展，这恰恰说明你们并未真正对软件用户体验负责。没错，迁移本身就是用户体验的一部分！如果你的团队习惯于推出与现有系统不兼容的新系统，并且期望客户团队在完全忽视他们其他工作职责的情况下，按照你们制定的时间表完成所有迁移工作，那么在这方面显然还有很多工作要做。

作为向平台模式转型的一部分，你需要比以往承担更多迁移过程的责任。平台的附加价值必须包括为客户减轻迁移过程中的痛点。现在通过限制项目经理的数量，你迫使平台工程师被迫承担那些他们通常会避免的项目管理任务。而优秀的工程师会意识到，如果他们能够创建自动化方案来支持迁移（例如依赖关系检测工具、兼容性桥接库，或能够在不影响客户端库的情况下修改内部实现的抽象层），就可以显著减少烦琐的项目管理工作。通过节省自己的时间，他们也能为客户节省时间。因此，限制项目经理数量是一种很好的强制驱动机制——当然，前提是要确保给工程师充足的时间来完成这些工作。

## 3.3.8 应当接受团队将花更多时间与客户沟通，并减少写代码的时间

工程团队在向产品思维转变的过程中，没有任何捷径可言。正如我们之前所提到的，仅仅引入一位产品经理，或每季度召开一次客户咨询委员会会议，是远远不够的。团队需要投入更多时间与客户互动，并在战略层面上花费更多精力规划如何全面解决问题，而不是仅仅分类处理最新的客户投诉。在改变工作方式的过程中，团队需要付出一定的前期成本。他们可能会完成更少的任务单，或在其他以流程为导向的生产力指标上出现放缓，工作节奏看起来也许会比之前单纯处理那些无休止的任务清单时更慢。然而，从长远来看，通过客户调查、用户采用情况、迁移时间表以及最终的工程生产力等指标来衡量，团队的工作成果质量将显著提升。

### 3.3.9 进行必要的重组

随着我们提出的这些变革，组织中难免会有人无法适应从过去的工作方式向新文化和流程的转变。包括资深个人贡献者在内的领导者，如果无法积极拥抱这些变革，可能会阻碍整个转型的成功。你可能需要更换这些领导者以支持新文化的建立。为了确保团队取得成功，请勇于进行必要的组织调整。

### 3.3.10 保持乐趣

当公司经历这一转型时，基础设施团队与其他应用工程团队之间往往已经形成了一种对立的心态。与用户和同事之间产生敌对关系显然不是令人愉快的事情。因此，尽管这一转型过程注定充满挑战，但为何不尝试让这个过程变得充满乐趣呢？多听取用户对产品的喜爱之处，及时分享收到的赞誉，并花时间庆祝客户满意度指标的进步。当团队的工作使应用团队能够实现他们此前无法完成的目标时，一定要让这些团队共同分享成功的喜悦。这是一个难得的机会：一个学习、革新工作方式并营造更积极文化的机会。以积极的态度引领将彻底改变这一过程的乐趣体验，让每个人都能从中受益并乐在其中。

在许多方面，这种文化转变与 DevOps/SRE 转型期间的变化相似。在 SRE/DevOps 团队中，工程师不会在开发代码后随意交由运维团队处理。同样，在产品导向的平台团队中，工程师在构建基础设施时会充分考虑用户的需求。这些转型对工程团队提出了更高的要求，但最终能够带来更高质量的成果。尽管这一过程耗时且昂贵，但我们可以向你保证，这一切都值得投入。

## 3.4 结语

在本章中，我们探讨了三种可能促使你考虑平台工程的主要场景。对于早期创业公司而言，你可能不需要正式的平台工程，但这并不意味着没有任何与平台相关的工作需要开展。相反，你需要确保在一些基础性活动上有所投入，以保持团队快速前进。

当你的组织发展到一定规模，发现共享代码中的问题已经大到无法通过志愿贡献来解决时，就是时候组建你的第一个平台团队了。为确保该团队不会变成一个孤立的部门，你需要快速交付价值，并与其他工程团队保持紧密联系。在本书的后续内容中，你将了解到成熟的平台工程团队需要应对的各种挑战，包括规模化的客户支持模式、将平台开发为产品，以及重构遗留系统的策略等。然而，在现阶段，最重要的是避免过度设计。如果你试图立即搭建一个只有大规模企业才需要的平台，并引入诸如专职项目经理、资深工程师和尖端技术等成熟企业的配置，很可能会适得其反。没有必要急于引入这些复杂性，专注于解决当前问题，而非未来几年可能出现的挑战。

这也是一些公司开始衍生出集成平台的时机——这类平台处于技术栈更高层级，高于基础设施或开发者工具，旨在满足共享的产品需求。运维这样的平台时，你不仅需要完成与纯开发者平台相同的工作，还要应对一系列棘手的挑战，比如明确平台的使命和职责范围，向那些可能倾向绕开平台的工程师传播信息，以及与外部产品经理合作。这可真是个复杂的工作！

最后，对于那些需要从传统基础设施工程团队转型为平台工程的大型企业来说，这将是一场组织内部的重大变革管理挑战。对此，你需要认真思考如何逐步适应这一变革。这种转型无须一蹴而就，事实上也没有必要这样做！首先，识别出最具平台化准备的团队，让他们率先起步，同时更新支持体系、招聘流程和晋升机制。逐步引入产品经理，并将组织文化从以成本和效率为导向的模式，转变为一个让每个人都有机会与客户沟通的环境。在这一过程中，可能需要进行一些人员调整，但请始终记住，你的最终目标是为公司所有技术人员（包括你自己的团队成员）创造更理想的工作环境，并尽可能专注于积极的方面。

# 第 4 章
# 打造优秀的平台团队

> 肯定不是 DNS 的问题。
> 绝对不是 DNS 的问题。
> 结果还真是 DNS 的问题。
>
> ——SSBroski

我们以一段关于 DNS 的引言来开篇，因为 DNS 是大多数平台所依赖的基础系统。经过近 40 年，人们理应对它有了充分的理解。然而，这段引言却指出，DNS 至今仍常常导致复杂的故障。要解决这些问题，不仅需要专业能力去排查，还需要专业水平来避免未来的 DNS 问题[注1]。这也正是组建平台团队时面临的挑战：这些团队通过构建复杂系统的抽象层来提升用户的生产力，但如果团队中缺乏深谙这些系统的专家，那么最终可能引发后续的运维问题。

我们在第 1 章中探讨了系统工程师（管理员）与软件工程师（开发者）之间的二分法，因为我们认为，这对于理解组建平台工程团队所面临的挑战，以及营造合适的团队文化来说都是至关重要的。人们往往会认为，组建一支优秀团队只是找到那些同时精通这两个领域的人才。是的，在可能的情况下，你应该寻找那些既是优秀的软件开发者，又能够理解他人开发的复杂系统的工程师。但现实是，没有人能在所有方面都擅长。因此，打造卓越平台团队的关键在于：招募各有所长的人才，并营造一个让每个人都能成功的文化。

在本章中，我们将为你提供实现目标的具体工具。首先，我们将探讨专注于系统与软件分界某一侧的团队所表现出的行为与面临的挑战。接着，我们将介绍平台团队中的四个主要工程角色，并探讨如何构建招聘与认可流程以支持这些不同角色。随后，我们还将深入分析优秀的平台工程领域管理者应具备的特质，以及与平台团队密切合作的特殊角

---

注 1：例如，可以参阅 Laurent Bernaille 和 Elijah Andrews 在 2022 年的讲座内容（*https://oreil.ly/HhYuR*）。

色。最后，我们将提供一些结合这些内容塑造卓越团队文化的建议。

正确组建团队与正确配置 DNS 一样重要。虽然一次错误的招聘可能不会导致整个平台崩溃，但为了实现长期的成功，你需要投入时间来打好这一基础。

# 4.1 单一职能平台团队的风险

正如我们在第 1 章中提到的，当平台的责任交由专注范围过窄或技能单一的团队时，公司往往难以创建足够的平台，从而陷入"过度泛化的泥沼"。在提出解决方案之前，我们希望先更清晰地描绘这一问题。这里我们所描述的团队类型代表了一些极端情况，我们并非泛指所有工程师或团队，而是展示围绕单一职能配置团队如何导致一种难以打造优秀平台的文化，并在推动变革时面临重重困难。

## 4.1.1 过度关注系统

在这种情况下，团队中大多数成员拥有基础设施、DevOps、SRE 和系统工程等领域的从业背景。尽管团队成员通常具备计算机科学或软件工程学位，但很少有人在大型软件系统中编写过大量代码。

**他们的优势**

这些团队的运维能力出色。他们深刻理解平台是驱动业务发展的核心，并以此为荣。他们对自己负责的系统（包括底层系统）的运作了如指掌。当亚洲区在凌晨两点发生系统宕机时，不仅美国团队能够迅速掌控局面，他们的领导团队也随时待命并迅速投入处理。

第二天，他们不仅会完成事件回顾，还会在生产环境中迅速实施快速缓解措施，同时规划更多实际操作以推动长期修复。尽管他们可能会抱怨领导层决策失误，但最终还是会把工作完成得井井有条。他们的可靠性堪比校准时钟：不仅勤奋努力，而且注重运维细节。

**他们做得糟糕的地方**

这个团队目前开发的代码主要集中在自动化、模板化设计和一次性工具上。他们既没有致力于构建更优的平台抽象来应对复杂性，也没有投入精力设计能够从根本上解决运维问题的架构方案。

面对无法更改的系统弊端，他们不得不依赖于规则和流程，并将这些内容详细记录在 wiki 文档中。然而，用户常常违反这些规则，这让双方深感挫败。为了推动工作，团队管理层通过项目经理，不断向用户的工程师施压，要求他们完成一些平台团队无法精简的临时性任务。

### 为什么他们陷入困境

无论是领导层还是工程师团队，这些团队在招聘时都强烈倾向于选择那些经验丰富的系统操作人员、精通相关系统知识的资深人士。他们的面试，尤其是在针对高级职位候选人时，特别注重考察那些深藏于书籍和手册中的细节。这简直就像在面试室门口挂上了"软件工程师免进"的标牌。

他们为此辩解说："这是我们在运维上的实际需要。"有时还会说："在如此繁重的工作负担下，我们无力培训新人，哪类软件工程师会愿意在这样的团队中工作？"问题在于，他们的技术筛选标准实际上演变成了文化筛选标准，而那些具备通才能力、能够构建更好抽象以减轻运维负担的资深软件工程师往往对此敬而远之。这样的团队通常只能吸引到应届毕业生，而这些新人由于缺乏指导，往往在一两年后便会离职。频繁的人员流动反而进一步强化了团队的误解，他们认为问题并不在于团队文化，而是他们的系统对软件工程师缺乏吸引力。

## 4.1.2 过度关注开发

在这种情况下，团队由长期担任软件工程师和从事软件工程管理工作的人组成。他们热衷于编写大量代码。尽管他们通常拥有计算机专业学位，并且具备丰富的软件开发经验，但在平台和基础设施开发方面的经验较少。

### 他们的优势

这些团队是名副其实的建设者。他们痴迷于平台架构和技术，沉浸在对未来的大胆设想之中。他们热衷于讨论"黄金路径""下一个版本"和"下一代"平台，深信这些创新能够彻底解决当前平台的所有问题。当然，这种想法本身并没有错——前提是，他们真的有无限的时间来实现它。

### 他们做得糟糕的地方

这种团队印证了软件工程师中流传的一句格言：技术债务是别人写的代码。他们对任何不是构建更新、更优系统的工作都感到烦躁，并认为改进旧系统的任何努力都是无用功，因为这会分散精力，从而减缓新系统的开发速度。他们往往忽视了现有系统用户所面临的困扰和生产效率的下降。而当这些工程师对项目工期过于乐观时，情况就会变得更加糟糕。

与此同时，他们将当前的产品内平台视为系统顾问 Carla Geisser 所称的"闹鬼的墓地"（*https://oreil.ly/SrvDg*）：这些系统像是一种令人畏惧的遗迹，只能小心翼翼地触碰，而非深入理解。这种情况不可避免地会引发运维问题，并最终对业务造成负面影响。比如，当系统在凌晨两点出现宕机时，你可能需要多次联系值班工程师才能得到回应，而如果你试图联系管理者，他们很可能会不满地质问，为什么你会认为把他们从睡梦中叫醒能够解决问题。

**为什么他们陷入困境**

在过去的 20 年里，业界逐渐形成了一种普遍认知：交付新代码是软件工程师最具价值的工作，并且与薪酬和晋升密切相关。这种倾向也影响了软件工程管理者，这并不令人意外，毕竟他们大多是靠编写大量代码才走到今天的位置。因此，他们往往认为，即使某人在其他更实际的工作中表现出色，如果他不能在 30 分钟内在白板上解决一道简单的算法题，那么也不适合被聘为"软件工程师"。

有些管理者可能会认可这样的工程师确实具有价值，但即便如此，他们仍然难以相信这些人应该与那些所谓的"真正的软件工程师"同处一个团队。他们会坚持认为，这类工作应该另起一个头衔，并将这些工程师安排到其他团队，以免干扰那些承担重要软件开发任务的人。实际上，在他们看来，这些工程师的最佳定位就是尽一切可能加快软件开发进度——按照 SRE/DevOps 分工模式，"负责所有运维负载、技术支持、重复性工作和自动化基础任务，让软件工程师能够专注于代码开发"。然而，问题在于，除非平台规模非常庞大，否则没有人愿意干这样的活。

# 4.2 平台工程师的不同角色

要帮助那些过于专注于软件或系统的团队摆脱困境，你需要同等地看待这两类工作，这通常意味着需要为团队增加新角色。而要做到这一点，首先需要了解每个角色所带来的价值。这也是本节的目标：即使你不是管理者，我们也希望帮助你更清晰地理解自己的角色与团队其他成员的工作之间的关系。

第一步是认识到，传统的软件与系统的划分方式虽然有效地解释了个体关注点的差异，却未能充分展现各角色之间的关联性。从软件的角度来看，问题在于"软件工程师"这一术语被广泛用于描述平台工程团队之外的多种角色，因此人们常常忽略了该角色在平台工程团队中的独特性——而这些特性正是你需要深入了解、在招聘时特别关注并且予以认可的关键所在。

在系统领域，情况要复杂得多，存在众多不同的角色和职位。这些角色的工作内容虽然存在许多重叠，但也体现出各自的专业化分工，这种分工不仅体现在技术技能上，也反映在工作文化与方式上。简而言之，我们认为，一个平台团队需要配备三个主要以系统为中心的角色：

*系统工程师*

  作为真正的系统通才，这类人才通常在行业中被称为 DevOps 工程师，不过在行业内，不同公司对其有不同的称谓。

*可靠性工程师*

  一个将自身职责深深聚焦于可靠性却忽略系统工程其他方面的从业者。

*系统专家*

  这可能涵盖许多基于特定深度专业知识的具体角色，例如，Linux 工程师、性能工程师、网络开发工程师等。

图 4-1 展示了团队构成中各角色之间的关系。在接下来的小节中，我们将依次详细探讨这四种角色。

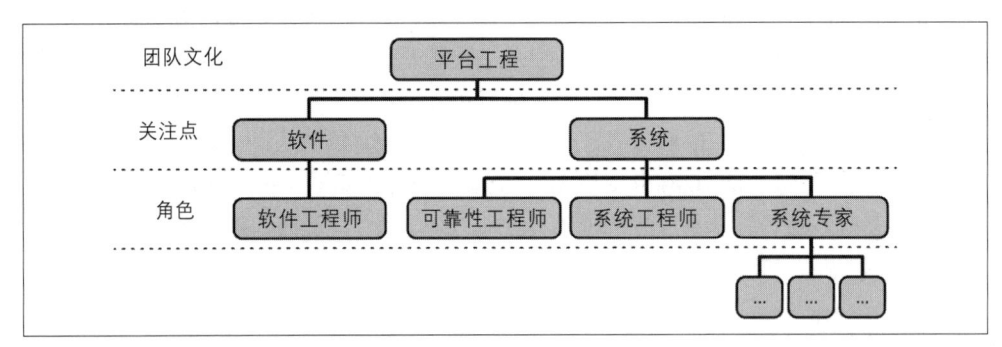

图 4-1：平台工程团队主要工程角色解析

## 4.2.1 软件工程师

平台团队所需的软件工程师是那些能够并愿意编写大量代码的技术人才。在大多数平台团队中，这些工程师通常是"后端"工程师，即专注于服务器端开发的专业人员，当然团队中也可能会有一些"前端"工程师。在成功的平台团队中，大多数软件工程师，尤其是资深工程师，与应用团队中的通用型"后端"工程师有着显著的不同：

*他们渴望理解各种系统*

  他们对理解代码与代码运行的底层系统之间的交互充满渴望。他们不仅仅满足于为最终用户完成一个功能，还会深思熟虑代码如何契合运行的软件、硬件和网络生态系统。他们追求对浏览器、操作系统、分布式系统、数据库/存储系统或其他相关领域的更深入理解。

  这类工程师有着鲜明的特征：他们总是想要阅读依赖库的源代码，并对应用程序边界处可能出现的故障模式充满好奇心。他们的思维超越了正在开发的具体功能，而是从更广的系统层面进行思考。他们不仅愿意弄清楚如何编写系统代码，还愿意研究如何运维和支持系统，因为如果不了解代码在生产环境中的实际运行情况，他们又怎能判断这些代码是否合理？

*他们愿意随时待命支持业务关键系统*

这一点至关重要，因为正如我们将在第 6 章讨论的，大多数平台团队的人员配置要求每位专家都参与值班轮换，处理对业务至关重要但原因不明的事件。虽然没有人特别热衷于值班，但关键不仅在于愿意参与，更在于是否具备有效应对的能力。我们发现，许多软件工程师喜欢深入钻研系统细节，但更倾向于在设计和编码阶段进行理论分析，而非在凌晨两点需要实际解决问题时付诸实践。根据我们的经验，这种情况可能有多种原因——例如，UNIX 技能不够扎实、沟通能力不足，或者不适应在时间压力下工作——但无论具体原因是什么，这些工程师在大多数平台团队中都会举步维艰。

在公司内部，你可以通过观察故障处理过程发现合适的人才：即使他们没有收到告警通知，也会积极投入其中，并显著加快故障的修复速度。在行为面试中，你应该要求候选人描述他们参与解决过的最大规模的故障事件，并通过深入提问确认他们在其中发挥了重要作用。

*他们能够以有条不紊的节奏轻松、从容地完成交付*

你可以找到许多热爱钻研系统细节并渴望自由地编写代码来尽快解决用户问题的杰出人才。然而，平台软件工程师的工作不仅仅是编写代码，他们还需要投入时间进行运维、集成和实验探索。更重要的是，平台中的错误往往代价巨大，这不仅体现在运维风险上，还可能导致团队被困于维护那些维护成本高于开发成本的功能。

一个受创新性和快速开发功能驱动的工程师，可能不太适合成熟的平台团队（在第 8 章中，我们将探讨这些"先锋"如何更适合早期阶段的平台团队，在这一阶段，平台团队需要与产品团队紧密合作并快速迭代）。

## 4.2.2 系统工程师

与系统相关的角色可以在广度或深度上实现专业化。我们将在后续章节中详细讨论可靠性工程师和系统专家。然而，根据我们的经验，在成功的平台团队中，综合型系统工程师往往是更为常见的角色，因此我们将从这一角色开始探讨。

几乎所有平台团队都能从这样一位成员中受益：与其说他们专注于编写代码，不如说他们更倾向于深入理解系统，并能广泛运用这种专注力去洞察多个专业领域。诚然，他们可能并非性能优化、Linux 或网络领域的世界级专家，但正因为他们对不同系统的运作原理及这些原理相互协作的复杂性怀有强烈的兴趣，使得他们比大多数软件工程师掌握

打造优秀的平台团队 | 67

更为深入的知识。尽管系统本身可能充满复杂性，但他们依然能够积极投入涉及系统操作和调控的工作中。

那么，他们具体负责哪些工作呢？主要是 SRE 和 DevOps 领域中常见的工作内容：大量的自动化，尤其是在基础设施集成、可扩展性、可靠性和可观测性配置等方面。但他们的职责并不仅限于自动化和配置。他们广博的系统知识也能够在构建平台功能中大显身手——特别是在那些复杂且晦涩的领域，需要深厚的专业知识才能正确实现。这也正是为什么尽管这些角色之间有许多重叠之处，我们仍然更倾向于避免将这一角色称为"DevOps 工程师"或"SRE 工程师"。当团队真正接纳了平台工程文化后，每个成员都应该从平台产品的功能角度来思考自己的工作，而不仅仅局限于自动化或可靠性方面。

系统工程师尤为擅长的是运用专业知识，解决涉及平台代码库与底层依赖的深层次系统问题。这些问题中有很多属于运维层面——我们遇到过这样的情况：某些问题由于软件工程师缺乏相关知识，而被搁置了数月（*https://oreil.ly/6gtnh*），直到系统工程师介入后才得以解决。然而，仅将这一角色的价值局限于运维调试，未免过于狭隘。我们还见过这样的案例：当软件工程师认为需要耗费数月时间重写代码来解决问题时，系统工程师却通过识别开源配置中的一个简单优化方案，成功挽救了项目的发布期限。

为什么要重视并招聘一个广泛的系统工程师角色，而不是倾向于招聘专注于系统某一具体部分的专家（例如，你所使用的 OSS 或云服务供应商相关的专家）？这主要有三个原因：

- 专业化需要较长时间才能达成，这使得我们难以招聘到尚未达到高级经验水平的系统工程师。
- 优秀的系统工程师可能会感受到需要向专业化发展，以便获得晋升机会，但这可能会导致团队失去他们在贡献中至关重要的广泛技能和知识。
- 无须过多的专家，但需要具备广泛能力的系统工程师。

系统工程师的专业知识应该随着时间的推移，在他们所从事的特定领域中不断深入。然而，除非公司确实有这样的需求，否则不应刻意将他们引导至某个专业领域，作为职业生涯的发展方向。接下来，我们来谈谈专家群体。

## 4.2.3 可靠性工程师

鉴于 SRE 这一角色在当今业界某些领域的流行，我们预计部分读者可能会认为 SRE 涵盖了所有非功能开发的系统工作。然而，这种观点存在几个问题。首先，谷歌内部将 SRE 的工作分为两类（*https://oreil.ly/llZlW*），区分了软件工程师和系统工程师——尽管他们拥有相同的文化背景，但承担着不同的职责。其次，正如我们在第 1 章中强调的，

"DevOps 工程师"这一角色也具备许多相同的技能，但文化背景截然不同。这也再次说明命名的重要性。许多人（包括一些 SRE 在内）认为这一角色应该只专注于"可靠性"，但实际上，系统工程师的职责范围要广得多，还包括支持、效率、安全、性能，甚至功能扩展等方面。

因此，当我们提到"可靠性工程师"这一角色时，我们指的是那些希望专注于可靠性工作的工程师，而不是承担更广泛的职责。这并不意味着这一角色无足轻重。事实上，许多卓越的 SRE 实践在由充满热情且经验丰富的工程师主导时，往往能够取得更佳成效。这些工程师在高影响力的事故管理、服务水平目标（Service Level Objective，SLO）咨询、混沌工程等领域表现出色，同时擅长组织应急演练、开展生产环境准备度评估、实施严谨的事故复盘分析，并主持高效的每周运维会议。他们深谙关键技术要素，并具备将其付诸实践的专业能力，从而推动了整个组织系统的可靠性提升。

理论上，其他工程师也可以以兼职的方式完成这些任务。但根据我们的经验，愿意这样做的人寥寥无几。真正对此感兴趣的是那些具有系统性思维的人，他们认为解决方案的社会维度反而能激发更大的动力。他们常常会思考："我们如何让每个人都能略有进步？"

以事故管理为例。在一个实行团队轮岗值守制度的组织中，作为事故管理者的 SRE 能够确保关键性问题不被忽视。一个事故可能涉及多个系统，即使你的团队负责所有相关系统，个人或子团队仍然容易只关注自己负责的部分。因此，需要有专人负责跟踪事件，向高层管理者通报尚未解决的难题，并规划和实施解决方案。这项工作最适合那些既热衷于处理重大问题，又有耐心将项目执行到底的人来完成。

具备这些特质的人通常活跃于平台工程团队中，负责处理复杂的技术系统。他们通常是从为自己团队兼职开展这项工作开始的。如果你希望扩大他们的职责范围并赋予更广泛的任务，那么根据我们的经验，最好让他们加入一个专门的团队，例如，与平台工程团队紧密协作的核心保障团队。然而，同事有时会将这些角色视为"只说不做的人"，从而削弱他们的影响力。因此，我们建议让可靠性专家定期在平台团队中轮岗，以确保他们始终保持技能的前沿性。

## 4.2.4 系统专家

系统专家包括云计算网络工程师、内核工程师、性能工程师、存储工程师。当业务发展到一定规模时，在这些领域具备深厚专业知识的工程师能够带来颠覆性的改变。最优秀的专家不仅能够在实践中展现卓越的能力，还能通过实践传授知识并提升团队能力。然而，认为平台团队只需由软件工程师和系统专业人员简单组合而成的想法是错误的。我们建议只有在明确需求时才考虑招聘这类专家。当你决定招聘时，要保持高标准，并且在看到第一批专家带来显著成效之前，不要轻易扩大专家团队的规模。

这需要一个足够大规模的组织，不仅愿意全职雇用这些专家，还能够为他们提供能够充分发挥专长并让他们感兴趣的问题。例如，如果你的平台的功能主要围绕网络管理展开，那么你的整个工程团队都应该具备网络方面的知识。然而，这种做法可能会过犹不及，导致团队成员过度专注于在自己专业领域内实现最前沿的技术理念，而忽视了实际需要构建的内容。我们见过一个由版本控制专家组成的开发者工具团队：他们并没有优先解决缺乏用户友好工具的问题，而是将全部精力投入精细化版本控制系统接口的工作中。这类工作固然重要，但如果它不是当前的首要问题，那么一个过度专业化的团队往往会忽视当前更为重要的全局需求。

我们还观察到另一种情况：一些专家不愿承担更为广泛的工作，而是希望担任"内部布道师"这一角色。他们设想将时间用于贡献暂时对公司无直接价值的开源项目、在各类会议上发表演讲、研究鲜为人知的新技术或产品，或者开展一些与其专业领域相关但仅能提供"有则更好"的内部项目。尽管我们鼓励所有工程师适度参与这些活动，但布道本质上是 SaaS 供应商的一个全职岗位——当工程师试图在公司内部将布道发展为全职角色，却又无法充分展示专业能力时，往往会难以获得专业认可，最终反而削弱了他们试图推广的理念。

## 4.3 各类工程师的招聘与认可

读完 4.2 节后，你可能会感到有些困惑：你需要一个角色、两个角色、四个角色，还是更多呢？这个问题并没有唯一的答案，因为答案不仅取决于你作为平台工程团队的实际需求，还需要结合公司现有的职位体系和招聘机制，以及这些体系和机制自身的灵活性。

当今科技行业的招聘和晋升机制普遍青睐那些能够频繁发布大量新代码到生产环境的软件工程师，因为他们对组织的影响更容易被量化。而从事平台工作的软件工程师由于系统变更较慢，往往难以在公司层面获得应有的认可，其他三类角色的境况则更为艰难。这导致组织对这些优秀人才产生一种排斥反应：要么将他们安排在过于初级的职位，要么直接拒绝晋升。究其原因，仅仅是因为相比直接交付软件的工程师，他们对组织的贡献不那么容易衡量。

在应对这一挑战时，我们取得了不同程度的成效，这与公司文化、我们在组织中的定位以及 CTO 对推动和沟通流程变革的意愿等因素密切相关。我们的经验表明，成功在于渐进式的积极改善——通过具体案例说明小幅改进的必要性，同时为未来更大规模的变革积累证据。

基于这些经验教训，我们在表 4-1 中进行了总结，并且将在接下来的章节中介绍最佳实践。

表 4-1：平台工程团队中的工程角色和最佳实践

| 角色 | 职位头衔 | 面试流程 | 职级矩阵/职位族 |
|---|---|---|---|
| 软件工程师 | 首选"软件工程师"。仅在不可避免的情况下才允许使用"平台软件工程师" | 定制行为面试，以涵盖与平台工程团队的契合度 | 适用于全公司范围的角色 |
| 系统工程师 | 允许专业化，例如 DevOps 工程师 | 与软件工程师相同，但在编程面试方面有更大的灵活性。设计问题应涵盖候选人的系统广度 | 三个角色通用 最终影响与软件工程师相同 差异强调了通过编写代码产生的影响较小，而通过运用不同的知识、技能和实践产生的影响更大 |
| 可靠性工程师 | 允许专业化，例如 SRE | 与系统工程师相同，但设计问题应涵盖候选人在 SRE 方面的深度 | |
| 系统专家（分为多个角色） | 允许专业化和按角色划分，例如，内核工程师、性能工程师和存储工程师 | 与软件工程师相同，但设计问题应涵盖候选人在其系统专业领域的深度 | |

## 4.3.1 允许角色特定的职位头衔

表 4-1 列出了一个职位的三个不同维度：职位头衔、职级矩阵（通常称为"职位族"）以及面试流程。我们观察到，那些倾向于系统化的人通常试图将这些维度系统地关联起来，并坚持认为在同一职级矩阵中的所有职位都必须遵循相同的面试流程，且必须使用统一的职位头衔。还有比这更简单的吗？而且这看上去太合乎情理了！

问题在于，职位头衔不仅表明某人的具体职责，同时也向同事和外部利益相关者传递了这一信息。这一点带有个人色彩，尤其是当某人将整个职业生涯都建立在某一专业领域之上时。比如，仅仅因为要采用某种职级矩阵，就强制要求你的第一位内核工程师改称为 SRE，这不仅会让同行感到不合理，还会让他们觉得自己的专业经验被贬低了，同时也会带来一种官僚主义的僵化感。

我们认为，为特定岗位命名职位头衔是合理的，但绝不支持允许每个人自行命名职位头衔的极端做法，因为这只会引发混乱。新职位头衔的创建必须有充分的理由，并以新岗位与现有岗位的显著区别为依据。关键在于，这并不需要立即配套建立新的职级矩阵或设计相应的面试流程（关于何时需要这些措施，我们将在后续章节探讨具体情况）。

## 4.3.2 应避免创建新的软件工程师职级矩阵

标准的软件工程师岗位描述通常强调创建新的代码、系统和架构。然而，这样的定义对于平台型软件工程师而言往往并不适用,无论是在面试环节,还是在评估工作表现及晋升资格时,都显得不够精准。尽管平台型软件工程师也从事这些工作,但由于他们所负责的系统通常是稳定且对业务至关重要的,这使得他们的开发节奏相对较为缓慢。为了解决这一问题,许多组织开始尝试建立"平台型软件工程师"的专属职级矩阵。他们认识到,平台本质上是一类独特的系统,平台的成功开发需要不同的技能组合,因此从业者的评估标准也应有所不同。

然而,其他专门的软件开发角色同样面临这一问题。例如,数据工程师、移动工程师和前端工程师都在编写软件并构建新系统(只是系统类型不同)。那么,是否也应该为他们各自制定一套职级体系呢?乍一看,这似乎是个合理的选择,但在你实际设计并实施几套职级体系后,就会发现职级体系制定成本高昂,而维护成本更加高昂。这种情况类似于技术开发中的一个权衡:是创建代码分支以支持新的用例,还是将代码泛化以同时支持多种情形。起初看似成本低廉的选择(创建代码分支或独立的职级体系),特别是在出现多个类似分支的情况下,最终都会演变为一个长期的维护负担。

由于这些角色本质上都围绕软件开发,我们发现将它们置于同一职级体系中是最合理且清晰的路径。要实现这一点,你需要以达成的成果为基础来制定职级评定标准,而非过度依赖采用的方法。这一过程需要时间和多次迭代才能得以完善。

与此同时,如果你有一位优秀的平台软件工程师,却迟迟无法让他获得晋升机会,该怎么办呢?我们发现,最好的方法是尝试在现有体系内突破:寻找平台工程领域以外、更高职级的人员,请他们证明"此人的影响力与我同等"。事实上,提出这样的案例通常能推动组织调整职级评定标准。微软首席软件工程经理 Diego Quiroga 建议,在申请晋升时,可以从以下几个方面收集支持证据:

- 工程师创建的工具、仪表板或 wiki(特别是那些在团队或组织中被广泛采用的)。
- 与客户互动的质量,包括沟通的清晰度、技术深度以及响应能力。
- 他们在处理和解决工单时的效率表现,特别是在应对工单数量和复杂性方面的能力。
- 他们积极参与事件回顾,能够协助其他团队分析事件,并提出解决方案。

收集这些以及其他工作成果的反馈——这些反馈应来自工程师工作产品的接收方。同时,主动征求反馈意见,这些意见应兼顾工作带来的实际影响以及完成工作所需的技术专业能力。

## 4.3.3 最多使用一级矩阵来表示系统角色

在规模较小的公司中,我们在前几节中所阐述的实践在吸引并激励优秀的软件与系统平台工程师方面效果显著,无须依赖第二级矩阵。然而,在规模化环境中,由于可靠性工程师、系统工程师以及系统专家的不同变体等"系统"岗位的人员编写代码较少，我们发现组织往往难以充分认可这些岗位人员所创造的相称的价值。

这是一个常见的例子：我们见过一个团队面试了一位在超大规模系统领域拥有十年经验的优秀系统工程师，但建议以非高级职级录用他们，理由是"他们不能像高级工程师那样解决编程问题"。类似的情况也出现在公司范围的晋升评审中：评审小组在评估某些高级工程师时感到困惑，比如这些工程师在过去一年里可能仅编写了几千行代码，或者一些资深技术专家并未主导过新系统的构建。评审小组的偏见在于，他们倾向于仅从新代码的编写量和新系统的开发情况来衡量工程师的价值贡献。

考虑到这一点，我们认为大多数组织最终应该为那些不以编写代码为主要工作内容的"系统"类岗位创建第二层级矩阵。关键在于仅创建一套矩阵，而不是两三套，否则会因不同的相似角色在影响评估维度上的细微差异而让大家感到困惑。由于这些职位头衔在近年来经历了多次更名，因此我们不打算建议新的命名方式，但可以参考一些现有案例，例如，Meta 的生产工程师职级矩阵和亚马逊的系统开发工程师职级矩阵。

最后，如果你的公司已经为 DevOps 工程师或 SRE 制定了职级矩阵，则完全可以采用现有的体系。尽管这些岗位更具专业化，名称可能不完全契合，但考虑到本就不存在绝对完美的命名，也无须特别纠结于重命名的问题。只是请务必确保职级标准能够涵盖所有三类角色，否则可能会限制平台团队成员的成功。

## 4.3.4 如有必要，创建新的软件工程师面试流程

在面试中评估候选人和评估员工的工作表现是截然不同的两种方式。对于绩效考核和晋升，员工已经在岗位上工作了数千小时，积累了明确的业务成果和具体的岗位信息，这些都为评估提供了清晰的背景。而面试则仅能提供几小时的观察时间，这些信息与实际工作毫无关联。因此，或许对软件工程师的面试流程进行"分叉"处理才是更为合理的选择。

在采用全公司统一软件工程流水线的企业中，平台团队在评估应用软件工程师的特点或能力时，往往会陷入误区，忽略我们在本章前面讨论过的区别。例如，我们发现许多编程测试题目更多地忽略了对实际编程能力的考察（如在解决方案中对细节的关注，特别是对各种假设和边界条件的处理），而更倾向于强调日常平台开发中较少涉及的计算机科学知识，比如数据结构操作或一阶算法。同样，我们也注意到设计类问题中存在类似的偏差——这些问题通常侧重于如何为应用程序选择并整合合适的平台，而非考察平台本身的设计能力。这些评估方式与平台软件工程的实际需求并不完全契合。

对于平台工程团队，我们更青睐如下所示的面试流程：

- 一场传统的编程面试，通常会给出一道算法题，初步可以用一种简单算法或暴力破解方法来解决，并通过更高级的算法或数据结构进行优化。在评估过程中，面试官不仅关注候选人能否找到优化后的解决方案，还会考察他们能否妥善处理细节管理，包括错误处理和测试。
- 一场编程面试，用于考察候选人对系统细节理解的广度。尽管完成代码编写可能只需 20 分钟，但这类问题应能引发至少 30 分钟或更长时间的讨论，围绕其背后的假设展开。在讨论中，你可以评估他们的方法论及他们对测试、可观测性和扩展能力等实际场景的假设。例如，你可以询问当输入数据规模超出单机处理能力时，他们会如何调整解决方案。
- 这是一场传统的设计面试，但专注于平台设计，而非应用程序设计。
- 一场反向设计面试，在这种面试中，你要求候选人深入探讨他们实际设计并构建的某个东西在技术方面所做出的权衡。
- 一场行为与价值观面试，重点考察运维实践经验、在冲突中展现的领导能力，以及客户同理心。

如果这些类型的面试对你的公司来说是新尝试，那么你需要亲自参与整个推广过程，确保早期面试官的评估标准能够协调一致。你应当组建一个小型工作组，制定一套涵盖必要内容的标准化面试问题，并设计一个通用的评估矩阵或正面和负面信号清单。在初期推行过程中，你需要收集面试官关于这些问题在评估候选人时实际效果的反馈，并将发现的趋势提交给工作组，以便进一步进行调整和优化。根据我们的经验，这种亲自参与的推广过程通常需要六个月，才能确保早期面试官的评估标准达到理想的一致性水平。

## 4.3.5 系统相关岗位的面试仅需略作调整

如表 4-1 所示，对于系统工程师岗位，我们倾向于使用与平台软件工程师相同的面试框架。不过，我们建议进行三项主要调整。第一项调整，在设计问题环节时应更具灵活性——根据候选人的专业领域调整设计问题的侧重点，以便更准确地评估其是否符合岗位要求以及适合的职级。第二项调整，在反向设计面试环节中，建议由同岗位的面试官提问，以深入挖掘候选人对该领域的系统知识储备。

第三项调整是争议最大的部分：保留编程面试环节。拥有系统工程背景的人常常辩称："白板编程并非真实的编程实践，因此我不应该接受这样的测试。"有时他们还会补充道："我的简历足以证明我的编程能力，理应获得信任。"然而，现实情况是，世界上有许多人实际上并不具备在生产环境中编程的能力，即使他们的简历看似颇具说服力。因此，在面试中必须对候选人的编程能力进行实际验证。

问题是，这一点该如何实现。具有系统工程背景的人士常常指出，白板面试过程显得不自然，并且需要一种与实际工作环境脱节的练习。在面试现场，面对时间压力，在面试官的监督以及被他的+善意建议打断思路的情况下，针对一个新问题写出生产质量的代码确实困难。因此，候选人在面试中的表现往往无法合理体现他在实际工作中的编程水平。

我们建议将问题移至线下处理，为候选人提供一个限定时间的编程作业。随后，在面试中讨论他们的提交结果。这种方式不仅能够确认候选人并未作弊，还可以深入探讨系统问题。尽管这种面试方式较为耗时，并可能引发部分候选人的抵触情绪，但如果你真正希望组建一个具备平台工程文化的团队，而非传统的基础设施或运维文化的团队，并且能够开发出有实质意义的新软件，那么在这一原则上就不能轻易妥协。

### 4.3.6 客户同理心面试

在我们管理平台工程组织和与它们合作的过程中，我们发现有些组织与主要用户群之间发展出了令人不快的关系。在某些情况下，即使用户正在为平台自身所引发的问题而苦恼，工程师仍然对用户的想法和意见不屑一顾。面对这种情况，人们可能会倾向于用"不要雇粗鲁无礼的人"来一笔带过。然而，我们认为这种看法过于肤浅，主要基于两个原因。

首先，"粗鲁无礼"这个词通常用来形容贬低他人、挑衅和漠视他人的行为。这的确涵盖了一部分现象，但并未包括一些更具防御性的表现，例如，对批评的过度敏感。在这种情况下，平台工程师并未专注于尽力为用户提供帮助，而是通过叹气、耸肩以及推诿过去来应对。当团队承受巨大压力时，这种情况可能会演变为对用户的情绪爆发，传递出一种"你们应该感激有我们"的信息。

其次，用户可能是那个"粗鲁无理"的人。IT支持领域流传着一句经典笑话："问题通常出在键盘和椅子之间"（暗指问题出在用户身上）。有些用户就是拒绝接受事实。大多数应用工程师受到他们的支持或产品组织的保护，这些团队会直接应对那些最难缠的用户。然而，正如我们将在第6章讨论的，在平台开发领域，用户支持与新功能开发之间的界限往往模糊不清，因此用户支持也成了平台工程师工作中不可或缺的一部分。

在支持一个自己并未亲手创建的系统时，面对棘手的用户，需要展现出成熟和同理心——既要控制情绪，又要搭建桥梁、教育用户并解决问题。然而，并非每个人都能应对这种挑战。遗憾的是，这也意味着许多对平台工作充满热情的工程师实际上并不适合从事平台工作。他们的行为不仅会损害团队的声誉，更重要的是，由于他们的不满在某种程度上确实"有理可循"，因此很容易对整个团队的文化产生深远影响。

尽管你可以在面试中考察多种技能来规避这个问题（如谈判能力、沟通能力、无权威影响力等），但我们建议至少要评估候选人是否具备基本的同理心，能否站在用户角度思考问题。为此，我们会使用以下类型的面试问题：

- 能否描述一次你帮助某位用户理解系统的经历？
- 能否谈谈你曾经根据客户反馈而改变开发方向的经历？
- 你要如何理解用户，从而弄清楚一个新功能或系统是否有吸引力或者对他们适用？

这些问题的目的并非考察工程师是否具备担任产品经理的能力，而是确保工程师能够认识到，他们所构建的产品最终是为了供他人使用或服务于他人的。Camille 更倾向于将这种能力称为"客户同理心"而非"用户同理心"，用她一位朋友的话来概括："'客户'这个词意味着责任和义务，而'用户'不过是一些无足轻重的人。"

这并不意味着工程师需要把所有时间都用来考虑客户需求。但是，当工程师能够设身处地为可能需要阅读代码的人着想，并且不仅专注于最具挑战性的技术问题，还关注系统的整体健康时，工程师自身以及整个团队都会变得更加强大。

## 4.4 优秀的平台工程经理需要具备哪些特质

在平台软件工程师和系统工程师之间保持合理的平衡固然重要，但到了某个阶段，你需要将工程经理融入团队（毕竟，总得有人来确保这些面试流程顺利进行）。此外，经理通常是对团队文化影响最深远的领导者，他们的领导方式直接影响到团队成员是否感到被倾听、是否感到被赋予能力，以及他们的想法能否与他人的想法被平等对待。

虽然所有优秀的经理都具备一些共同的技能，但我们发现，某些特定的技能、特质和经验能够成就最成功的平台工程经理。在本节中，我们将深入探讨这些主要因素。

### 4.4.1 平台运维实践经验

许多具有应用软件工程背景的经理往往未充分认识到平台工程涉及的运维复杂性。尽管多数人至少能够理解底层系统的广度，但他们可能忽视了这些系统的界限往往并不明确。一个领域的问题可能会以出乎意料的方式导致整个系统崩溃。因此，在管理一个团队稳步解决系统性问题时，必须保持足够的谦逊和耐心。当一个缺乏运维经验的软件工程负责人被任命为平台管理角色时，他们可能会助长一种误导性的思维方式，即认为问题的解决只需依赖一个"精妙的"工程修复。诚然，有时快速的系统修复能够暂时缓解问题，但这些修复更可能是"简单直接的"而非"精妙的"。根据我们的经验，每一个成功的"精妙的"修复背后，往往伴随着十个失败的尝试，而这些失败不仅加剧了运维问题，还拖慢了团队的整体进度。

我们观察到的另一种失败模式是从客户组织中聘请一位优秀的经理。这种做法确实有明显的优势——你可以得到一位经验丰富的经理，快速理解客户需求，并促进组织间关系的建立。然而，这种做法需要格外谨慎，因为这类管理者通常来自运维复杂度较低的环境。正如第 6 章所述，他们往往难以认识到常规运维实践的重要价值，容易导致工作中的疏漏。此外，他们可能会认为底层系统问题很容易解决，并误以为现有工程团队只是因为管理不善才导致问题的产生。这种认知不仅可能导致误判问题，还会疏远现有团队中的关键成员。

## 4.4.2 大型长期项目的经验

习惯了应用工程中"快速迭代、打破常规"节奏的经理，可能会对平台工程团队相对较慢的交付节奏感到不耐烦。然而，当众多用户对你的平台产生依赖时，平台的重要性便不言而喻。这也意味着在进行任何变更时，都需要谨慎评估并逐步推进，确保每一步都经过深思熟虑。

这并不意味着平台团队不应该追求频繁交付。一位优秀的平台工程领导者能够通过类似的方式，帮助团队找到快速且安全地完成工作的途径，就像一位优秀的应用工程领导者所做的那样。然而，领导一个每天都能将新代码发布到生产环境的团队，与领导一个需要花费数月时间周密规划，以确保在不中断服务、不丢失数据、不造成干扰的情况下，将多个客户从一个关键平台安全迁移到另一个平台的团队，这两者之间是有区别的。

优秀的平台领导者不仅能够接受外界对团队未能更快交付改进的批评，还能够合理解释为何当前的交付节奏是恰当的，因为他们正在应对高度的业务关键性、复杂性和风险。在面对利益相关者持续不断的压力和批评时，即便是最自信的领导者也可能开始质疑自己的战略，甚至为挽回颜面而寻求快速解决方案，从而削弱团队的工作重点。然而，他们必须摒弃对这种单向反馈的情绪化反应，并愿意投入时间和精力，妥善处理与技术利益相关者之间的棘手对话。我们将在第 10 章深入探讨建立这些关系的具体技巧。

## 4.4.3 注重细节

在我们观察到的案例中，那些成功地从"应用工程技术"领导转型为"平台工程技术"领导的经理，往往是一些注重细节的完美主义者。他们热衷于亲力亲为地参与项目和流程管理，并从中不断汲取动力，推动工作向前发展。

早期在基础设施和平台团队担任工程师的经理，往往了解哪些细节重要，并知道谁能做出正确的权衡，因此能够以较少的管理流程有效带领团队。但对于具有其他背景的经理来说，在培养这种直觉之前，需要关注大量细节。这可能会让团队感到被过度管理，这种感受确实令人烦躁，尤其是在此前管理方式较为宽松的情况下。然而，如果需要在"我的领导通过深入细节的提问来理解权衡"与"我的领导在做出影响我的决策时忽略了关键细节"之间做选择，大多数工程师虽不情愿，但也会承认更倾向于前者。

优秀的经理应逐步培养出敏锐的判断力，既能分辨何时信任团队，又能判断何时需要深入探究，从而学会放下对流程的过度关注。而这恰恰是那些真正的微观管理者最难以突破的障碍。

## 4.5 平台团队的其他角色

当然，一个良好的平台团队不仅包括各类工程师，还包含其他角色。本节将简要介绍你可能遇到的其他角色。

### 4.5.1 产品经理

优秀的平台团队专注于产品和客户。正如我们在第 5 章中所讲述的，构建符合这一理念的产品需要持续而精细的工作，尤其是在与客户沟通并将其纳入战略方面。在规模化阶段，为平台团队引入专职产品经理是确保这项工作得以落实的唯一途径。

在任何地方招聘优秀的产品经理都极具挑战，而对平台团队而言尤为困难。大多数产品管理组织认为产品经理的价值主要与收入以及为外部客户交付成果紧密相关，因此很少有产品经理真正了解平台团队所面临的独特挑战。这导致他们有时会陷入对业务的过度痴迷，从而形成短视的思维方式。在 FAANG（指 Facebook、Amazon、Apple、Netflix、Google）公司之一的数据平台团队的资深工程师 Jordan West 分享了他与这种思维方式的产品经理共事时的负面经历："如果工程师每 10 分钟就被打断一次，导致其他工作都无法推进，但只要让客户满意就行，那这种情况为什么会有问题？"这种思维方式或许适用于初创公司，但在平台团队中却会让团队运作失衡。

为了解决这一问题，平台团队可以从其他技术领域引入具有产品思维的人才来担任这些角色。我们的经验表明，在我们合作过的产品经理中，拥有正规产品管理背景的产品经理与从工程师或技术项目岗位转型的产品经理的比例约为 1∶2。虽然招聘缺乏正规产品管理经验的人才存在一定风险，但这种尝试往往能够取得成功。

然而，尽管仅仅依赖于这类人来组建产品团队可能颇具吸引力，但你仍然需要一些对产品经理角色有着深刻理解的资深人士。他们不仅可以帮助培训新人，还能评估这些人是否在真正从事产品管理工作，抑或只是在从事冠以美名的项目管理、Scrum 大师或技术领导工作。你可以通过外部指导和培训逐步实现这一目标，但绝不能忽略这个关键步骤！

> **当你无法招聘产品经理时该怎么办**
>
> 如果你无法聘请产品经理（例如，在你的组织中，这一职位仅限于对外合作的团

队），或是难以找到合适的人选，该怎么办？即使有工程师有机会内部调岗，这也可能成为一个问题，因为在许多公司里，由于他们在新岗位上缺乏经验，通常会导致薪资调整。

工程经理和项目经理在这方面可以提供帮助，但需要谨慎处理。虽然工程经理的角色需要与客户进行大量的沟通，但通常更关注执行，而非产品。此外，工程经理常常因其他职责的繁重工作量而力不从心。技术项目经理（Technical Program Manager，TPM）也面临类似的挑战：他们往往不习惯在模糊的长短期权衡中做出决策，因此倾向于将产品问题视为单纯的执行问题，专注于确定工作范围、设定优先级，并追求尽快解决。

我们与高级工程师合作时取得了最佳成果。大约四分之一的高级工程师具备双向沟通能力，并致力于为公司做出正确决策。在与客户交流时，他们用心倾听，深入理解反馈，并寻求渐进式解决方案，即使这意味着需要暂时放下他们心目中的"下一项重大突破"。这并不是说其他四分之三的高级工程师能力不足，只是他们可能不具备独立承担产品管理职责所需的特质，因此理想情况下，应该与产品经理合作。

因此，如果你发现难以招聘到产品经理，最明智的做法通常是识别出那些能够身兼技术与产品职责的高级工程师，并给予他们必要的支持和激励。想要进一步了解这一角色，我们推荐阅读 Tanya Reilly 的著作——*The Staff Engineer's Path*（O'Reilly）。

## 4.5.2 产品负责人

得益于 SAFe（Scaled Agile Framework）的推广，如今许多公司都设立了产品负责人（Product Owner）这一职位。然而，这一角色与产品经理之间的职责界限常常存在一定的模糊性。有时，产品负责人被视为面向市场的产品管理角色的补充，主要负责待办事项的梳理和用户故事的定义。而在平台工程组织中，由于"客户"均为内部人员，市场营销需求较少，因此无须区分这两个角色。在招聘时，应优先选择那些既能制定战略决策，又能高效执行具体任务的人才。

## 4.5.3 项目经理 / 技术项目经理

项目或技术项目经理（TPM）[注2] 这一角色往往被视为工程组织中最不受欢迎的职位。批评者认为，头衔中的"技术"二字并不贴切，因为每项决策都需要召开大型利益相关者会议，而日常工作似乎主要是在不断要求那些已经忙得不可开交的经理和技术负责人更新进展。我们认为，这一问题与角色本身关系不大，更多是由他们所面临的工作条件所

---

注2：正如"产品负责人"和"产品经理"之间的区别一样，这些职位在角色上的差异十分细微，且在行业内用法不尽相同。因此，我们在本书中将它们视为同义。

导致的——当高层管理者未能提前合理规划项目优先级时，项目的成功往往只能依赖 TPM 通过强力推进来实现跨组织的执行。为避免出现这种情况，我们建议优先招聘产品经理，并由工程经理和技术负责人负责管理所有中小型项目。

但无论你的高管和产品经理多么努力，未来始终难以预测，因此范围广泛且以执行为导向的项目总会出现。妥善管理这些项目需要某人全身心投入，而理想的人选是那些职业生涯专注于此的人。

寻找优秀的平台项目经理几乎与寻找优秀的产品经理一样具有挑战性。我们发现，许多在前一家公司表现出色的候选人，在新的环境中却可能完全无法适应。我们的经验是，关键在于找到那些能够熟练利用公司现有的全组织统一流程交付项目的平台项目经理，而不是那些经常将项目延误归因于流程的人。因此，在规模较小的公司中，你需要的是那些擅长通过与工程师建立自下而上的关系，并且即使没有正式权限也能促成工作的优秀人才。而在拥有数万名工程师的大型企业中，你可能更需要那些能够处理分歧、将关键决策有效提交给意见不一致的管理层并以高管偏好的方式整理和上报项目细节的人才。

### 4.5.4 开发者布道师、技术文档撰写者及支持工程师

开发者布道师、技术文档撰写者和支持工程师这些高度专业化的职位，通常只会出现在规模较大（一般拥有千人以上工程师团队）的平台工程组织中。虽然产品经理和工程师在一定程度上也能承担这些职责（但专业程度自然不及专职人员），因此在团队确实需要全职专家之前，不建议专门招聘这些岗位。这意味着需要抵制团队中可能出现的"这不是我的工作"的态度，同时也要确保这类工作能够获得认可和奖励，即便这些工作内容可能未被直接纳入现有的职级矩阵中。

## 4.6 构建平台工程团队文化

本章开篇，我们讨论了某些团队仅限于某一类型的工程师（系统工程师或软件工程师），因而难以营造出平台工程所需的平衡文化。接下来，我们将分享一个案例，讲述如何将两个文化截然不同的团队成功融合，并注入平台工程所需的文化。

### 4.6.1 一个由开发团队和 SRE 团队共生的平台

这是一个计算基础平台，其核心是一个复杂的开源软件系统。该平台由一支软件工程师团队拼凑而成，团队成员大多是系统相关领域的应届博士生。这些人均按照公司统一的"软件工程师"面试标准招聘——这意味着在招聘过程中完全没有考察他们的系统运维能力和客户同理心。平台团队最近增加了几名系统工程师，但按照当时按部就

班的方式，这些工程师被安排在一个独立的 SRE 组织中。作为他们共同的上级领导（相隔三级），这位经理意识到团队存在问题，但在如何解决这些问题上，他收到了各种建议。

## 4.6.2 开发团队的优势与劣势

开发团队形成了一种文化，认为所有问题都可以通过增长来解决——与客户合作开发新功能，使他们能够迁移到新平台，从而让团队有机会招募更多的工程师。他们既不关注对客户需求的全面理解，也不重视迁移规划（除了"建成即用"这种想当然的理念），更不在意提升现有系统的运维稳定性，或通过优化现有产品来解决问题。相反，每逢有机会，团队就立即进入"新建模式"，认为这将成为未来所有客户广泛采用的"完美"解决方案。

这种方式确实带来了显著的优势。团队开发出了一系列极具创新性的解决方案。他们在面对社区中尚未解决的开源软件问题时，没有退缩，也没有因为开源软件暂时无法满足需求而轻易否定其价值。他们展现出的无畏精神，帮助他们攻克了诸多难题，实现了多项重大突破，同时在交付过程中也没有因流程烦琐而受到限制。

然而，正如你可能猜到的，这种创新方式也存在一些显著的缺陷。这些新系统面临许多稳定性问题，工程师通常倾向于通过构建新系统来解决问题，而不是花时间去理解和修复现有的基础设施。这些创新解决方案虽然在项目初期起到了很好的推动作用，但团队似乎陷入了"开拓者模式"。或许是受到团队中研究人员思维方式的影响，他们对稳定性、可靠性以及持续改进等日常工作的兴趣不高。最终，项目交付和客户沟通都受到了影响。客户无法明确知晓项目的完成时间，因此感到不太满意。

独立的 SRE 团队的创建却使情况变得更加恶化。这支团队规模不足，并且主要由公司新人组成，未能有效缓解问题。面对沉重的技术债务，开发团队开始将可靠性问题视为"SRE 的职责"，并将这种问题作为继续沿用现有做法的理由。虽然双方的相互指责更多是在暗地里进行而非公开对抗，但双方都在心里抱怨："为什么对方不去招募更符合业务需求的人？"

## 4.6.3 合并团队与增加产品管理

我们的第一个举措是将团队合并，由一个来自 SRE 团队、具备出色管理能力和丰富平台运维经验、能够执行长期项目并管理利益相关者的人来领导。新团队在成员构成上实现了良好的平衡：既包括热衷于创新的成员，也有专注于扩展和运维现有系统的工程师，还包括一些与客户紧密合作的同事。在大约六个月的时间里，团队的操作层面逐渐趋于稳定，并优化了新功能的优先级管理。这一进展部分得益于团队逐步远离"一个工程师对应一个功能"的工作方式，转而采用路线图工作模式。

这些变革并非毫无代价。我们失去了一些更具创新性的研究型开发人员：他们更倾向于 SRE 模式，因为这种模式让他们能够专注于探索新技术并创造新事物。大多数情况下，我们注意到他们的不满情绪在增长，并能及时将他们调配到公司内其他更适合的岗位。但对于少数人而言，我们行动不够迅速，导致这些优秀的工程师最终困在不适合的团队中，不得不选择离开。

下一步是寻找一位产品经理来接手团队的产品管理工作。这一决定同样引发了一些紧张情绪；我们需要确保技术主管的意见能够继续被倾听，同时也要保证工程经理不会被（或觉得被）产品经理在重大决策中削弱作用。要将这样一个背景各异的团队凝聚在一起，既让每位成员感受到应有的尊重，又能充分发挥他们的才能，绝非易事。

### 4.6.4 注入平台工程文化

在推进这些变革的同时，作为组织领导者，我们的一项重要职责是巩固新的文化。这一过程比我们预想的要困难得多，因为文化挑战不仅来自团队内部，还来自团队外部。开发团队之所以受到重用，很大程度上是因为他们与公司的整体文化高度契合——这种文化主要体现在共同协作开发前沿创新技术上。这种文化对那些工作并不直接面向人类用户的数据科学家来说非常适合。然而，公司其他应用团队对可靠性有更高的需求，甚至连数据科学家也对不可靠的平台感到不满。

因此，我们需要一个能够在开发创新功能的同时，兼顾稳定性、可靠性和可用性的平台团队。我们需要打造一种新的平台工程文化，在尊重并践行公司创新与协作核心价值观的同时，将稳定性与规模化能力作为同等重要的目标。

实际上，大公司中的各个子团队都有自己独特的文化特征，而且公司规模越大，这些文化的分化往往越明显。团队的文化通常反映了他们关注的重点以及所受到的奖惩机制，而平台团队的文化往往更为保守，相较之下，产品工程团队则更具进取性。平台工程的领导者需要密切关注文化偏移的现象，确保这种偏移不会导致"我们与他们对立"的心态。尽管团队拥有一定程度的文化差异是可以接受的，但需要警惕的是，当你对运行高可靠性系统的自豪感逐渐转变为对产品工程团队频繁发布问题代码的鄙视时，你可能会破坏构建卓越平台所必需的基础——客户同理心。

要构建健康的组织，需要花时间认可并奖励不同的角色和技能，讨论他们如何为更强大、更优秀的整体做出贡献。同时，也要花时间表达对合作伙伴团队及他们的工作的感激。这些文化方面的投入将极大地支持你的团队，并确保他们（以及你）持续取得成功。下一步是打造产品文化，这将是第 5 章的重点。

## 4.7 结语

在本书的第一部分中，我们强调，平台工程需要在团队人员配置方面实现文化变革，将不同专业领域的工程师整合起来，共同协作开发以客户需求为中心的平台。然而，混合模式管理并非易事，因此，对于职业生涯早期的平台负责人，或刚开始向平台工程转型的团队领导来说，他们往往会依赖于自己熟悉的管理方式——这通常会导致团队要么过于侧重软件开发，要么过于偏向系统工程。不幸的是，这种情况往往意味着所开发的平台要么缺乏系统工程师所带来的复杂分析能力，要么失去了软件工程师所提供的开发效率。最终，平台产品往往被团队的技术能力所定义，而非客户需求驱动。

本章不仅向你介绍了平台工程团队在规模化运作时所需的各类角色，还探讨了如何设计招聘与认可的流程，以帮助每个岗位上的人才充分发挥潜力。我们还讨论了成功管理平台团队的领导者所需的特质，并通过实例说明了如何弥合文化差异——这不仅包括团队内部的文化融合，还涉及客户工程师在与团队互动中所怀有的期望。文化是推动成功的重要因素，它贯穿了本书的每一个主题，我们将在第 5 章对此进行更深入的探讨。

这种转型并非易事。但如果你希望摆脱目前依靠内部工具和临时拼凑的代码来勉强支撑过于泛化的开源软件和供应商提供的基础组件的现状，那么你需要从确保团队具备实际构建平台的能力开始，这才是开启平台工程之旅的正确方式。

# 第 5 章
# 平台即产品

> 所谓内部平台，实则是在那缺氧、幽暗、污秽不堪的环境中孕育出的外部平台罢了。
>
> ——科达·黑尔

在构建内部技术时采用产品化方法正日益受到关注与推崇。然而遗憾的是，和技术行业中许多一时兴起的潮流一样，许多尝试采用这种方法的人完全不了解其真正含义，最终往往停留在最表面的字面理解上——具体到平台工程领域，这通常表现为仅仅通过增加一些产品经理到团队中来解决问题。诚然，我们认可产品经理的重要性，但要打造一个真正以产品为核心的平台化组织，远不是简单地招聘几位产品经理就能实现的。考虑到某些公司甚至明确反对为内部产品配备产品经理，我们在撰写本章时特别确保内容适用于各种情况，无论你的组织是否设有正式的内部产品管理团队，都能从中受益。

本章适合所有希望引导平台组织采纳产品思维并应用产品管理技术的读者。我们首先深入探讨文化建设，特别关注客户（或用户——这两个术语可以互换使用，均指实际使用产品以完成其工作的人员），因为第一步是理解这些平台的服务对象，并学会如何将他们视为客户而非利益相关者来开展互动。接下来，我们将讨论产品的发现与演进过程。在平台开发中，你会发现许多最佳的产品创意往往源自公司内部的工程师团队，因此，发现新产品的过程通常始于找到一个小型原型，并将其扩展为具有广泛适用性的产品。

对于现有产品，我们将探讨制定推动它们发展的策略，并识别何时应对产品进行优化或彻底重新设计。同时，我们还将介绍如何验证新产品是否拥有明确的目标受众，以及如何评估产品的成功标准。

接下来，我们将讲解如何将所述理论付诸实践，将相关技术集合转化为产品愿景、战略和路线图，从而帮助客户理解你的目标和计划交付内容。在本章最后，我们将探讨我们观察到的一些常见失败模式——由于这对许多团队而言都是一次重大转型，其中存在多种潜在挑战，我们希望能帮助你提前规避这些风险。

产品管理实践的内容足以额外写成一本书，但我们希望通过本章的学习，你能够对它的基础知识有一个广泛的理解，并掌握如何运用这些知识来定义和交付能够真正满足客户需求的平台。

# 5.1 产品文化以客户为中心

无论你是在一家将产品管理融入平台工程转型的大型成熟公司，还是希望从一开始就建立产品管理文化的小型创业公司，创建产品文化的第一步是理解并欣赏你的客户。如果你想打造出色的产品，就必须明确为谁而做。然而，内部客户的需求往往难以捉摸。即使可以每天交流，他们也未必能清楚表达自己的需求。他们可能是被动的用户，只会在问题出现时抱怨；也可能是积极的竞争者，渴望构建属于自己的平台。他们既是你的同事，也是你的客户，你希望让他们满意，但这并不意味着你要——满足他们的所有要求。

无论你平台的服务对象是谁，都应将他们视为客户（而非利益相关者），只有这样才能打造真正契合他们需求的产品。毕竟，企业从不会强迫客户使用自己的产品，那么我们又怎能对内部系统采取这种方式呢？在本节中，我们将深入探讨内部客户的特性，并讨论如何与他们互动、设身处地为他们着想，从而培养协作关系，共同打造一个成功的平台。

> 工程领导层还需要更新激励机制和重点领域，以推动这一转变。尽管招募优秀的产品经理至关重要，但工程团队的行为将直接决定你构建优质产品的成败。

## 5.1.1 内部客户的特征

拥有内部客户群可能会导致你在评估产品是否成功时产生视角盲区，而当你服务于那些可能低估你的工作价值或将服务视为理所当然的客户时，也可能会增加额外的矛盾。为了有效管理这种环境，你需要了解所面对客户的类型，他们独特的期望，以及你可能会遇到的挑战。接下来，我们来探讨内部客户的主要特性：

*客户群体规模小*

平台产品的决策制定是一门具有鲜明特点的学科。提到产品经理时，许多人脑海中浮现的往往是负责大型消费类产品的产品经理形象——指标、指标、还是指标！A/B测试、用户研究、关键绩效指标（KPI）、设计冲刺和收入模型！确实，当你为大规模用户群体构建产品时，这些因素都是决策的重要依据，例如 AWS 的产品经理可能就需要依赖大量指标来指导工作。然而，当你的受众仅有数百人时，A/B 测试可能难以提供有意义的洞察。而在中小型公司为内部客户构建平台时，采用指标驱动的策略则更为困难。这并不意味着完全没有指标可用，而是需要更加审慎地思考如何测量以及测量什么，以确保捕获到真实信号。我们将在本章后续部分讨论如何识别这些信号。

### 被动的受众

你的客户群不仅可能规模较小，而且往往是一个被动接受平台产品的客户群，这意味着你团队提供的平台产品是他们唯一的选择（他们无法自行构建替代方案）。你可以向内部客户询问他们的需求或对平台产品的评价，但他们可能并不愿意向同事抱怨。平台产品还面临另一个问题：某些工程师始终认为，只要有时间，他们能够开发出更好的解决方案。因此，你可能会遇到这样一类用户群体，无论你多么努力，他们似乎始终无法感到满意。

在面对被动的受众时，主要存在两种失败模式。一种是完全忽视采纳度指标，等到发现平台产品仅能满足少数客户的需求时，往往已无力回天。这种情况下，可能会导致多个半成品功能重叠的局面，这些产品作为"显而易见"的解决方案被开发出来，却并不满足大多数客户的需求。另一种失败模式是过度关注采纳度这一单一指标，并以此为手段迫使客户接受一个并不适合他们的系统。需要明确的是，拥有被动的受众并不能免除你构建真正符合用户需求和期望产品的责任。

### 激励冲突

在极端情况下，你的内部客户可能也是为你的团队提供资金支持的人。这可能导致他们更多地考虑如何利用你所占用的预算，而较少关注他们真正需要的平台产品，尤其是当你提供的产品是他们被迫使用且并不认可的产品时。客户团队可能会期望你根据他们的需求开发定制功能，或者要求派遣开发人员协助将你的平台整合到他们的系统中。

### 客户满意度是个动态目标

你构建的许多功能不仅让复杂问题变得简单，甚至完全消除了某些需求，但内部客户往往很快就会忘记你所做的改进。这种情况形成了一个循环：客户似乎永远不会感到满意，你刚解决一个瓶颈，他们立刻转向下一个问题。有时，只有当整个流程实现了端到端的全面优化，他们才会真正意识到你的努力。此外，随着新员工作为新客户加入公司，他们往往带着全新的期待和要求。如果现状未能达到这些新员工心目中的标准，那么无论今天的情况比一年前多么好，都显得微不足道。而且，大多数人并不了解维持这些系统正常运行的复杂性，在问题暴露之前，他们往往习以为常——在这种情况下，客户满意有时仅仅表现为一种漠不关心。

*客户即竞争者*

最后，内部客户有时会表现得像竞争对手。没错，你没看错。当你的客户是工程师，而你无法及时满足他们的需求时，他们可能会选择匆忙自行构建所需的解决方案，而不是与你协作完成工作。在与这样的客户群体合作时，你需要提前预见并满足他们的需求，同时让他们意识到，偶尔等待你的团队提供解决方案会比他们自行构建更为明智。这正是与工程师客户合作所面临的一大挑战。

## 5.1.2 与内部客户协作

因此，你需要应对的是一个棘手的内部客户群体——由你的同事组成，他们可能是你的朋友，也可能是你的对手。这带来了产品化方法必须克服的另一个挑战：现有的内部协作习惯。

如果你曾为内部用户（尤其是非技术用户）开发过软件，那么你一定熟悉这种关系互动模型。这种情况通常发生在团队需要快速交付软件以解决业务问题时。面对交付期限的协商压力，管理层往往不愿再就功能需求是否正确展开争论。因此，工程师最终会把精力集中在尽快完成客户明确要求的功能上，以此巩固团队与客户群体之间的关系，并确保利益相关者[注1]满意。若唯一的目标是取悦某个特定的客户群，那么开发他们未明确要求的功能似乎显得多此一举。更重要的是，当需要取悦的人越少时，你就越倾向于完全按照他们的要求执行，这样即使你开发的系统最终未能解决实际问题，也能避免承担责任。

你或许已经注意到，即使是在为非技术客户开发产品时，我们对这种模式也并不完全认可。而当这种模式应用于平台工程团队时，情况就更加糟糕了。如果在为其他工程团队开发时仅仅采用纯关系模式——也就是严格按照他们的要求来满足其需求——这很可能会导致双方都失败。事实上，许多工程团队并不完全清楚自己真正需要什么。即使你完全按照他们的要求实现了功能，他们最终也可能不会采用。而当他们不采用时，尽管这些需求是他们自己提出的，责任最终会归咎于谁？当然是你。他们可能会抱怨你实施速度不够快，未能优先处理正确的事项，或者表示他们的关注点已经转移到其他问题上，没有时间来采用这个新功能。

对其他工程团队这类客户而言，纯关系的方式几乎行不通。这是因为他们同样面临所有工程团队普遍存在的问题：无法预估事情所需时间，对未来真正关心的事情缺乏清晰认识，而且往往没有认真思考过问题本身。

此外，工程平台并非只是随着时间推移、按需积累的功能集合。它们需要服务于公司内部众多相似但不完全相同的用户。这些用户往往对一些可能与平台成功并无直接关联的

---

注1：这里所说的"利益相关者"主要指客户团队的管理层，通常是业务领导者。

事项抱有强烈偏好。而要打造一个广泛适用的平台，你需要学会跳脱具体用户需求的局限，寻找并解决那些具有普遍适用性的问题。

这正是为什么平台的产品管理不能仅仅停留在利益相关者管理的层面。以关系为基础的产品决策假设：只需遵循用户明确表达的偏好，就能让系统达到理想状态。然而，事实是，当系统的可用性至关重要时（这几乎是所有开发者平台的共同特点），成功的关键在于识别用户的实际偏好，即他们如何真正使用系统以及完成任务的方式，而非仅仅关注他们口头表达的需求或期望。你需要深入理解用户的实际操作行为，并据此制定计划，而不是完全依赖用户告诉你应该开发什么。

在与客户沟通需求时，你需要仔细考虑如何提问。几乎所有客户都会希望拥有最好、最快、最具扩展性的方案，因此如果你问"你是否需要一个近乎实时的系统？"，他们很可能会回答"是"。平台工程师有时会以此为依据开发一个过于复杂的初始解决方案，这往往会导致项目周期过长，甚至交付失败。相反，通过询问更具体的问题（例如"在使用这个系统时，你需要在多长时间内完成一项任务？"），你不仅能够准确把握客户成功的关键需求，还常常能找到一个既易于实现又能满足客户需求的技术方案。

### 利益相关者管理与产品管理

为什么内部产品管理不能等同于利益相关者管理呢？毕竟，利益相关者可能只是你的客户中的一部分——或许是最重要的客户，或者是客户团队的领导者。从这个角度来看，让客户满意应该也能让利益相关者满意，同样地，如果你的利益相关者满意了，你的客户也应该会满意，对吧？

事实上，我们发现，利益相关者管理与其说是关于决定开发方向，不如说是一场复杂的权衡交易：既要在利益间博弈，又要洞悉权力结构，还需全面防范风险。许多内部团队的经验表明，即便将利益相关者管理做到位，最终交付的产品和系统仍可能质量低劣。利益相关者可能模糊地意识到对交付结果不满意，却又在某个环节中不知不觉地签署了同意意见，从而在某种程度上成为问题的一部分，但他们自己却难以完全理解其中缘由。从极端情况下来看，利益相关者管理本质上是一种政治性操作，通过巧妙运作公司的权力结构来维护特定领导者的利益。

产品管理并不是为了取悦某位重要人物。产品管理的核心在于通过深入理解当前环境和未来需求，找出公司真正需要的东西，并塑造产品功能和服务，以可量化的方式有效满足这些需求。产品管理本质上充满风险，因为你需要在开发什么能够带来影响上进行尝试性押注。这也正是为什么识别和跟踪效果评估指标至关重要。这些指标不仅能帮助你向利益相关者解释为何进行这些尝试性押注，还能在即使投资未能达到预期效果时，让他们能够理解背后的决策逻辑。

利益相关者管理是一项重要工作，我们将在第10章探讨应对这一挑战的一些方法。

> 然而，若认为仅仅因为平台中存在大量需要管理的技术要素，且内部客户无法提供大规模的用户指标，就可以忽视以用户为中心的产品管理，仅专注于利益相关者管理和推动平台发展，这无疑是一种不负责任的假设。这两种管理实践既有存在的必要，也有存在的空间，我们认为，要成功运营一个团队，必须对二者均投入资源。

## 5.1.3 设身处地为客户着想

在第 4 章中，我们提到团队中的两大工程师群体往往有着不同的动机。软件工程师喜欢编写大量新代码，并经常热衷于追逐最新技术。而系统工程师则截然不同，他们通常更倾向于在操作的舒适区内对产品进行谨慎而细微的改动。要让这两个群体协作，共同打造出客户喜爱的平台产品，你必须让整个团队认识到：成功不仅仅依赖于采用最新最先进的技术，也不仅仅在于确保现有产品的高效运转。那么，该如何实现这一目标呢？关键在于以技术使用者为中心，而非技术本身，并培养一种客户同理心的文化。

客户同理心是一种可以通过培养和指导在团队中发展的能力，而这一切始于你的自身行为。你谈论什么、赞扬什么、在招聘时看重什么、奖励什么？随处可见强化这种思维模式的机会：

- 在评估候选人与团队的价值观契合度时，应通过面试重点考察其同理心（具体内容详见第 4 章）。
- 在设定季度或年度目标时，不应仅关注技术交付，还应重点关注以用户为中心的指标，包括采用率、用户满意度以及用户参与度等。
- 邀请用户参与你们的全体大会或团队会议，分享他们如何使用你的产品，提供关于他们所面临问题的真诚反馈，并对表现良好的方面表达赞赏。
- 要求产品经理定期向团队展示用户研究与反馈。
- 让工程师参与客户支持，以观察用户的常见痛点。

你应该通过目标设定强化客户同理心文化。没有被动使用平台用户群的平台团队可能会质疑将采用率作为目标的合理性，认为他们无法强制用户接受他们的产品；而拥有被动使用平台用户群的团队则可能会将采用率增长缓慢归咎于用户，声称是因为用户参与度不够或有其他更紧迫的事务。这两种反应都指向一个根本问题：你是否在开发用户真正需要的产品？你如何验证这一点？你如何尽可能简化用户采用你产品的过程？你是否充分了解潜在用户群的构成，是否对目标用户群的需求有着务实的认识？通过客户的视角衡量成功，能够帮助工程师突破纯技术思维的局限，重新聚焦于系统的用户体验、应用场景和目的。你可以从以下基本问题开始：

- 如果你的系统旨在提升用户的生产效率，你是否认真思考过，这项改动究竟能为用户节省多少时间？令人惊讶的是，有许多团队声称要提升生产效率，却往往忽略了对计划改进内容的实际测量！

- 你的客户每年需要花费多少时间来维持平台的正常使用（如应对升级、迁移等）？这个问题可以帮助你识别出未被关注的痛点和潜在的阻碍。
- 你的用户求助是主要涉及常见问题，还是更多与特殊情况相关？一个系统越易于使用，它的文档、自助服务和错误提示越完善，那么用户咨询就越可能集中在特殊情况上。

随着时间的推移，你可以通过客户满意度（Customer Satisfaction，CSAT）或净推荐值（Net Promoter Score，NPS）调查来追踪客户情感。这些调查如果实施得当，不仅能够提供客户使用产品的高层次趋势视图，还可以通过挖掘客户评论识别具体目标领域。

如前所述，你还可以通过在团队会议中突出展示的内容来培养团队的客户同理心。领导力在很大程度上依赖于重复，并通过这种重复向团队传递你的价值观。在团队会议中强调客户体验和反馈，有助于设定以客户为中心的期望。当团队成员因出色的客户服务而受到表扬，当他们听到用户对其开发产品的积极评价，或者当你特意分享最新产品使用率提升的好消息时，这些都在进一步强化团队的客户导向意识。

最后，当你面临系统可用性和可靠性的挑战时，没有什么比让团队参与客户支持轮班更能培养对内部用户的同理心了。通过观察客户在使用产品时遇到的困难，你会深刻认识到：那些对你而言显而易见的事情，对他人来说可能并非如此。同时，这也让你意识到，大多数客户通常不会主动查阅产品文档、错误日志或常见问题解答。因此，系统越是简单易用，客户越无须依赖这些资源，你的支持工作也会变得更加轻松。许多消费类创业公司都会安排所有员工参与一两轮客户支持工作，以更好地理解用户需求。我们认为，让工程师偶尔参与产品的支持工作，对于加深他们对产品的理解以及客户的实际使用体验而言，价值不可估量（更多相关内容请参见第6章）。

> ### 人人都与客户互动
>
> 关于建立产品文化的最后一点说明：当团队引入产品经理后，我们有时会发现工程师开始疏远与客户的关系。诚然，产品经理致力于充当用户的声音，与用户建立紧密联系，并确保工程团队开发的产品确实符合用户的需求。但这并不意味着他们可以或应该将工程合作伙伴排除在用户互动之外。在某些情况下，工程团队需要直接向客户展示工作成果，尤其是当技术实现细节对平台产品的交付时间至关重要时。当产品经理不是专家时，他们可以适当让位，同时也不应让工程合作伙伴将所有沟通工作都推给他们。产品文化意味着每个人都有责任与客户保持互动，以确保打造最优质的产品。如果仅仅因为雇用了产品经理就取消工程团队原有的客户互动，那么这将是一个退步，应该通过重新平衡与优化现有机制，确保每个人都能持续参与其中。

## 5.1.4 摆脱"功能商店陷阱",更全面地服务客户

应对内部客户的各种挑战最终会集中体现在我们所称的"功能商店陷阱"中。这种情况发生在平台团队沦为单纯为客户的功能需求进行筛选和处理的角色,而不是做出必要的取舍,以交付更具战略性的产品路线图。

让我们以云赋能平台为例。任何曾组建过云平台团队的人都清楚,要测试并启用新的云服务,需要大量的基础设施工程,尤其是在需要应对安全或合规要求时。一款简陋的早期版本云平台可能会让平台团队成为疏通每项新云服务关键环节上的关键角色。在初期,由于需求较低或用户基础有限,这种局面尚且可行。此外,作为协助其他团队成功上云的团队,工程师也会因此感到成就感,所以他们并不介意。

但是,当需求突然激增时(比如公司全面推进云迁移计划)会发生什么?平台团队不得不进入应急分流模式,优先实现最常被请求的云产品功能,以满足最大用户群体的需求。他们或许认为这种应急调整只是权宜之计,很快就能回到战略规划的正轨,但现实往往是:他们陷入了如同玩无尽拼图游戏般的需求实现困局,难以抽身。

为什么会出现这种情况?这是因为内部客户关系和各方利益相关者的权力政治开始主导平台产品的发展方向。全然忽视任何一个客户群体往往都不是明智之举,而且总会有一些客户群体出于各种原因而拥有超出它团队规模的影响力。因此,你会发现自己不得不为某个客户群体开发特殊服务,只因为他们的业务主管极为重要,而且他们要求立即提供服务。你一旦这么做,其他人就会开始质疑为什么你不优先考虑他们的特殊要求。为此,你试图通过建立一个公平分配算法来安排工作优先级:可能是让各个主要客户群体的负责人选择他们的优先事项,可能是按照各团队对你们预算的出资比例来决定,或者设计其他分配方案。结果就是,你的产品管理时间全部耗费在挑选和论证每项工作的优先级上,根本无暇思考如何走出这个怪圈。

这种挑战并非云赋能平台所独有,通常有两个常见错误会导致这一误区。第一个错误是在平台架构尚未准备好承载更多需求之前,就急于扩展产品采用规模。第二个错误是认为,既然客户提出了明确的需求,最佳的应对方式就是完全满足这些需求。

这些错误相互作用并不断累积。当你拥有一个用户既需要又渴望的平台,但该平台尚未支持自助服务和应用程序定制时,客户会提出具体需求,以解决他们应用程序中的障碍。这些需求单独来看似乎微不足道,但随着时间推移,它们不仅增加了平台的复杂性,还加深了对当前架构的依赖。客户逐渐习惯于提出需求并等待平台团队解决,而由于平台已经获得了足够的用户采用率,想要放缓处理这些具体需求以提升平台的自助服务能力,变得愈加难以实现。

优质的平台应当提供一个稳定的基础支撑,使客户能够在上面自由构建。理想的模式是

客户负责搭建专属于自己应用程序的组件，而平台团队则专注于开发通用的核心组件。为实现这一目标，你需要深入分析功能需求所代表的模式。如何推动平台的演进，使客户能够自主解锁功能类别，而无须被动等待团队的开发？因此，与其逐一响应每位客户的具体需求，不妨优先考虑这类更具战略性的工作。

你不需要成为产品经理才能做到这一点，做个偷懒的工程师就行（*https://oreil.ly/4mPH5*）。你真的愿意为每位客户重复实现相同功能的不同版本吗？如果你是这个平台的用户，你会希望每次都得等平台团队开发完特定功能后才能继续工作吗？显然不会，对吧？那么，如何设计你的平台服务，让其他人可以插入自己的代码，从而使平台在支持他们的同时，不必完全代劳呢？

在推出新的平台产品之前，你需要思考：随着平台被成功采用，客户需求的变化趋势将会如何？这些需求可能在哪些方面为平台团队带来大量一次性工作？你需要明确平台应该支持用户自主构建哪些内容，又需要为所有用户提供哪些通用服务。这些任务可能包括工程层面的工作，例如底层软件的版本升级；也可能涉及产品功能，例如通知系统、计费功能、数据指标或用户管理等。一个优秀的平台应当承担并解决许多客户的共性任务，而非为少数客户提供定制化的实现。如果你在收到的新功能请求中无法找到共通点，不妨反思：是否因为平台还未赋能用户自行解决某类问题？你的目标应该是：让大多数新功能请求能够带来同时帮助当前用户和未来用户的解决方案，同时尽量减少需要协商的个性化需求。

## 5.2 产品发现与市场分析

我们已经讨论过为什么与企业内部客户合作会具有挑战性，以及如何培养一种企业文化，让团队学会换位思考，关注客户的实际需求，而不仅仅满足于表面需求。

那么，如何实际决定开发重点呢？又该如何找到需要开发的平台产品？从高层次上看，有些产品方向可能是显而易见的（比如构建、测试和部署工具；计算与存储的编排系统；完全嵌入式的可监控性与监控工具；以及对公司早期开发并广泛应用的平台产品的优化升级），但你仍需要在这些广泛的领域中进一步明确具体的开发重点。秉持产品思维，你的核心目标是识别用户的实际需求与渴望，并找出能够为用户带来最大价值的开发机会。

在本节中，我们将探讨如何明确产品、尽力估算工作可能带来的影响，以及如何制定衡量指标以评估是否取得了可量化的成效。

### 5.2.1 识别潜在的平台产品

有几种行之有效的方法可以识别平台产品开发的新领域。这些领域通常源自与内部团队的合作，而非平台工程团队自身的孵化。平台工程团队通常并非创新的前沿力量，而是扮演着开拓者与产业规划者（Town Planner）的角色（*https://oreil.ly/Q2qa2*），他们善于将其他小团队已经成功探索的理念转化为具有广泛实用价值的解决方案（我们将在第 8 章详细探讨这些角色）。你应该倡导这样一种文化：专注于寻找最能满足客户需求的产品创意，而不必过于在意创意的来源。

## 吸收与拓展

你没有庞大的客户基础来测试产品，那么该如何找到一个成功的平台产品呢？如果某个团队为自身需求开发的系统看起来符合在公司范围内推广的总体概念，那么不要羞于接手这个系统。许多平台团队不愿意这么做，因为他们担心需要继承他人的决策并承担相应的后果。然而，他们往往忽略了一点：当你接手一个由其他团队开发的产品时，其实已经拥有了一批相对满意的用户基础！无论好坏，总有人发现并展示了一个问题，并且成功解决了它。如果你不认为这个问题值得用系统化的方式来解决，你又怎么会考虑接手它呢？

这正是 Camille 在很久以前构建全球服务发现解决方案时的做法。当时，另一个团队首先识别出这个问题，并使用 ZooKeeper 开发了他们定制化的版本。这一解决方案虽然能够满足他们自身的需求，但无法解决公司在全局扩展过程中的普遍需求。因此，Camille 接手了这个项目的理念，并将它转化为真正的平台级基础设施，使它不再局限于单个团队，而是能够服务于整个企业。在这一过程中，她需要做出许多产品决策，但问题的价值和可行性已经得到了前期验证。从一个局部优化的解决方案出发，将它转变为可以被多种应用程序广泛使用的平台级工具，这一过程充满了趣味和挑战。

## 寻找原型设计合作伙伴

识别有前景的新机会的另一种方式是与其他团队建立合作关系，甚至可以派驻人员到该团队中，以更深入地理解问题。建立同理心与协作文化的好处在于，合作团队往往会主动来询问你是否计划开发某些解决方案来应对他们的各种问题。当你发现他们的需求代表了一个可能演变为通用模式的具体案例时，应当利用这一请求深入了解！让平台工程师开发一个应用程序，内嵌平台概念原型，并基于该项目的经验教训提炼出更通用的系统，是一种高效的方式，可以快速将想法迭代为可用的解决方案。毕竟，在平台工程中应用产品管理技术最具挑战的部分就是探索易用性。想知道用户将如何围绕这个解决方案编写代码？那么，亲自围绕该解决方案编写代码，是了解这一点的绝佳方式。

在这一模式中，需要特别注意避免平台工程团队演变为解决方案工程团队，仅仅专注于为合作伙伴定制开发，却无法将这些成果转化为广泛适用的产品。应仔细评估当前的合作项目是否具有产品化的潜力（通常表现为一个既具备运维特性又包含新功能的系统），而不仅仅是一个模板、设计模式或基础设施自动化工具。

> **增量交付和概念验证**
>
> 一种发现有意义的产品的方法是将大型项目拆解为多个实验性的小型组件，这样你可以逐步交付并且从中学习。当你与团队合作开发原型时，这正是采用渐进式方法探索潜在新平台的一个典型例子。与其一开始就承诺整个平台开发，不如先构建一个原型，将它作为概念验证（Proof of Concept，POC）。只有当这个概念验证证明自己的价值后，才会考虑将它扩展至其他领域。
>
> 将平台项目拆分为增量部分，无论是通过概念验证以探索产品，还是规划重大架构重新设计以确保在整个开发过程中持续带来逐步增加的业务价值（参见第 8 章），都是平台团队提升自己产品和商业思维的关键方法。

### 寻找具有现实可行路径的产品

在平台团队中，大量与产品相关的工作集中在研究如何将开源产品或新一代技术方案有效地引入公司实践中。以 Kubernetes 为例，在企业内部部署 Kubernetes 时，产品层面的挑战主要体现在如何将它无缝整合到现有生态系统中，从而让员工能够自然接受并采用，而不会引发过多阻力。举例来说，如果你的公司已经创立多年，那么可能仍在使用一套传统的私有云解决方案。大家已经习惯了在虚拟机（VM）环境中运行应用，但经过分析后，你发现采用 Kubernetes 不仅能够带来运维效率的提升，还能推动公司在 CI/CD 实践上的现代化转型。因此，你开始着手构建 Kubernetes 平台。

这听起来不错，但产品管理的工作远不只是告诉大家你现在有了 Kubernetes，并要求他们使用它。相反，这项工作在于识别不同类型的客户，并找出能够让他们轻松迁移的方法。你需要思考如何通过适当的激励机制，鼓励人们完成他们并不感兴趣的工作。或许这些激励是提升计算或存储资源的使用效率，或许是通过新产品提供更高的 SLO，又或许是让产品更快或更安全。但这些优势不会自动实现——你需要精心选择向客户重点展示的功能，帮助他们理解产品及它的优势，并确保兑现所有承诺。如果你难以找到能够吸引客户采用该产品的显著优势，那么你的公司可能并不存在对这个产品的真实需求。

尽管拥有被动受众，平台团队却常因开发出某种程度上未能被采纳的半成品而臭名昭著。如果你的平台组织同时运行着三代用于解决同一问题的解决方案，却没有清晰的淘汰方案，而用户对此感到困惑且不满意，那么你正面临一场严重的产品危机。在评估新产品创意时，务必要务实地考量推动用户采用的成本，迁移策略必须成为产品规划的核心内容（这一点将在第 9 章详细讨论）。

### 既然你不是谷歌，就不要在非必要时自行开发系统

请记住，你并不是谷歌。无论你的平台团队是 7 人还是 100 人，都需要慎重选择要构建的内容。平台团队，无论规模大小，都可能陷入试图复制大公司多年积累的系统的困

境。即使这些大公司将解决方案开源，这些方案也往往隐含了对周边生态系统支持能力的假设，以及对使用这些产品的工程师文化背景和实际需求的特定理解。仅仅因为"谷歌在用这个方案"就效仿并做出决策，并不是良好的产品管理实践。

在实施技术解决方案之前，应首先明确理解问题，并全面审视现有的生态系统和文化。例如，如果你发现数据量已失控，可能需要通过更优的存储解决方案来应对，或者通过识别出主要的数据生产者，并询问他们所存储的数据是否真正具有价值。你常会发现这些数据可能毫无价值，或者开发人员可以调整工作流程，又或者通过适当的查询性能优化，应用程序便能够在普通的关系数据库管理系统（Relational Database Management System，RDBMS）中顺畅运行。在用尽所有替代方案之前，不要急于构建新系统。

优秀的平台团队能够清晰讲述他们的平台建设历程——已经完成了什么、正在进行什么，以及这些产品为何能显著提升整个工程团队的效能。他们与合作伙伴保持深度协作，通过提供专注的产品服务推动平台演进，不仅满足当前需求，还能预判公司未来的发展方向。作为技术实力过硬的工程师，他们以高标准按需构建所需功能而备受赞誉，正是因为避免过度设计，他们能够合理分配时间，将每项工作做到极致。

无论你是平台工程师、工程经理还是产品经理，都需要始终牢记：关注客户需求，并对平台服务的设计和提供采取战略性思考至关重要。如果缺乏清晰的策略来展现平台的实际影响力和价值，团队最终将面临被忽视和人员短缺的局面，即使采用再先进的技术也无法解决这一根本问题。

## 5.2.2 改进现有产品/服务：是边缘优化还是重新思考问题

"如果我问人们想要什么，他们或许会回答：跑得更快的马。"

——亨利·福特（可能是）

为了对平台做出明智的产品决策，你需要深入理解所处的问题空间。如果你的平台纲领是聚焦于提升开发者体验，那么你可能会认为任何能够提升开发效率的解决方案都是显然值得投资的方向。这种思路可能使你倾向于选择那些通过性能优化、更好的用户体验或更简洁的集成方式来改进现有流程的项目。然而，若过于专注于修补边缘问题，你可能会错失那些需要跳出框架、彻底重新思考问题本质的关键机会。

框架和工具向平台的转型本质上是一种重新思考的过程，但一些平台团队尚未完全接受这一改变。如果你的思维仍然过于倾向于提供代码片段来简化客户的工作流程，那么你可能会落入"过度优化"的陷阱。的确，提供一个带有身份验证和指标收集插件的 Web 框架是非常实用的，许多平台团队也在这样做。然而，既然可以将这些功能集成到框架中，为什么不进一步通过边车的方式来提供更优的服务呢？这样不仅能够实现原有功能，还可以同时完成流量调控和管理。

在某些情况下，边缘优化是正确的平台策略。特别是，当你的平台需要协调多个团队或个人的活动（例如开发者体验平台）时，产品设计的重点自然会放在打磨棱角上，使用户能够轻松直观地了解代码活动在工作流中的位置和状态。呈现构建、测试、扫描、代码审查、工单和部署活动的状态，意味着你需要将多个不同的系统整合进一个平滑的工作流中。然而，由于这些工作涉及人工检查、协作和审批等环节，你的平台可能无法完全接管开发人员的所有这些工作。

不过，我们建议你在制定产品策略时，从重新思考问题开始。与其单纯地让某个任务变得更简单，不如先问问用户是否真的需要知晓这件事——无论这件"事情"具体是什么。你的解决方案是否能够彻底免除用户对这项任务的思考，而不仅仅是让他们更轻松地完成任务？

让用户无须思考某项任务，通常意味着你需要投入大量精力来替他们思考、为他们代劳，并为该服务提供一个极其稳健的抽象模型。许多团队无法交付真正的平台，因为他们不愿意承担运维和支持一个高频使用、关键性服务的责任。将一些有用的代码以框架或工具的形式打包，确实能够改善用户体验，而且比构建一个管理特定任务全生命周期的完整平台要简单得多。但这未能展现平台的全部潜力——这种潜力只有通过全面负责运维管理才能实现。同时，为一个仅提供部分解决方案的团队投入大量人力资源，也难以证明合理性。

那么，如何判断你是处于重新思考问题的空间，还是处于抚平棱角的空间呢？以下是一些判断依据：

*你是在优化一个涉及多人协作的人机协同过程吗？请优化各个边缘环节，确保整体流程更加顺畅。*

> 正如我们在开发者使用体验的例子中所见，某些任务始终离不开人的参与。平台的优劣在很大程度上取决于你能多大程度地简化这些人的工作流程——通过减少频繁的上下文切换，帮助他们专注于当前任务，并注重优化他们的使用体验，这些因素都至关重要。

*你是否正在支持机器流程和数据？重新思考问题。*

> 另外，当你所支持的是系统的运行，或是数据的存储、检索与分析时，你需要重新审视当前问题。几乎每当你编写操作手册、模式或通用脚本时，都应思考是否可以选择更优的方式，例如运行一个平台来管理这些组件，从而避免每个团队都需要自己去执行相同的操作手册。

*人类是否必须参与决策环节？是否可以移除人工操作？重新思考问题。*

> 不要轻易假设需要人为参与。升级是一个典型例子，许多工程师认为正确的做法是提供更好的工具，而不是彻底解决问题。那么，如何让底层依赖的升级不再成为用

户的问题呢？

首先，让我们关注耦合关系。你能否通过改进抽象来降低用户软件与平台之间的耦合程度？就像我们之前提到的边车的示例那样，你可以将认证逻辑从用户的应用程序中分离出来，转化为一个可独立部署的模块。这样一来，你就可以无须用户直接参与，自主管理认证系统的升级和变更。

*你是否正在构建一项产品或服务，将多个本身具有平台特性的相关活动整合在一起？那么请务必抹平边界，确保各部分之间的无缝衔接。*

在构建多元平台（即集成多项核心功能的多功能平台）时，需要进行大量的边缘优化工作。Heroku 是一个典型的组合型平台案例，它不仅能够管理运行进程所需的计算资源，还能处理数据存储的数据库服务。Heroku 的成功在于通过出色的用户体验屏蔽了底层的复杂性，从而为用户提供了极大的便利与高效性。

## 5.2.3 市场调研：验证新投资

你是否经常看到平台团队在从事一些似乎只是工程师心血来潮的产物？这些工程师认为他们正在开发具有战略意义的事物（可能是基于他们从其他公司听来的信息、供应商的推销、他们在其他工作中的经历，或者仅仅是个人观察），但在外人看来，他们似乎只是为了自己的兴趣而在做这些项目。这些项目偶尔会取得成功，但更多时候，它们难以找到能够促使产品被采用的用户需求。

我们已经认识到，仅仅因为产品面向内部客户，并不意味着可以忽视对市场的深入理解，尤其是在推出全新产品时。你需要评估这项工作在当前时机是否对公司有意义；你需要明确目标客户群（以及哪些客户可以忽略）；你还需要将对背景的理解与目标客户群相结合，以验证当前时机进行此项投资的潜力。分析目标市场是制定战略性优先级决策的关键所在。

**产品与市场的契合度因具体背景而异**

平台团队想要构建的许多新理念往往源自更广泛的技术潮流。然而，开发者和公司常常在博客文章和会议演讲中炒作他们的解决方案，却未能提供问题的完整背景，也没有如实反映内部采用的真实情况。一个在理论上或会议中看似可行的解决方案，往往会避而不谈团队为实现它所经历的种种痛点，有时这些所谓的解决方案实际上是内部失败的案例。许多想法表面上看起来很酷，在特定场景下可能确实效果显著，但作为通用解决方案却并不理想。

公司规模越大，解决方案往往越依赖于缺乏文档记录的内部背景。例如，谷歌拥有出色的内部开发者工具，并已将其中一些开源，包括构建系统 Blaze（以 Bazel 的名称开源）。

然而，真正让谷歌的内部开发体验脱颖而出的，不仅仅是 Blaze 本身，而是围绕 Blaze 逐步演化而来的完整工具链和流程体系。这些工具和流程填补了许多空白，而当你尝试单独使用 Bazel 而不借助其余生态系统时，就会深刻体会到其中的不足。

单体仓库（Monorepo）是一个典型的高度依赖上下文的解决方案。当需要在编译时将大量代码链接在一起时，单体仓库便显得不可或缺，这也是谷歌等公司大力投资单体仓库的原因之一（因为这些公司拥有大量的 C++ 代码）。然而，要实现单体仓库的规模化，扩展复杂性极高。虽然单体仓库提供了近乎完全的代码可见性，并且能够轻松地跨代码库进行修改，这对于编译时库的调整来说确实非常理想，但在服务化开发中，这种特性可能会导致有害的代码耦合。在充分理解这些背景后，你可能会发现，谷歌的解决方案未必适合你的内部平台。

此外，我们还需要注意的一个重要背景是组织中的人性与文化因素。如果问题的解决不仅仅依赖于技术变革，还需要改变公司文化、流程或人员的行为与态度，那么即便你开发出一个在技术层面非常出色的解决方案，也可能无法得到实际应用。举例来说，如果一个公司无法或不愿在团队之间开放共享代码，那么单体仓库所带来的代码可见性优势就难以真正发挥作用。

因此，在考虑你的解决方案适应市场时，首要需要思考的问题是：

- 你的解决方案背景是否与技术栈相匹配？如果你有大量因库问题出错的 C++ 代码，那么使用单一代码库可能会非常有帮助。但如果你是一家以 Java 为主的微服务公司，与其尝试将所有东西塞进一个逻辑代码库，不如专注于解决跨仓库的代码搜索问题，这可能会为你带来更大的价值。
- 这项技术解决方案是否需要相应的文化或流程变革？公司是否愿意接受这样的调整？

### 你的目标受众是谁

在评估提议的解决方案是否适合当前环境后，你需要明确这项工作的受益对象。你希望这一新的解决方案能够填补市场空白或解决特定问题，因此需要通过与潜在客户沟通来验证对该解决方案的需求，了解他们的真实想法。为确保这项投资能够惠及关键客户细分市场，你首先需要明确目标客户是谁，然后收集他们对这个想法的意见反馈。以下是几个需要重点考虑的问题：

- 哪些类型的工程师或团队会使用这项服务？建议你为新产品构建用户画像（persona）（https://oreil.ly/351dh），这将有助于你明确目标用户。
- 这些潜在客户中有多少会对这样的服务感兴趣？你可能认为云托管搜索服务是一个很好的平台型产品，但当你实际与客户沟通时，可能会发现，那些确实需要搜索功能的少数客户早已拥有自己的定制系统，根本不需要你提供的托管选项。

- 是否有人愿意成为早期测试版本的测试者？在构思那些可能开启未来商业机遇的解决方案时，你应当能够找到愿意支持并推动这一创新项目的早期采用者。

虽然本节主要聚焦于新产品，但在为现有产品规划新功能优先级时，同样需要考虑市场扩展策略。回顾第 2 章的内容，你的策略可能是投资于"铁路"解决方案，以进一步提升某一特定客户群体的生产力；或者，你也可能选择通过改进安全性、性能或可用性，让"铺就的路径"平台能够满足新的客户群体需求。最重要的是，要有意识地规划客户群体的增长路径，避免陷入单纯堆砌功能的模式。

### 立即采用的意愿如何

这项市场分析不仅要探讨谁可能受益，还要分析他们何时受益。投入六个月时间打造一个用户立即需要的产品是一回事，但如果大多数目标用户在可预见的未来都没有采用的意愿，那么为什么现在还要投入？

确定用户需要多长时间才能体验到好处：

- 客户采用这项解决方案的上手成本是多少？是否易于学习并融入他们的工作流程？
- 他们是否需要迁移系统才能利用它？如果需要，这一解决方案是否足够吸引人，以至于他们愿意投入迁移工作来采用它？
- 如果这项产品或服务仅适用于新应用程序，今年计划开发的新应用程序有多少？相比开发新功能或新内容，你的客户在优化或改进现有应用程序上投入了多少时间？

所有这些因素都可能导致采用进展的缓慢，这往往会让那些仅关注他们所提供平台潜在优势的平台工程师感到意外。务必确保你所交付的产品能够带来足够的直接好处，以促使用户愿意投入精力去采用它——这也是值得投资于简化的产品上手流程的原因之一。

最后，在展示潜在产品和解读客户反馈时，应保持务实态度。当产品还停留在概念阶段时，许多人会对锦上添花的功能表示赞同。然而，当这些功能需要他们实际投入预算或花费自己的时间时，他们可能就不太愿意实际购买了。预算和时间也有周期性。当其他团队需要从自身预算中为你的计划提供资金时，若遇到经济困难，他们对新的探索性工作失去兴趣也并不意外。即使有团队承诺迁移到你的新平台，而到了真正需要迁移的时候，他们可能会因为忙于处理更为重要的工作而推迟迁移。这些因素都可能让你的产品推广步履维艰，甚至最终失败。

你的市场分析可以概括为以下几项任务：

- 验证你的潜在用户群。

- 量化用户的潜在收益。
- 向潜在用户说明采用成本。
- 预估用户迁移的速度和开始获益的时间。
- 评估用户意愿。
- 考虑当前的预算环境。

如果你正在寻找下一个大热门，那么拥有大量重要用户应当能带来显而易见的优势。当你感到疑惑时，不妨重新审视产品提供，看看是否能够让产品变得更具吸引力、更易使用，或降低构建成本。

> **产品营销**
>
> 在大型企业中，你将面临的一个主要挑战是如何提高新平台产品及产品功能的认知度。即便是优秀的产品，在大公司中也可能难以推广，因为潜在用户往往对你的产品一无所知。这种情况可能导致客户自行开发解决方案或依赖第三方供应商，而不是使用企业内部的产品，从而削弱平台团队的价值。
>
> 为应对此情况，你可能需要考虑新产品和现有产品的营销策略。以下是一些良好的实践：
>
> - 创建一个内部平台页面，以简洁直观的方式清晰展示平台的功能与服务。
> - 通过邮件列表和聊天室发布新功能。
> - 为客户组织举办巡回路演，展示你的新产品及即将推出的产品。
> - 培育客户开发者社区，为其提供新产品和功能的抢先体验，使其能够在团队中热情传播这些产品和服务。
>
> 公司规模越大，这项工作的难度就越高，你就越需要将这部分工作系统化。这可能包括聘请专业的开发者倡导者，并投入具有战略意义的产品管理时间来设计并实施营销活动。

## 5.2.4 产品度量指标

从全局视角审视，你需要了解平台的成本与收益、产品与客户需求的契合度，以及用户对你所提供服务的整体感受。这些都可以转化为以下具体指标：

- 平台施加的迁移开销时间是多少？（使用平台所需的代价）
- 你的平台能为用户节省多少时间或金钱？（采用平台的好处）
- 在潜在用户群体中，有多少比例主动采用了这个平台？（用户需求情况）

- 平台的 CSAT（客户满意度）得分是多少？（客户对平台的评价）

你可能已经注意到，这里提到的"效益"指标相当模糊。理想情况下，我们希望能够通过平台为企业带来的收入来衡量效益，但要将平台的间接影响与具体业务成果直接关联并非易事。虽然自愿采用能帮助我们判断新产品是否满足了客户的紧迫需求，但无法说明对现有广泛使用产品的改进是否真正产生了效果。

那么，我们该如何找到更具体的指标，以衡量我们是否正在有效地推动产品成果并创造可量化的效益呢？为此，我们采访了高级平台产品经理 Leif Walsh，请他分享如何通过影响指标来展示产品功能是否实现它的目标。以下内容来自 Leif 的阐述。

> ## 平台视角
> 
> ### 为什么需要度量指标
> 
> 无论是管理层要求你制作指标，还是你需要团队为你准备这些指标，最关键的问题始终是：为什么？为什么需要这些指标？具体是什么情况需要这些指标？
> 
> 当试图寻找原因时，你会发现一些常见的答案。在这个过程中，需要有意识地选择适用于当前情况的案例，并明确这些指标的目标受众是谁。这些指标可能包括：
> 
> 影响指标
> 　　这些指标有助于向管理层清晰阐明团队和项目的成效。同时，它们还能设定专注的目标，并激励工程师去创造具有重要意义的事物——这是工程师所深深热爱的工作。
> 
> 防护指标
> 　　这些指标能够帮助你避免过于片面地关注某一影响指标的倾向。在 DORA 框架（https://oreil.ly/PabHt）中，当你致力于提升部署频率时，维持较低的变更失败率可以为你提供指导性防护保障，同样地，当你专注于保持低变更失败率时，提高部署频率也有助于更快识别潜在问题，提高系统的整体可靠性和效率。
> 
> 产品健康指标以及传统消费者风格指标（包括用户获取、转化、留存等）
> 　　这些工具可以帮助你发现最大的机遇、检测存在崩溃风险的产品、优先排序项目，并分配资源。
> 
> 我们不会花太多时间讨论防护性指标和健康指标。虽然这些指标需要牢记并加以衡量，但最有价值且最具挑战性的，依然是第一类指标——影响指标。
> 
> ### 影响指标：指导战略
> 
> 影响指标通常是最受关注的指标类型，同时也是战略决策中的关键组成部分。每项

战略都需要建立在一个影响假设的基础上,即对因果关系的一种假设。例如,如果提升存储性能吞吐量,数据科学团队将能够开展更多实验,从而优化产品推荐效果,使用户参与度更高,这样便可投放更多广告,最终带来更高的收入。因此,你应该优先考虑那些能够提升存储性能和吞吐量的项目。

设想构建一个因果图,图中的节点包含各种可测量的输入,如存储容量或实验吞吐量,输出则与其他节点相连。每个节点对输入的敏感性各不相同:例如,可执行的实验数量可能会随着吞吐量的提升按某一速率增长,直到因其他因素影响而出现收益递减。在这张图的末端节点,应对应某个对企业至关重要的 KPI(关键绩效指标),例如营收。

你需要在这张图的关键节点处收集影响指标。以之前的例子为例,除了测量存储层的汇总吞吐量外,还需要统计实验的运行次数,以及每个实验的具体吞吐量和总体运行时间。此外,还可能涉及其他类型的指标,例如,当存在门槛因素或对你的影响理论产生负面作用时,相应的防护措施就会显现出来。

通过各项指标,你可以验证自己的影响理论是否合理,并在发现问题时进行调整。举例来说,当你提升了存储吞吐量,却发现数据科学家并没有开展更多实验时,你就需要思考这样的问题:究竟是存储吞吐量并非实验性能的瓶颈,还是数据科学家已经耗尽了他们能够尝试的变体数量?为了完善理论并相应调整策略,你可能需要进一步剖析这一因果链条,或者对路径上的其他环节进行测量。

## 收集什么

对你的战略真正有意义的指标,是那些能够反映平台用户特征的指标:他们的需求、行为以及使用平台所带来的结果。在最高层面,你将需要探讨以下问题:

- 你的用户正在做什么?(理想情况下,他们认为自己正在尝试做什么?)
- 平台在完成这些任务时的表现如何?是否高效、响应迅速?结果是否准确?
- 你的产品是否需要变得更快、更便宜或更容易使用?
- 你是否发现存在未满足的产品或系统集成解决方案需求,而这是你需要提供的?

要回答这些问题,至少需要了解人们在做什么、他们是谁、系统如何响应,以及对他们的结果是什么。

为了回答这些问题而选择合适的度量指标,需要经过一个持续优化的过程,我们稍后会涉及。不过,有一些基本原则适用于几乎所有情况:

- 从用户工作流程和目标出发,衡量你的系统所执行的操作。请求率可以用于运维告警，但如果单个用户交互会触发数百或数千个独立请求，则应将该交互视为一个完整事件来衡量，并关注整体延迟。

- 捕捉特定时间点的属性数据，例如团队成员关系或归属关系。由于人员会随着时间更换团队，因此需要避免将去年用户的活动错误归属到他们当前所在的团队，这种错误可能会破坏后续的群组分析结果。

- 在大多数情况下，使用一个非规范化表格，每个以用户为中心的事件占用一行的方式效果很好。

- 不要局限于系统的边界。确保可以追踪用户的行为和成果；当用户进入其他系统时，确保这些系统能够捕获相关数据，确保这些数据可信，并且你知道如何将其与自身数据连接起来。在影响力理论的框架下，最有说服力的指标化论据通常来自平台用户的成功案例，而这些成功往往需要跨越多个系统才能达成成果。

- 借助调查问卷和用户访谈，可以确保衡量的内容真正重要（本书后续章节将详细讨论调查内容）。

## 从团队获取指标数据

当你要求团队提供度量指标时，平台工程师通常优先考虑吞吐量、延迟和错误率——他们可能已经在某处对这些指标进行监控，以便发现和诊断问题。确实，这些指标对任何软件系统来说都是必不可少的，但用于产品战略决策的指标通常需要更高层次的考量。例如，最大的用户群体是谁？哪个工作流程最耗时？但显而易见的是，仅依靠吞吐量和延迟这些指标，无法支撑有效的战略决策。

做好指标工作，本质上是要在合适的抽象层次上提出正确的问题，并找出能够回答这些问题的指标。

通常，你或你的团队会首先通过头脑风暴列出希望了解的量化内容清单。接下来几乎总是需要提出两个关键问题："这些内容为什么重要？"或者"我们究竟希望通过这些内容回答什么问题？"这样的思考方式能够提升抽象层次，使讨论聚焦于那些真正影响战略或业务 KPI 的问题，并揭示这些量化内容是否能够解答关键问题，或者是否需要额外的信息来支持决策。以下列出了一些初始问题以及可能更有价值的高层次对应问题：

- 在合并代码之前，编译代码变更与运行测试相比，分别需要多少时间？是否应投资于优化编译速度或测试性能，以提升开发效率？

- 各个存储桶的读取频率如何？是否存在从未读取过的数据？如果有，是否可以要求相关团队停止存储这些数据，以降低成本？另外，是否存在一些系统可以从缓存中受益？

平台即产品 | 103

要让团队能够有效地收集和跟踪这些指标，需要经过一些迭代。一个好的起点是尝试以某种方式汇总运营指标。随着实践的成熟，你应逐步过渡到直接收集产品指标的阶段——这样获得的指标将更准确、更可靠。

团队应从他们感到得心应手的领域着手，先收集那些容易获取的数据，但这些数据往往不足以帮助团队做出最佳的产品决策。通过追问诸如"为什么会这样？"这样的问题，他们可以逐步找到更有价值的指标。如果团队能够有专门配备的数据分析师协作，那么他们通常能够通过提出恰当的问题，获取更加有用的指标。而有时，你可能需要亲自承担这一角色。

### 指标使用不当

当你要求获取指标数据时，有些人可能会因为担心数据被误用以支持错误的结论而不愿提供。这种担忧通常是出于好意，而且确实不无道理，但你仍然需要收集这些数据。尽管误用难以完全避免，但指标数据所带来的有价值的洞见和决策远远超过这些代价。

要克服这个障碍，一个有效的方法是将初始阶段的指标收集视为一个原型，并在实践中不断完善——毕竟，在没有先收集错误指标、分析原因并进行调整的情况下，直接收集到正确的指标几乎是不可能的。良好的文档记录也有助于防止意外的误解。你应鼓励团队详细记录他们的模式和数据生成流程，并确保这些文档始终保持最新。

### 不要等待完美

关于指标，还有更多需要关注的内容。你需要将收集到的指标保存下来（建议使用易于通过 SQL 查询的工具），并记录这些指标以便未来解读（特别是在有人希望用它们来支持下一次晋升时）。不过，最重要的是，需要开始思考产品变更的具体影响，以及可以测量哪些数据来确保你正朝着正确的方向前进。不要因追求完美而止步不前，即使是最基础的指标，也能显著推动良好的产品成果！

## 5.3 成功的产品执行：制定产品路线图

建立强大的以客户为核心的产品文化并深刻理解产品发现固然重要，但关键在于如何切实将这些理念付诸实践。现在是时候将这些想法纳入产品路线图了。然而，说起来容易做起来难，当你首次尝试实现产品变革时，通常会发现自己陷入一个看上去这样的困境：

> 你有一个计算平台团队。其中一些人负责基础操作系统、容器与虚拟机映像，一些人负责配置管理，一些人负责遗留的 OpenStack 虚拟机环境，一些人负责计算资源编排（Kubernetes），还有一些人负责云相关内容的 Terraform 管理。呼！这些领域

各自运作得还不错，团队间的双向协作也算顺畅。然而，缺乏一个统领全局的架构理念来阐明这些组件如何协同工作，以构建一个完整且高度集成的开发者环境。结果是，每个团队主要都在各自的信息孤岛中开发，导致整体体验依然显得割裂且令人困惑。

当你发现自己处于这种情况时，团队需要退一步，从整体视角重新审视。你们希望将这一切引向何方？长期愿景是什么？这些产品体系应如何协同运作？开发人员应关注哪些，哪些应由平台自动处理？一旦你对这些问题有了清晰的认识，就可以开始制定产品路线图了。这份路线图不仅要展现未来愿景，还需包含一份策略性整合的计划，指引如何将各个组件有机结合，达成最终目标。

在产品路线图制定过程中，我们致力于将愿景转化为现实成果。结合客户的短期与长期需求、工程可行性以及成本分析，你可以确定需要优先解决的事项及这些事项的大致顺序。这将形成一个粗略计划，你可以据此设定关键的交付里程碑，并在适当的节点暂停并重新评估下一步的计划。通过影响指标的支持，你能够明确判断所开展的工作是否达成预期效果。

本节余下部分将对这一过程进行说明。

## 5.3.1 愿景：长期

愿景旨在勾勒出更好的未来平台应具备的核心特征。尽管这个愿景可能永远无法完全实现，但它是一个激励人心的起点，并且能够统一规划工作的方向。就你的计算平台而言，愿景可能是让开发人员能够在两小时内部署所需的环境，无论是在本地环境、云端，还是在隔离区（Demilitarized Zone，DMZ）[2] 中。

## 5.3.2 战略：中期

在制定战略时，你需要先弄清楚是什么阻碍了你实现愿景[3]。幸运的是，当你将这个问题抛给工程团队时，他们会迅速识别出需要解决的一些技术挑战。在工程团队着手研究应对这些挑战的方案时，产品管理团队可以开始识别从用户视角出发需要实现的内容。这包括了解用户当前的痛点、他们希望以何种方式与平台交互（UI？API？命令行？），以及他们的交互频率（他们究竟多久进行一次资源配置？）。产品管理团队还需确保了解系统的真实用户群体——你可能认为目标用户是一小部分专业人士，而实际上可能是所有开发人员，反之亦然。通过这些工作，最终应当导向产品的高层次需求。

---

注 2：隔离区是一个特殊的子网络，用于将面向公共互联网的计算机和网络资源与内部网络隔离开来。

注 3：如需进一步了解战略，我们诚挚推荐 Richard P. Rumelt 的著作 *Good Strategy/Bad Strategy*，由英国 Profile Books 出版社出版。

让我们回到"两小时内完成资源供应"这一愿景。在完成全面调研后，你可能会将战略的一部分确定为"快速容器化计算资源供应：将新容器化环境中的应用程序部署时间缩短到几分钟内完成"。这样做不仅能激励希望快速推进的开发人员将应用程序容器化，还能为你提供一个更可实现的中期目标，而不是试图在所有环境中为各类应用程序逐步优化配置时间。这正是我们不建议直接从愿景跳到执行计划的原因——将战略记录成文能让这些决策思路更加清晰明确。

### 5.3.3 目标和指标：本年度

在明确高层次产品需求并对主要技术障碍有了深刻理解之后，你便可以开始制定年度目标规划了。这通常采用目标与关键结果（Objectives and Key Results，OKR）的形式，其中目标是一个清晰且具有方向性的陈述，而关键成果则具体描述了年度的重点关注领域，并通过监控相关指标来衡量这些领域的执行成效。以你的计算团队为例，一个 OKR 可能是这样的：

*目标：*
在用户的开发环境中实现容器化环境的快速计算资源配置。

*关键结果：*
- 通过 IDE 或命令行启用支持的计算类型中 50% 的资源配置功能（支持在用户开发环境中进行资源配置）。
- 通过可用算力，将资源配置请求到完成的时间缩短 25%（支持快速计算资源配置）。
- 将遗留虚拟机平台的使用量减少 20%（旨在推动迁移到现代化环境）。

### 5.3.4 里程碑：季度性

你需要逐步完善年度路线图中的关键节点——也称为里程碑。为实现这些目标，需要完成哪些粗略的技术工作？你预计何时能够向客户交付这些功能？是否需要将大型功能拆分成更小的、渐进式的可交付单元？基于第一季度或第二季度的实际情况，你现在可能已经明确了部分内容，而其他部分可能还需要设置暂定项。记录所有内容并开始季度跟踪。在第 7 章中，我们将探讨如何将这些渐进式的功能交付与其他重要的平台工作相融合，从而制定一个全面的优先级路线图，以便平台工程管理团队有效地跟踪执行进度。

### 5.3.5 面向客户的路线图

为了得出切实的产品交付预估，你需要规划并跟踪启用这些功能的技术工作。但在向客户展示规划时，我们建议将时间线限制为仅包含用户可见的功能交付部分。如果用户询问某项功能为何需要较长时间，你可以向他们展示底层的技术路线图，但过多披露内部技术里程碑可能会引发质疑，让人觉得团队只是在做工程师认为"很酷"的事情，而没有专注于业务价值的交付。

## 5.3.6 功能规格说明

假设你已经制定了一个引人入胜的愿景，设定了一些合理的指标来指导这一愿景的落地实施，同时产品团队和工程团队全程密切合作，共同明确需要完成的工作，希望通过技术上可行的方式实现这些指标。现在，你的总体规划路线图已经完成，接下来就要通过一系列具体功能，着手推进日常工作，将规划付诸实践。

在明确功能时，产品经理需要记录功能目标：为什么这对客户很重要？客户希望从这个功能中获得什么？以及它如何融入产品的整体发展愿景？随后，他们需要将这些功能目标与相关领域的工程主管分享。这将促成产品团队和工程团队之间的讨论，探讨如何实现特定需求背后的目标。开发内容的决定不能仅由产品经理独自完成，因为工程领导层对技术、预算和人力等限制条件有更深入的理解。双方需要共同合作，将"为什么"转化为"具体要做什么"，并将任何需要超过一个月才能完成的任务分解为若干子步骤。将这些内容整理成产品需求文档、用户故事，或是组织用于记录功能需求的其他格式，这样你就拥有了可在季度内追踪的下一层级工作细节。

## 5.3.7 熟能生巧

这些实践看似简单，但实际执行并不容易。制定一个引人入胜的愿景并非易事；将愿景分解为可衡量的指标，并确保它们反映实际影响而非单纯产出同样困难；记录功能目标并与工程团队合作，明确为实现这些目标需要开发的内容更是一项艰巨的任务。然而，坚持进行这些练习，随着时间推移，你将逐渐掌握其中的节奏，感受到"优秀"的真正内涵。如果幸运的话，你还将体验到一种独特的满足感——那是将宏伟愿景化为现实的成就感。

> **为什么我不能直接问客户他们究竟想要什么**
>
> 客户同理心不仅仅意味着认识到客户有自己的看法，以及你正在开发产品以帮助他们。这还意味着要洞察他们的局限性，并明确你可以合理向他们提出的要求。请看以下例子：
>
> > 我被委派负责为公司构建一个新中心化平台。虽然我们有一些产品经理，但客户团队的数量远远超出了产品经理能够支持的范围。为此，我们组建了几个客户工作组，以收集他们对平台的意见，了解我们应该开发哪些功能，并确认我们开发的内容是否适合客户。

这似乎是一个不错的方法，但我们最大的一个客户群体总是不来参加这些会议，即便偶尔出席了，代表也表示他们似乎无法真正代表整个部门的意见。这让人越来越沮丧，因为我们既无法弄清他们的实际需求，也不确定我们正在开发的是否是他们真正需要的，这已经拖慢了我们团队的进度。我们应该怎么办？

让我们从基础讲起：你不能指望客户会随意参与工作组，并明确告诉你产品应该是什么样子。这行不通，原因有以下几点：客户很忙；客户并不是产品经理，无法为你撰写详尽的需求文档；客户虽然能够描述他们当前遇到的问题，但几乎不可能以抽象的方式推理出他们如何使用某个未来的系统。大多数人都不擅长这种层次的抽象思考，尤其是在面对一项全新且从未接触过的技术时。

进一步探讨，即便客户确实参加了这些会议并提供了反馈，单靠这一种方式无法确保你能开发出一个真正可用的产品。只有当用户愉快地使用产品时，构建可用产品的工作才算完成。如果在产品功能的开发和部署全周期中没有建立足够的客户互动点，而且评估功能实用性的标准如果仅依赖于设计阶段某个客户群的反馈，那么你的产品规划就远未完善。我再强调一次，就你所讨论的这种复杂程度而言，你现有的产品管理能力几乎不可能支撑起新平台的构建工作。你可能需要招募更多的产品经理，同时也必须投入更多精力去深入了解客户的真实需求，而不是将验证你的想法是否满足需求的责任推给客户。

如何才能走出这个困境？可以重新平台中那些无须细致区分的部分入手——那些你认为不需要考虑细微差异就能满足不同客户需求的部分；那些你非常有信心掌握的部分；那些你曾见过成功案例的部分；客户团队已经自行构建的部分；抑或一些显而易见的部分——开始着手构建这些内容。在此过程中，同时扩充产品管理团队，使他们能够进行市场调研，尽可能多地挖掘各个客户团队的潜在使用场景，招募早期测试用户和公测用户，并制定用户采用指标，以验证新功能是否真正为客户带来了价值。

接下来，让我们开始把注意力转向其他显而易见的功能。暂时不要去想那些复杂的问题，你还没准备好。你可能会担心自己设计的方案无法处理复杂问题。但事实上，直接设计一个处理复杂问题的方案可能会失败，而设计一个处理简单问题的方案虽然可能需要重构，但同样是合理的选择。所以，不妨先从一些简单且实用的功能开始着手。

虽然我们无法直接询问客户应该开发什么，但我们可以通过迅速收集他们对我们所开发内容的反馈来验证我们的想法，并确保在整个增量交付过程中始终满足市场需求。

## 5.4 产品失效模式

当初次尝试在内部平台团队中实施产品管理时，团队往往容易犯一些错误，而这些错误可能会导致产品转型的失败。在实践这些理念的过程中，下列潜在陷阱值得特别关注并加以规避。

### 5.4.1 低估迁移成本

本书中多次提及迁移这一主题，因为迁移工作在平台工程中至关重要。即使在本章，我们仍要再次强调评估迁移成本的重要性。产品经理在制定产品决策时，必须将迁移成本纳入考量，因为若处理不当，这一成本可能会使新方案的价值相形见绌。

Camille 见过的最清晰的例子之一发生在一个开发者体验团队。该团队的产品经理确信一款新的代码搜索工具能够为公司创造巨大价值。他精心准备了一个提案，成功地向工程团队和一些客户推销了这个想法，最终也勉强说服了 Camille。这款产品将取代现有的开源代码搜索工具，而他向她保证，这将是一项相对简单的任务。

时间快进到几年后，这项原本看似简单的迁移工作终于在经历了无数压力和努力后完成。你可能已经猜到了，这次迁移远没有表面看起来那么简单。旧搜索工具的链接到处都是，工程团队经过长时间的讨论后意识到，他们需要开发一个重定向服务，将旧工具中的链接准确指向新工具的相应位置。此外，旧工具原本被配置为忽略某些元仓库、分支以及其他不太重要的代码，而工程团队还不得不绕过一堆让人头疼的边缘情况，才能让新系统的功能达到可接受的水平。而实现这些功能的复杂程度远远超出了所有人的预期。

更糟糕的是，没有人深入思考过迁移过程中用户培训的环节。由于从未进行过对用户如何使用旧工具的详细分析，新旧系统的使用模式并非完全对应，用户需要接受一定的培训才能上手新系统。要改变一个在开发人员工作流程中如此具有基础性的工具绝非易事。当用户发现新系统的使用体验让他们难以理解，与其熟悉的方式相去甚远时，便引发了大量的不满和抱怨。

产品经理必须谨记，迁移成本——无论是工程技术方面还是用户体验方面——都可能成为决定产品成败的关键因素。尽管迁移过程可能艰难，但最终的结果或许能够证明它的价值。然而，如果在未进行充分分析的情况下贸然推进，用户很可能会将迁移视为一种缺乏深思熟虑且执行不周的行为。

### 5.4.2 高估用户的变更预算

如果用户能够在新产品或服务推出的第一时间就加以采用，无疑是最理想的情况。然而，遗憾的是，大多数用户的工作任务繁重，采用新工具、新工作流程或新系统必须被整合到他们工作的整体框架中。平台团队的产品经理热衷于设计和推出新产品，而他们的绩效评估则取决于组织对这些产品服务的接受程度，因此他们总是急切地希望大家关注他们推出的全新产品。然而，客户在同一时间内能接受的变更是有限的，如果你的变更并非不可或缺，很可能会面临缓慢的采用过程。尤其是在组织面临巨大压力的时期，例如预算紧张、截止日期临近，或者其他紧急问题需要优先处理时，这种情况尤为明显。这正是我们引入"变更预算"这一术语的原因——因为变更需求必须与团队当前进行的所有工作一同加以统筹规划。

我们认为，管理层需要清醒认识到，在特定时期内，组织能够推动的平台和基础设施变革的规模是有限的。很少有公司能够成功协调这一层面上的所有复杂变革（Camille 曾努力尝试，但以失败告终）。每个团队都被激励去争夺有限资源，希望自己的迁移工作能获得优先处理，并让自己的产品成为用户关注的焦点。因此，你可能正处于一个嘈杂混乱的环境中，而且公司规模越大，解决方案和变革空间的竞争就越加激烈。

要至少在你自己的产品领域内，思考在某一年中你实际上能够在公司实施多少变革。是否有办法让这些变革更容易被采纳，使用户能够在不增加额外工作量的情况下适应更多变化？正如我们在源代码搜索的例子中所看到的，用户要使用新产品，首先需要能够完成他们之前所做的事情，但要真正让这种努力物有所值，他们还需要能够做到比以前更多。一旦用户适应了新工具，他们是否能够轻松地看到即时效益？这是否能为用户节省时间，使他们将节省下来的时间投入更多工作，从而真正提升生产力？在制定产品路线图时，要考虑所有这些因素，因为客户群在同一时间只能接受有限的变化。

### 5.4.3 在稳定性较差时高估新功能的价值

这个事实虽然令人难以接受，但却不争的事实：工程师和产品经理常常错误地认为新颖性是平台能够提供的最重要的特性，却忽视了稳定性往往同样重要，甚至更加重要。稳定性直接影响迁移工作和变更资源的分配。当你使用高度稳定的系统时，你就能腾出更多的精力和资源用于迁移以及其他类型的变更，因为你不必总是疲于应对那些让工程团队和用户分心的平台故障。稳定性是你必须投入的产品资本，而一旦缺乏稳定性，客户就会对你的平台失去信任。试想，有谁会愿意采用一个连现有系统都无法妥善运维的团队所开发的新产品呢？

当平台出现稳定性问题时，投入工程师的时间来改善稳定性几乎总是比在不可靠的基础上新增功能或产品更为明智。这可能意味着你会错过一些年度产品目标，但当现有服务都无法稳定运行时，又有谁会在意那些新功能呢？

### 5.4.4 产品经理过多导致的工程团队配比失衡

这一点可能会让人感到意外，因为我们中的大多数人都习惯于认为产品经理往往人数不足。然而，产品经理的人数确实也可能过多，而且平台团队与应用工程团队在产品经理与工程师的比例上可能会有所不同。如果产品经理过多，他们可能会接手一些本应由工程师自主完成的任务，例如实际工作的执行管理。我们需要警惕这种情况，因为这可能导致工程师在工作中失去主动性和创造性，包括决定要做什么、何时做以及如何对工作进行优先级排序。如果产品经理过多，并且将工程团队视为只需接收规范并执行的外包团队，这不仅会带来许多意想不到的负面后果，还会压制团队中大部分成员的创造力和责任感，最终导致整体成果不尽如人意。

你可能希望我们提供一个具体的配比，但根据我们的经验，这种配比因产品的成熟度、公司的发展阶段以及团队成员的构成而存在较大差异。我们最佳的经验法则是：产品经理的配置应让团队稍显紧张但仍可应付。一个合理的估算范围通常介于高级工程经理（二线）与基层工程经理（一线）的数量之间，前者更符合 Ian 的偏好，而后者更接近 Camille 的倾向[注4]。

## 5.4.5 产品经理承担了工程经理应履行的工作

延续上一点，当产品经理承担了团队的所有项目管理工作，比如管理 JIRA 待办事项并手把手指导团队完成任务时，往往会导致不良后果。最常见的情况是，工程师会以这种微观管理为借口，将系统中的技术债务归咎于产品经理未将相关工作列为优先事项，从而推脱责任。不要为工程团队提供这样的借口。工程管理层至少需要共同负责团队的实际工作计划（正如第 7 章将讨论的，我们称之为"自下而上"的路线图）。无论是应用工程还是平台工程，这一原则都适用且至关重要。

同样地，产品管理并非敏捷开发中所谓的"产品所有权"（*https://oreil.ly/OoTO3*）。产品经理负责管理内部产品，并不意味着他们只是更高级的 Scrum Master（敏捷开发框架中的团队协调角色）。尽管在敏捷组织中，一些担任"产品负责人"角色的人能够胜任产品经理的工作，但根据我们的经验，这些角色往往过于专注于项目管理的具体任务（如待办事项的梳理与优化、短期优先级的调整以及状态报告等），而忽视了那些更为模糊且具有战略性的产品管理职责。深入参与产品的日常执行细节，同时还要着眼未来以制定产品战略，这无疑是一项极具挑战的任务。尽管优秀的产品经理会在必要时介入支持项目执行，但试图将项目管理与产品管理合并为单一的"产品负责人"角色，往往会导致产品管理变得被动且缺乏前瞻性，从而削弱产品的整体竞争力与长期发展方向。

---

注 4：最重要的方面在于，与其他类型的工程工作相比，有多少工程师正积极致力于对产品供应和功能进行改进完善。例如，当大部分工作都与运营效率或规模扩大相关时，对产品经理的需求就会较低。

# 5.5 结语

通过研究平台团队在产品开发中的失败方式，我们归纳为三大类：

*文化*

团队未能建立起产品文化，依赖于用户直接告知他们需要开发什么，同时在内部过于专注于技术和运维，而对客户的关注不足。

*产品与市场的契合*

团队未能根据内部市场需求评估新产品创意，从而开发出客户不需要的产品。同时，他们也没有为这些产品决策建立影响指标，以明确潜在机会。

*执行*

团队完全忽视了与整体产品战略的协调，并且在产品规划中未能充分考虑客户可能面临的额外成本（如迁移成本和变更预算）。此外，他们还可能错误地要求产品经理承担本应由工程管理负责的工作。

虽然失败的路径显而易见，但成功之路充满微妙与复杂。优秀的产品文化植根于良好的人际关系、有效的沟通对话、激励机制和专注的工作态度，同时还需要日复一日地不断挑战自我，反思是否真正从客户的实际需求出发，而不是停留在我们期望的状态。在找到市场契合点之前，往往需要经过多轮尝试和调整，才能真正触及团队的核心需求。而产品执行既是持续构建和完善诸如路线规划等实践的过程，同时也需要根据组织当前的实际情况，协调并打造一支合适的产品管理团队。

将与产品管理相关的所有有价值内容浓缩到一章是不可能的，因此本章仅对这些复杂主题进行了快速概览。我们理解，有些读者可能会对我们没有提供一套确保构建优秀平台产品的制胜攻略而感到失望。但事实上，优秀的产品总是因时而异，它们源于对用户需求的深刻洞察，同时结合对实际可行性的清晰把握。这也正是为什么深入了解客户如此重要，以及为什么许多最出色的产品往往源于其他团队为满足自身需求而开发的成果。平台工程不必成为公司产品创新的唯一来源，你只需确保在专注于技术和运维问题时，避免忽视对客户需求的关注和对产品开发规范的坚持。

我们深知这是一段漫长的征程，但我们希望本章能够为你未来的旅途带来一些启发。

# 第 6 章
# 平台的运维

> 在规模之下,稀有事物变得普遍。
>
> ——杰森·科恩[1]

无论平台构建得多么完善,由于它所依赖的系统极其复杂,因此不可避免地会出现运维问题。尽管产品导向思维对平台的价值毋庸置疑,但在业务顺利时,以产品为核心的团队可能会忽视对运维的投入——他们行动迅速,交付大量卓越的功能,但同时也累积了大量的运维债务。对于成功的应用团队来说,这种情况或许尚可应对,因为他们对公司营收的直接贡献通常能带来额外的人力资源支持,从而使他们能够及时应对这些债务。然而,大多数平台团队并不具备这样的优势。

平台通过杠杆作用来创造价值,其中一个重要方面是通过效率提升支持业务规模的扩展,而无须额外扩充平台团队的人员。然而,正如本章开头的引言所指出的,这一目标与现实之间存在冲突:系统往往仅因规模的增长而面临新的问题,尤其是在运行和维护方面。这意味着,当固定规模的团队需要支持不断扩展的平台时,可能会陷入"运维困境":那些被忽视的运维问题会持续产生严重的业务影响,逐步削弱客户的信任。在系统承载大规模关键负载的情况下,缓解这些紧急问题可能需要数月,而彻底解决核心问题则可能耗时数年。在此期间,新产品功能的开发将被迫搁置。

为了避免这种情况,平台团队需要在顺境中持续投入于运维实践。本章将介绍平台团队应当负责并推行的三项运维实践:

*值班*
    这是一个基本实践,即通过安排工程师的时间,确保他们能够随时响应生产系统中可能出现的问题。

---

注1:参考杰森关于此主题的文章,网址为 *https://oreil.ly/MxNyb*。

*用户支持*

正如我们在第 2 章中特别指出的，对于平台团队来说，这通常是一个相当重大的问题，需要采用独立的实践或流程，而不仅仅依赖值班工程师进行处理。

*运维反馈*

这些是你需要专注于的操作实践，以确保你能够积极主动地解决运维问题，防止它们变得严重。

让我们先深入了解值班实践。

---

**基本实践，而非流程**

本章将探讨平台所需的关键实践清单，而非全面的流程清单。SRE 和 DevOps 文献中已有大量关于运维流程的讨论，这些内容都可以应用于平台——但潜在可采用的流程实在太多，要正确执行所有流程需要付出极大的工作量。许多领导者在未充分权衡成本与收益的情况下，就将他们刚刚读到的（甚至更糟的是，他们在上一份工作中使用的）流程生搬硬套到组织中，而未考虑团队所面临的特定问题场景。

流程具有灵活性，具体细节应根据团队所面临的独特挑战进行调整。而实践则更具普遍性，它为你提供了一个框架，使你能够设计出解决当前特定问题所需的流程。随着问题的变化，流程会随之调整，但实践的核心始终如一。

---

# 6.1 值班实践

当不可避免的运维问题发生时，你需要召集最有技能和经验的人员，尽快解决这些问题。这正是你的值班实践发挥作用的关键时刻。我们强烈建议组建一个整合后的 DevOps 值班团队，开展 24×7 全天候轮值，以处理非支持类的运维问题。我们知道这一观点可能不太受欢迎，但请耐心听我们说明。正如我们将要解释的，只要采用合适的管理实践来确保可持续性，我们发现平台团队最终会更倾向于这种方式，因为这让他们能够更主动地掌控自己的未来。

## 6.1.1 为什么需要 24×7 全天候值班保障

许多平台需要支持 24×7 小时运维的业务，因此对全天候值班的需求毋庸置疑。但对于其他一些"非核心"平台，尤其是开发者工具或纯内部使用的系统，我们常常看到团队为了避免 24×7 小时值班而自我纠结，尽管这样做最终可能令部分客户怒不可遏。

问题在于，这些平台可能会在意想不到的时候显得尤为重要。例如，许多公司的应用程序只能在非正常工作时间（即夜间和周末）进行部署，而负责部署工具的团队需要确保这些工具在这些时段能够正常运行。试想，团队在深夜发现某个漏洞，而部署平台却发生故障。应用团队是否应该等到第二天早晨开发者工具团队上班后再来支持他们，任由漏洞继续存在？答案显然是否定的！

诚然，"7×24 小时规则"也存在少数例外，但你的团队很可能不属于这些例外。如果你忽视这一最佳做法以避免让工程师在非工作时间加班，就会削弱平台应对突发状况的运维能力，甚至可能失去受影响客户的信任。

## 6.1.2 为什么要合并 DevOps

正如我们在第 1 章所讨论的，业界对于运维工作（如值班）是否应由开发团队负责，或是分离出来由一个独立的团队（通常被称为 SRE、DevOps 或运维团队）来处理，始终存在分歧。我们承认，对于构建全球规模、业务关键型应用的大型团队而言，最佳选择并不显而易见。但这恰恰是因为这些团队规模庞大——也就是说，他们拥有足够的人员能够在开发和运维领域保持深入专注。

大多数平台工程团队并没有这种难得的便利。由于平台需要对各种供应商和开源系统进行抽象，这些团队负责的产品在运维复杂性上通常远远超过同等规模的应用开发团队所处理的产品。确实，这正是平台工程的"效能优势"，使得它比应用团队直接管理开源和供应商系统更加高效。然而，这也带来了一个问题：谁能够随时待命，快速诊断并解决可能由内部代码、开源或供应商系统，或它们之间的交互引发的问题？我们的答案是，只有一个融合的团队才能以长期可行的方式组建具备所需专业水平的值班轮替体系。

平台软件工程师可能会对此提出异议。毕竟，他们并没有开发那些外部系统——他们的专长在于利用这些系统开发功能，而不是在生产环境中调试它们！他们可能会建议你雇用一些 SRE 工程师来负责值班工作，因为 SRE 可以深入掌握整个系统的复杂性，并构建自动化流程。这当然是理想的解决方案，但现实是，大多数平台团队无法承担在人力资源和技能培训方面投入一个完整的 SRE 专家团队的成本。SRE 相关文献和我们的经验都表明，很少有工程师愿意接受一份值班时间超过 25% 的工作。因此，如果你选择这种分工方式，那么除了平台开发团队之外，你还需要一支由四到五名 SRE 工程师组成的团队来覆盖值班轮替[注2]。

由于大多数平台团队无法配备足够的专职人员，为了让分离式的 SRE 或 DevOps 方案得以运行，公司有时会凑合应对，安排同一个团队负责多个不同平台的随时待命工作。然而，这种做法会导致团队成员难以对每个平台积累深厚的经验和知识。因此，当出现紧急且复杂的运维问题时，你会发现缺乏具备深度专业知识的人来解决问题，这就再次引发了第 1 章中提到的运维与开发之间的责任推诿问题。

---

注 2：具体来说，如果每个人仅需负责 25% 的值班时间，那么为了制定"一周值班、三周轮休"的排班表，你需要四到五个人，以便为假期、病假及其他请假情况预留足够的缓冲空间。

要避免这种情况，你需要让软件开发人员与 DevOps/SRE 系统专家组成同一个团队，并参与同一轮值班安排。这可能意味着你不得不舍弃一些优秀的软件工程师，因为他们可能缺乏必要的技能、心态或意愿参与值班工作。然而，根据我们的经验，除非你正在构建 FAANG 级别的平台，这类平台通常需要 10 名或更多工程师全职投入，否则尝试维持开发运维分离的团队架构难以带来足够的价值。

## 6.1.3 实现可持续的值班工作负载

为了让平台工程团队能够自行承担 24×7 的轮班值守责任，工作负载必须是可持续的。所谓可持续，指的是允许每位团队成员在典型的朝九晚五工作时间内完成本职工作，达到岗位预期。那么，我们该如何解决这一看似矛盾的问题呢？

首要任务是确保每人每四周最多待命一周，理想情况下，每六到八周待命一次。接下来需要评估警报负载，即那些需要在下一个工作日之前（通常 15 分钟内）人工处理的运维事件。根据我们的经验，可持续的全天候待命工作量应使每周处理的影响业务的警报少于 5 次。

不幸的是，许多人会将这个数字与自己当前的工作量相比，然后绝望地笑出声来。更糟糕的是，如果你向利益相关者（即内部客户的管理层）提出每周完成 5 页的目标，他们可能会觉得你的平台团队脱离了实际业务，因为他们的工作量远远超过这个数字。然而，我们坚信，持续要求每周完成超过 5 页的工作量是不可持续的。在短期内，当平台处于令人振奋的增长阶段时，团队成员或许愿意牺牲工作与生活的平衡来付出更多，但这种失衡最终会导致倦怠，并开始影响员工的留任率。

举个例子，2014 年 Ian 在亚马逊工作时，他所在的大型组织正经历着我们所说的"运维危机"——多年快速增长后，组织面临沉重的运维负担。那些在蓬勃发展阶段能够承受运维压力的早期开发者已经离职，将系统交接给了接班的第二代团队。每月都会发生运维事故，虽然没有造成大范围影响，但确实让一些重要客户感到不满。年离职率达到 25%，这不仅是一个严重的人力资源问题，还因知识流失而进一步加剧了运维问题。

Ian 所在的组织新上任了一位副总裁，他希望通过改善工程师的值班体验，来降低离职率并实现可持续运维。他首先分析了亚马逊公司范围内的开发者调查数据，希望将团队参与度的调查结果与值班工作量进行关联分析。在所有指标中，警报事件显示出最强的相关性。他的调查发现：

- 每周工作内容少于 2 页与团队成员的快乐状态存在相关性。
- 每周完成 2~5 页的工作量与团队成员对运维负担的不满存在一定关联，但并未与他们对"是否会在团队中待满 12 个月"的否定回答产生关联。

- 研究表明，每周编写超过 5 页的文档与持续的不满情绪相关联，同时也与团队成员对"你是否认为自己会在这个团队待满 12 个月？"的否定回答产生关联。

这些是令人信服的证据，但这并不令人意外。我们都清楚，如果能让值班体验变得不那么糟糕，团队成员一定会非常高兴。那么，如何实现这一目标呢？关键在于将重心放在优先事项上：确保平台的稳定性。

这是一个重新强调实践与流程方法对比的好时机。实践指的是可持续的值班机制，而实现这一目标的具体流程是可以调整的。每周完成 5 页的目标固然重要，但如果团队运行良好，你可能只需要一个简单的流程来追踪每周的平均页面数量，例如将它作为季度 OKR 的一部分进行考核即可。相反，如果团队正陷入运维困境，则需要更严格的流程，包括每周的指标报告以及具体可行的改进措施。流程可以灵活调整，但实施某种实践是不可或缺的。

## 优先保持稳定

如果你的平台每周发生超过 5 次对业务产生重大影响的事件，这表明它尚未为企业提供稳定的业务基础。我们并不是在指责你什么，事实上，这种情况相当普遍。例如，在与客户合作开发初始功能集时，你可能会有意地使架构设计存在一些不足，但随后却因需求激增导致过快的增长而陷入困境。每周发生超过 5 次对业务产生重大影响的事件，说明你的平台已经达到了关键的使用规模。此时，你需要承认现实，暂停功能开发，将重心转移到恢复稳定性上。

如果你将稳定性定位为团队的核心价值与目标，利益相关者会明白这对他们的利益所在——你甚至可能发现他们愿意提供帮助。然而，在论证这一点时，他们可能会要求提供数据，证明值班监控指标确实能够有效反映实际影响。而这往往因为误报的存在而颇具挑战。

## 消除误报

误报是理解团队值班工作负载可持续性的一大障碍。误报的存在意味着，每周 5 次高严重性告警通知往往并不对应 5 次真实的业务影响事件。当你需要应对误报噪声时，每个团队都需要提供上下文来说明他们实际的值班工作负载。对于某个团队来说，如果每周收到的 10 次告警通知大多是在工作时间内因自身部署活动产生的误报，这种情况实际上表明平台运行状况良好。而对于另一个团队来说，如果每周的 5 次告警通知都发生在每个工作日凌晨 2 点，且源于某个应用程序的日常批处理导致的系统故障，那么他们的状态可能要糟糕得多。

使问题更加复杂的是，一些工程师抗拒消除假警报，因为这些警报与部署等日常工作事件相关联，成为一种"动态反馈"，可以帮助他们了解工作进展。这类工程师通常对持续性指标在管理决策中的价值不太关心。然而，团队中也有许多工程师因假警报而感到疲惫不堪——这些噪声信息会分散他们对重要事项的注意力。通常，解决这种情况的最佳方式是，首先为那些需要"动态反馈"的工程师提供其他反馈机制（例如数据面板）。然后，你可以着手消除假警报，既提升了指标质量，又改善了团队其他工程师的工作体验。

### 使用另一个平台团队进行二线轮值

我们认为 *Site Reliability Engineering: How Google Runs Production Systems* 中的这条建议同样是我们的最佳实践："对于那些不严格要求设置二线轮值的团队，一种常见做法是让两个相关团队互为二线支持，并负责职责承接处理。这种安排避免了设置独立二线轮值的必要。"

在平台工程的背景下，二线轮值通常由另一个与相关平台无直接责任且缺乏专业知识的团队进行。这支团队实际上只能按照操作手册处理问题，如果操作手册无法解决，他们就需要联系更高层级的人员，以促使主要团队介入。这种工作不仅令人沮丧，还会因延长问题缓解时间而带来额外的业务成本。因此，问题转交至二线团队的情况应当极为罕见。这也是将业务影响性告警限制在每周五次以内这一目标如此重要的原因之一：它能有效减少二线团队接收告警的概率。

### 加班补偿并不能缓解不可持续的负担

根据 Gergely Orosz 的务实工程师博客（Pragmatic Engineer Blog）（https://oreil.ly/JORAk）报道，由于没有相关法律要求，仅有少数美国公司会为员工非工作时间的值班提供加班补偿。而大多数欧盟公司会提供值班的加班补偿——极少数公司按照法定最低标准支付，但大多数公司每周支付约 500 欧元的加班补偿，这虽然高于法定最低标准，但仍然只占工程师正常工作时间薪资的一小部分。这表明，即使工程师在值班时间得到了加班工资，仍需要面临公平性的问题。

如果无法确保各团队的工作负载可持续，不同团队的加班量和压力会有显著差异，因此给予所有人相同的薪酬是不公平的。有些团队可以拿到丰厚的奖金却无须承担额外工作，而其他团队即便付出大量加班时间并承受高压，得到的报酬却显得微不足道。你可能会尝试根据页面数量或总加班时间等参数来调整薪酬，以实现公平，但实践证明这种方法并不可行——它助长了管理层忽视改进待命工作可持续性的倾向，同时还鼓励团队围绕指标投机取巧，最终导致更大的不公平（并进一步恶化团队内部关系）。

因此，最佳策略是将精力集中在消除所有误报上，将值班工作量控制在每周最多 5 个业务影响事件。在这个水平下，非工作时间的警报应该是可控的，而且在你所在国家的合理补偿（如果有的话）也应该基本公平。至于特殊政策，则应该留给那些在下班时间需要承担重要值班职责的特殊情况（例如，协助美国应用团队的东欧团队）。

## 6.2 用户支持实践

对于许多应用工程团队来说，与其他运维问题相比，用户支持仅占团队任务负载的一小部分，因此值班工程师通常能够从容应对。然而，这种情况并不完全适用于平台团队。由于他们主要面向内部用户，再加上用户数量庞大和使用场景的多样化，支持工作的负载可能会超出值班工程师的处理能力。当业务要求提供全天候 24×7 的支持服务，且即使无法明确问题是否源于平台本身也需要被呼叫以提供支持时，这一挑战尤为突出。尝试将用户支持与值班职责合并，通常会导致值班任务负载远超可持续水平。

在本节中，我们将探讨如何通过不同的步骤来应对团队在支持工作的负载逐步增加情况下的挑战。不过在此之前，让我们先来讨论为什么工程师参与用户支持至关重要。

### 6.2.1 平台工程师为何应该参与支持工作

我们理解，你可能会本能地想保护平台工程师免于承担支持职责，就像处理值班工作一样。支持工作是以单个用户为单位的投入，相较于开发能够惠及所有用户的平台代码，似乎看起来回报率较低。然而，让工程师直接接触并亲身体验用户的问题，对于深入理解用户需求并打造真正契合的平台功能至关重要。

优秀的平台通过简化底层复杂性来创造价值。但即便是最好的平台也无法完全掩盖这些复杂性，因为某些复杂性会不可避免地泄露出来。当平台工程师远离用户反馈，无法了解用户的实际问题时，他们往往会忘记所谓的"用户问题"本质上就是平台问题，从而在构建平台时会对用户产生不切实际的期望。具体表现在：

- 他们希望用户理解平台中不可避免的复杂性。
- 他们希望用户能够了解系统可以期待或不应期待的内容（或者去查阅大量文档）。
- 他们期望用户能够对他们产生同理心，设身处地地理解，为什么平台团队已经无法比现在做得更好了。

举个例子，我们发现一些团队会向用户发送通知，指责他们"滥用平台"，并直接指责"运行异常的应用程序"，似乎将平台未能应对边界情况的问题归咎于用户。

如果一个平台团队抱持着一种用户和他们一样关注平台的信念，那么这个团队就未能以一种能够改进平台的方式去解决用户的问题——但如果你的工程师被隔离在一个与用户问题隔绝的环境中，这种错误的信念就很容易产生。因此，让所有工程师都参与到用户支持工作中来吧。这不仅会让工程师受益，也会让平台变得更好。

## 6.2.2 第一阶段：确定支持级别

你或许对 6.2.1 节的内容频频点头表示认同。然而，在现实中，你每周需要处理 30 个支持工单，其中有一半被标注为"业务关键，需 1 小时内回复"。面对这样的情况，你究竟该怎么办？

首先需要注意的是，每周 30 个支持工单是否属于可持续的需求水平尚需评估。要理解这 30 个支持工单的真正含义，你需要先对它们进行分类，然后深入探讨各类问题。高级平台工程负责人 Diego Quiroga 提供了以下问题分类示例：

1. 寻求帮助排查生产问题。
2. 平台实现中的非关键性问题，部分可通过重定向至诊断工具来解决，其余则需要进行深入诊断。
3. 平台使用求助，有些通过文档指导即可迅速解决，而有些则需要更深入的互动和支持。
4. 平台功能请求被当作缺陷提交。
5. 用于增强平台服务与组件的拉取请求评审。
6. 更适合在工作时间进行技术设计评审的范围更广或更复杂的问题。

当某个类别的每周请求超过一定数量时，你就需要深入调查原因。这些请求中可能存在大量重复的情况，你可以通过完善文档、加强用户培训，或者主动改进平台本身来减少这种重复。对于具有开发背景的领导者来说，可能会被引诱而忽略这项工作，希望这是他人的职责——但在你能够清晰地说明是什么驱动了支持负载过重，以及为何你无法有效应对之前，不要指望客户会主动提供帮助来减轻对团队的影响。

接下来，定义你的支持等级，这通常被称为支持服务水平协议（Service Level Agreement，SLA）。这意味着需要明确响应参与的类别，并具体说明在何种条件下可以使用这些类别。当客户认为自己可能受阻或发现生产环境中出现问题时（无论问题是否真实存在），你需要回答以下基本问题：

- 我可以立刻引入一名平台工程师来协助吗？
- 如果不能，那我还需要等多久才能得到一些帮助？

首先，需要明确如何定义"关键问题"。如果你将"客户认为通过你的参与可以帮助解决的问题"都归类为关键问题，那么要实现每周五次的可持续值班目标将变得极为困难。在平台被大规模采用的背景下，即便附加"且对业务造成重大影响"这一条件，值班请求的次数仍可能超出每周五次。为了解决这一问题，你需要明确界定业务影响的具体类型，并厘清需要通过值班工程师介入以缓解问题的条件。

这会引发矛盾，因为当一个业务关键系统发生故障时，负责接听运维电话的事故管理人员通常会采取一种最佳实践——只要稍有怀疑依赖的系统可能是故障源，就会主动通知该系统的值班人员。这种做法出于对平均恢复时间（Mean Time To Recovery，MTTR）的考虑，是对业务最有利的选择。然而，如果你的平台是企业内所有团队的依赖项，而你没有向值班工程师和事故管理人员提供足够证据以排除平台问题，那么你的工程师就会频繁收到告警通知，即使故障与他们的系统无关。

要化解这一矛盾，需要在三个领域持续投入：

1. 建立切实落实事件后改进措施的文化，尤其是要深入探讨"为什么会发生这次警报"这一根本问题。这些内容将在本章后续的运维评审部分详细讨论。
2. 在可观测性方面的投资不仅应覆盖平台团队成员，还需面向客户和事件管理人员。根据我们的观察，合成监控是其中最关键的因素，这一点我们将在本章后续内容中进一步阐述。
3. 平台团队的领导层需要在面对应用团队及管理层的不合理期望时，能够适当抗衡，并帮助他们意识到：一个疲惫不堪、人员流失严重的平台工程团队，实际上无法提供他们所期待的 SaaS 公司级别的支持服务[注3]。这种沟通可能会非常棘手，这也是为什么我们在第 10 章中特别强调利益相关者关系的重要性。

如果缺乏这种投资，信任将会丧失。团队的条件会被视为不合理，客户会忽视这些条件，并进一步提高对参与的要求。

## 6.2.3 第二阶段：将非关键支持从值班工作中区分开

即使第一阶段执行得尽善尽美，具有广泛应用的复杂平台仍可能面临大量支持问题。有时是需要非工作时间处理的可呼叫紧急任务在不断堆积，但同样常见的是那些需要大量调查和客户沟通的低严重性问题，后者往往需要团队每周花费超过 40 小时来应对。当团队陷入这种状态时，你会发现支持队列中每周末仍有大量未关闭的问题，这种情况尤其令人头疼，因为接班的值班工程师需要重新熟悉上一位工程师掌握的所有背景信息。与此同时，用户仍在焦急等待。

在探讨如何改善这种状况之前，我们需要先指出一个伪解决方案：让产品经理或工程经理持续负责所有非核心支持工作，认为由一个掌握全部背景信息的人来处理会更高效。

---

注 3：有实际经验的人都明白，这有点像海市蜃楼。大型 SaaS 公司会不遗余力地保护他们的专家，因为这些专家能最快速地帮助解决特定的客户问题。

这是一个糟糕的主意，原因有二：

1. 这使工程师对用户支持的了解程度有限。

2. 任何让工程师超负荷的情况最终也会让该人员超负荷，而他的职责之一正是帮助团队摆脱这种状态。

相反，你需要将非关键支持职责从值班轮岗中分离出来，建立一个独立的工作时间支持轮岗。这种安排看之下可能会增加运维工作负担——例如在一个 6 人的团队中，值班和支持轮岗会让三分之一的工程师专注于运维工作。但这种安排带来了显著的优势：通过将值班和用户支持两类工作相互分离，并与开发职责区分开来，不仅可以提升操作工作的质量，还能让开发工作更加专注，同时也更容易衡量支持工作的工作量。

然而，如果总体运维负载显著超过 50%，你将难以投入足够的时间改进平台。这将对以构建系统为驱动力的工程师的激励、留任和招聘造成挑战。因此，下一步应是引入一位专业人才。

## 6.2.4 第三阶段：聘请支持专员

在第三阶段，尽管你的团队已竭尽全力应对支持工作负担，但他们仍然处于超负荷状态。下一步，你可能需要考虑招聘专人来专门处理这些支持任务。然而，在这个阶段，或许还不宜立即聘用全职支持工程师（即那种大型 SaaS 公司通常为服务外部客户而招聘的，并将支持工作视为职业核心的工程师）。

为什么你应该抵制？要回答这个问题，让我们先来了解一下行业中的支持服务分级术语：

一级（T1）支持工程师
　　作为客户寻求技术支持时的首要联络点，他们主要负责处理客户的基本咨询并提供常规支持，通常依据预设流程或脚本解决常见且简单的问题。

二级（T2）支持工程师
　　当问题超出一级支持工程师的服务范围时，二级支持工程师便开始发挥作用。二级支持工程师比一级工程师具备更高的技术知识和专业能力。他们通常负责处理需要深入分析、排查故障和解决复杂问题的技术挑战。

对于刚刚跨越这一临界点的平台团队而言，招聘支持工程师时会面临一个挑战：大多数优秀的一级支持工程师都希望晋升到二级支持工程师岗位，以实现职业发展。然而，平台团队的规模通常较小，难以同时设立两个独立的职位以及明确的晋升路径。团队需要一位"独角兽型人才"，既能胜任 T2 的工作，又愿意在日常生活中投入大量时间处理 T1

的事务。这类职位的招聘难度极高，而且，那些快速学习型的人才如果无法看到清晰的晋升通道，很可能会在 12~24 个月内寻求新的挑战。

面对这种情况，你该如何处理？在着手招聘全职人员之前，不妨先思考一下：你对支持专员的需求是否确实是长期的。是否可以通过加强培训、完善文档或优化平台来逐步减少对这种支持的依赖？如果这种需求可能只是暂时的，那么更好的选择是聘请一位经验丰富的合同支持工程师来同时负责 T1 和 T2 的支持工作，同时采取措施，使团队能够独立运转，不再依赖专门的支持人员。

然而，如果这是一个长期需求，那么你可以抓住这个机会。与其反复聘用短期合同工，不如在公司内外寻找具有非传统背景的人才，例如来自编程训练营、IT 部门或二级产品支持工程的人员，尤其是那些学习能力强且渴望进入平台工程领域的人。将他们加入平台团队时，可以设定这样的期望：他们在第一年的工作重心将主要是支持性任务，但在第二年，他们将有机会发展自己的软件和系统技能。

在这一阶段结束时，大多数人将具备胜任标准化平台工程岗位的技能，而你也将在此过程中充分受益于支持工程师的积极贡献。通常情况下，这段时间内团队内部会经历足够的变化，使你能够继续留用这些人才，同时也可以重新开启这一流程，招募下一位具备快速学习能力的新人，为未来两年的工作提供支持。

### 如何为遥远时区的客户提供支持

一个典型的例子挑战了我们对第 3 阶段的建议：当平台团队需要支持位于遥远时区的新收购公司或办公室时——比如美国西海岸的团队需要支持以色列，由于两地相差 10 小时，几乎没有重叠的工作时间。尽管许多平台可以将非工作时间的支持仅限于紧急问题，但对于某些平台而言，这种做法并不容易，例如开发者工具平台，尤其是在接入来自其他技术生态的代码和开发人员的初期阶段。在这种情况下，必须通过即时通信或面对面的方式，在工作时间提供直接支持。

你的首要任务是为新办公地点建立一条清晰的路径，确保能够提供工作时间内的可靠支持。为此，你需要培训一名当地人员或适合时区的人员来提供这项服务。你有以下三个选项：

1. 最简单的解决方案通常是邀请团队中的一名成员调至新办公室工作六个月，在此期间指导当地人员，使其能够融入团队并成为长期成员。当然，这显然是一个非同寻常的请求，因此通常需要碰运气找到愿意接受此任务的人，而不是勉强那些对此感到抗拒的团队成员。

2. 次优的解决方案是采用"反向嵌入"的方式，即邀请新地点的员工前往公司总部工作三到六个月，接受相关培训后再返回。这种方式的主要缺点在于，需要

> 他们暂时中断原有的生活，并在整合期间适应繁重且不规律的工作时间。
>
> 3. 最后一种选择是在新办公室招聘一名新员工，作为"本地支持人员"加入平台团队。这是最不理想的方案，因为这位新员工对公司、平台和团队成员都不熟悉，这使得他难以胜任这一角色。
>
> 我们承认，这些方案都并非最佳选择，但无论哪种都远胜于让现有团队在非工作时间提供"竭尽全力的支持"。后者不仅会让所有人感到挫败，还会对新地区或新公司的顺利接入流程造成不利影响。

## 6.2.5 第四阶段：在规模化条件下的工程支持部门

在大规模运维中，招募支持专家的需求已不再局限于单个平台团队，而是多个团队都需求。在这种情况下，招募专门的支持工程师并将他们组织成专业团队，成为一种可持续的解决方案。此时需要解决 T1 和 T2 人员配置的问题，并在支持团队与平台工程团队之间制定清晰的升级流程。我们采访了某 FAANG 公司数据平台团队的主任工程师 Jordan West，了解他们是如何在全球化运维中应对这些挑战的。以下是 Jordan 的分享内容。

> **平台视角**
>
> 我们公司规模较大，设有一个覆盖全公司的一级技术支持团队——工程支持组织（Engineering Support Organization，ESO），负责处理所有平台的问题，而各平台团队则通过轮值方式处理二级技术支持的升级请求。尽管有 ESO 的协助，我们仍然经历了多次迭代，才最终建立了一套能够有效避免团队成员因二级支持工程师工作负担而疲惫不堪的支持策略框架。虽然没有一劳永逸的解决方案，但以下五个关键策略帮助我们实现了这一目标：
>
> *根据应用层级制定不同的 SLA*
>
>   我们围绕应急响应服务质量和响应时间，根据应用层级制定了不同的 SLA。需要特别说明的是，这里的应用层级并非指代一线（T1）和二线（T2）技术支持的划分（后者主要基于解决问题所需的知识深度），而是指应用程序本身的重要性。
>
>   影响企业收入总额的应用程序（如产品本身），或对核心业务功能（如财务报告）至关重要的应用程序，被归类为 T0 和 T1 应用程序。针对这些层级的应用程序，我们的目标是在任何其他人察觉到问题之前，就能识别并处理相关事故。而对于其余层级的应用程序，即使客户先于我们发现问题并通知值班轮换团队，也是可以接受的。在实际操作中，这意味着需要为不同层级配置不同的告警参数。例如，在系统性能的监控方面，T0 和 T1 应用程序的响应延迟指标会被设置为较为严格的标准，而其他层级的应用程序则可能完全不开启延迟告警，或将告

警阈值设置得较高，仅在出现持续性延迟升高时才会触发。

*要求客户保持待命*

对于 T0 和 T1 应用程序，我们要求应用团队必须与我们一样实施 24×7 轮值值班制度。在生产环境中，故障通常并非由底层基础设施引起，而是由应用程序本身导致——例如，常见的情况可能是由于新逻辑上线而引发的流量突然激增。正因如此，我们需要能够与应用团队保持同样高效的联络响应能力。对于一名平台工程师来说，最令人沮丧的事情莫过于半夜被紧急召醒，却面对一个出现故障的应用程序几乎无能为力。

*招聘系统工程师*

我们坚信融合的 DevOps 模式，尽管对于值班机制仍存在一些争议。然而，要使这一模式有效运作，团队需要在开发和系统运维背景之间实现成员的平衡。在经历了一系列重组之后的一段时间里，我们仅专注于招聘拥有开发背景的人才。这导致涉及运维工具开发和告警优化的相关工作逐渐被搁置，同时团队成员对这些任务也缺乏热情。我们改变了招聘策略，引入了具有系统运维背景的人才（我们采用 SRE 这一职位头衔），从而在两个方面产生了显著影响。现在，团队中有了一些之前选择置身事外，而现在却积极投身工作的成员。但这并不意味着系统领域的专业人员只专注于系统任务，而工程师仅局限于开发工作，双方毫无互动。恰恰相反，从事这些领域的同事提升了整个团队的标准，引领了团队文化的变革。团队决不允许这些领域停滞不前。

*建立专家网络提供二级支持*

即便采取了最后两个步骤，鉴于我们的业务规模和重要性，二线支持的工作负载仍然过于繁重。这是因为 ESO 团队在处理超出一线支持范围的问题时，尚未具备足够的专业深度。此外，对于那些已经对我们平台系统有深入了解的高级用户来说，通过新设立的 ESO 支持环节反而增加了不便。为了解决这两个问题，我们的解决方案是将这些资深用户培育成二线专家工程师社区，使他们成为所在部门同事的首选支持对象。这些专家能够将对平台的理解与对应用程序的深厚知识独特地结合起来。他们的同事首先会向他们寻求帮助，然后是 ESO 团队，最后才会联系到我们。为了建立这一网络，我们通过事件回顾和数据建模讨论会，识别并与那些已经熟悉我们系统或学习能力突出的高级工程师建立合作关系。为激励这些"专家"，我们为他们开通了一个专属渠道，可以直接联系平台开发团队。该渠道对所有人开放浏览权限，但只有专家和轮值值班成员可以发帖。通过这种方式，我们构建了一个更具扩展性的支持体系：嵌入式专家不仅能够为同事提供高效支持，还能在需要时快速获得帮助。这种模式实现了双方的共同受益，是一次双赢的改进。

> **与 ESO 保持持续沟通**
>
> 如果你计划将部分支持职能从平台团队中分离出去,建立紧密的反馈循环至关重要。否则,无法深入理解客户的痛点的风险将大幅增加。为了解决这一问题,我们每两周都会安排 ESO 与值班轮值团队进行一次会议。在会议中,ESO 会提出他们需要解答的问题,而轮值团队则会分享那些他们认为未来可以由 ESO 负责处理的升级问题。此外,ESO 还会指出文档或工具需要改进的地方,以及他们观察到的客户需求趋势。这些讨论会催生具体的改进行动,例如完善文档以便 ESO 能够独立完成某些任务,或者开发更高效的工具,使他们可以通过简单的几次点击操作完成工作。通过这种方式,重复性任务被转化为一个团队乐于解决的软件问题。在过去,当所有工作都集中在同一个团队时,由于没有专门的时间分配,这些工具的开发往往被忽略。而现在,随着独立 ESO 团队的设立,有了另一位负责人积极参与,他们会向我们的管理层争取时间和预算,帮助团队解决这些问题。

# 6.3 运维反馈实践

平台团队需要投入的第三个重要运维领域是获取反馈。在本节中,我们将探讨四个关键实践,这些实践能够帮助平台团队在运维问题变得严重之前,实现功能开发与运维投资之间的平衡。这些实践涵盖了生产应用的全生命周期:SLO 和 SLA 基于需求制定;变更管理确保发布内容的高质量;合成监控不仅限于基础可观测性,还能够主动检测系统运行中的故障;而运维评审则通过回顾近期记录,分析运行中的优劣表现,为后续工作规划和重点方向提供指导依据。

## 6.3.1 SLO 和 SLA 是必要的,错误预算则是可选的

相信你已经了解,SLA 包含 SLO,这些目标由服务水平指标(Service Level Indicator,SLI)衡量和评估,而 SLI 则用于计算错误预算[注4]。这些都是平台团队的良好实践,但我们认为,错误预算被赋予了过高的期望,相较于实施成本,它的收益并不总是足够显著。

在展开讨论之前,我们首先明确一点。在以下这些方面,我们完全赞同关于这些主题的学术文献观点:

- SLI 是平台团队工程师用来监测其平台问题的极佳方式。

---

注 4:更多的信息,可参阅由 Alex Hidalgo 撰写并由 O'Reilly 出版的 *Implementing Service Level Objectives* 一书。

- SLO 非常适用于触发监控与告警，并推动随时待命团队展开深入排查。
- 包含少量 SLO 的 SLA 是帮助平台领导层和客户明确了解平台及团队在性能、效率和可靠性方面承诺水平的绝佳方式。
- 通过某些 SLO 的"故障时长"这一指标，我们可以以一种便于管理层理解的方式来阐释关键运维问题，从而帮助他们明确采取补救行动的必要性。

最后一点听起来与错误预算的概念十分相似，那么问题究竟出在哪里呢？问题在于，许多文献将成熟的错误预算视为一种合约，允许团队在不超出预算范围的情况下承担风险，但一旦超出预算，就必须暂停所有开发工作以进行修复。这一观点源自 *Site Reliability Engineering: How Google Runs Production Systems* 一书第 3 章，该章节建议将错误预算作为功能开发的阻碍因素："只要实际运行时间高于 SLO（换句话说，只要还有剩余的错误预算），就可以继续发布新版本。"

错误预算是一个很有用的工具，可以用来讨论系统计划运行状态与实际运行状态之间的差异。然而，仅仅以这种方式展开讨论，就可能引发工程师和管理层之间围绕阈值设定、误报处理等细节问题的对立指责，而偏离了解决实际问题的核心方向。尽管有些人承认这一问题，但仍然认为错误预算非常有价值，因为即使它不能立即促使领导层意识到团队行为需要调整，至少可以引发相关的讨论。这种观点我们部分认同，但需要强调的是，如果你希望客户或管理层能够做出特定的改变，那么错误预算背后的 SLO 必须是高度可信的信号，并且这些信号需要能够让团队外的人员产生共鸣。

在制定面向客户的 SLO 时，应当遵循以下三条规则：

*用户 SLO 越少越好——理想情况下仅需少数几个*
设置面向客户 SLO 的目的是帮助平台团队外部的人员理解问题的存在。然而，SLO 的数量越多，利益相关者就越难理解这些 SLO 对业务的重要性。

*他们需要尽量减少误报*
这一点对于读过《狼来了》寓言故事的人来说显而易见。如果上周未能达成 SLO，但业务仍然平稳运行，那么本周再次未达标又有何影响呢？即便存在真实的异常信号（例如短暂的负载峰值），只要未对业务产生显著影响，情况依然如此。对于平台团队之外的人员来说，准确区分真实问题与误报并非易事。因此，在向领导层和客户展示服务水平目标时，消除指标中的误报至关重要。

*假漏报在可容忍范围内，但需要解释并改进*
成熟的领导者和利益相关者应该明白，SLO 并非完美无缺，因此需要在偶发的误报和漏报之间做出权衡。偶发的漏报（即某些对客户造成不良影响的事件未能在 SLO 中反映出来）虽然令人尴尬，但如果能够采取有效的跟进措施加以解决，它们反而

可以成为推动持续改进的有力工具。

关键在于，这一切完全不同于平台团队在内部正确使用 SLO 的方式。作为平台团队，他们最应当关注的是充分理解系统的运行环境和潜在风险。基于这一点，他们应该遵循以下三条规则：

- 采用更多的 SLO 指标，能够最大化系统覆盖。
- 不要忽视误报，这可能会导致错过关键问题。
- 误报和漏报结果都需要解释和改进，以免误报过多导致运维负载过高。

所有这些都意味着，面向客户的 SLO/错误预算会在内部可观测性的基础上增加显著的额外开销。我们认为，只有当团队面临的问题严重到足以值得承担这一成本时，才应引入这些预算——这些问题可能是长期存在的可用性问题，或者是客户因对平台能力抱有不切实际的期望而产生的误解（例如，客户期望响应延迟能控制在单毫秒级别，但实际上他们的数据存储在寻道时间远高于此的硬盘上）。此外，在上述两种情况下，违反"错误预算"都应促使双方就各种选项和权衡进行讨论，而不是强制执行预先确定的操作。

## 6.3.2 变更管理

变更管理是对生产环境变更的操作机制进行严格控制，类似于代码变更的最佳实践：

- 所有生产环境的变更都应该记录在案。
- 所有生产环境的变更都需要经过评审。
- 在直接处理生产负载之前，所有对生产系统的变更都必须经过测试[注5]。

对于业内资深人士而言，"变更管理"简直是一个令人反感的词汇。"无疑，"他们会说，"如果要实现持续的轻量化发布，这些流程理应完全自动化，类似于持续集成和部署。如果无法通过平台实现这一点，那就只能通过逐案发布工程来完成。"

在理想情况下，我们会完全赞同这一观点，并将它视为一个理想和最终目标。然而，遗憾的是，平台通常发现实现完整的持续集成和部署成本高昂，而变更管理是确保这项投资得以实现的必要前提。这是因为平台往往具有状态依赖性和复杂的架构，同时需要支持一些对性能和可用性中断容忍度极低的客户。以缓存平台为例——如果部署工具

---

注5：在此使用"直接"一词是出于谨慎用词的考虑，因为某些类型的"生产环境测试"（如影子部署）对平台来说是非常好的实践方式，它们几乎不会对用户造成影响。然而，过度依赖金丝雀部署（即在小范围用户中逐步验证新功能）来检测问题则存在较大隐患。尽管金丝雀部署只会对少量用户产生影响，但它本质上是一种安全机制，而非测试机制。

在代码部署过程中清除了缓存，就会引发瞬态延迟峰值，而这种峰值一旦达到一定程度，就会直接影响客户应用程序的性能。因此，在实施诸如金丝雀布署、镜像部署和自动回滚等部署最佳实践时，平台系统通常需要比大多数应用程序系统更为复杂的处理逻辑。

这种复杂性通常意味着，标准化路径部署平台对其他平台团队的支持效果最差。因此，这些平台团队需要在版本发布工程方面加大投入。然而，由于功能发布的压力以及许多开发人员普遍对编写自动化程序持抵触情绪，我们经常发现平台团队在这一领域投入不足。当平台的初始开发者负责生产环境变更时，这个问题往往被完全掩盖，因为他们通常对风险点的位置及规避方法有着深刻的理解。然而，随着团队的扩展和人员的流动，这些晦涩知识逐渐流失，只要关键人员离职，团队中可能就再也无人能够安全操作生产环境了。

为了避免陷入这种困境，你需要投入变更管理，因为这将为你提供反馈，提醒你正在依赖具有风险的行为，并需要在那些熟悉系统关键痛点的人员尚在时，及时投资于发布流程工程自动化。这一流程相当简单——只需在 wiki 或聊天工具上撰写一份简短记录，并由团队的其他成员确认即可。但你必须致力于打造一种执行文化，通过运维评审确保流程得到严格遵循，同时确保对高风险或烦琐步骤的自动化改造进行必要的投入。

这是因为在新的自动化方案尚未就绪之前，变更管理所需的额外工作会为每次变更增加额外负担，这不仅降低了工程师的满意度，还分散了他们原本应该用于开发（包括构建自动化在内）的宝贵时间。尽管如此，我们已经目睹了太多由具有潜在危险的变更工具导致的大规模业务中断事件，因此难以相信存在更简单的解决方案。如果团队中有人对此持怀疑态度，可以提醒他们回顾 2017 年亚马逊 S3 服务的中断事件：这项运行了 9 年之久、拥有数百名工程师维护的服务，仅仅因为在命令行工具中输入了一个错误参数，就导致了两小时的服务中断[注6]。

> 在发布工程方面要谨防平台团队走得太远，将原本应该是平台自动化的工作演变成一个功能完备的影子部署平台。这样做不仅会增加重复劳动的成本，还会引发政治问题。即便存在合理的技术原因，这种做法也会给人留下这样的印象：平台工程团队对自己的成果缺乏信心，甚至让人觉得团队的工程师资源过剩，以至于可以构建独立的影子平台。如果平台团队在一个日历年内花费超过 12 个开发人月在发布工程上，这可能意味着他们正在进行过度开发。

---

注 6：根据亚马逊的报告（*https://oreil.ly/_xViX*）："太平洋时间上午 9:37，一名经授权的 S3 团队成员根据预定操作手册执行了一条命令，原本意在删除用于 S3 计费流程的某个子系统中的少量服务器。但不幸的是，该命令的某个输入参数被错误地输入，导致意外删除了更多的服务器。"

平台的运维 | 129

## 6.3.3 合成监控

关于可观测性的"三大支柱"——指标、日志和链路追踪，业界已有大量讨论，无须在此赘述价值。我们一致认为，对这三方面进行深入的静态监控对于平台的可运维性至关重要。然而，在可观测性领域中，有一个方面需要平台比其他类型的系统投入更多资源，那就是合成监控。合成监控（也称为主动监控）通过模拟用户与生产平台的交互来运行，不仅能够测量系统的延迟和可用性，还可以验证功能的准确性，并在未达目标时触发警报。

正如我们在第 2 章中讨论的那样，平台团队需要承担那些非自主研发的基础组件的运维责任，这些组件可能包括开源系统、供应商系统，或是其他内部平台与系统。每种组件都具有独特的复杂性，这不仅使得问题的发生点难以预测，更在问题发生时增加了解决与调试的难度。通过主动测试和验证整个系统的运行，合成式监控成为洞察这些基础组件内部运行状态及其交互关系的主要手段。这种方法带来了四个显著的优势：

*端到端监控*

  合成监控能够弥补被动监控的不足，在客户报告问题之前提醒你实际存在的问题。这一特性对 SLO 尤为关键，因为模拟监控不仅可以从客户端角度监测 API 调用的直接行为（如延迟、吞吐量、错误代码），更重要的是，它可以构建多个 API 协同调用的端到端场景，与客户的实际使用方式高度一致。因此，合成监控通常是监测客户实际体验的可用性和性能表现的最佳方式。

*了解客户需求*

  合成测试的开发与运行促使平台工程师能够亲身体验在自己的平台上开发应用程序的过程。这意味着，即使监控应用程序执行的是合成的模拟操作，它仍然能够提供与"内部试用"类似的宝贵反馈。例如，如果某个 API 调用的偶发性问题导致模拟监控触发误报，那么这很可能也会困扰你的客户（或者客户已经通过添加重试循环来暂时规避这个问题，但这种做法最终可能会引发更加严重的后果）。

*了解运维系统*

  即便调试易出错的合成测试未能提前发现对客户有直接影响的问题，这个过程也能让工程师积累切实的故障诊断实践经验，这种做法应该有助于降低他们最终处理真实问题时的 MTTR。

*三角定位*

  当客户遇到问题时，合成测试负载的可预测特性通常有助于问题的三角定位。这能够帮助明确判断问题是源于平台本身并影响所有用户，还是仅与客户的具体使用方式相关。如果合成测试负载也观察到问题，那么你通常可以利用更多的历史数据来深入分析并确定导致问题的系统组件。

在 Ian 为 AWS 构建行业基础性平台时，他们用合成监控取代了几乎所有的功能性集成测试。这一决策背后的逻辑是：如果你需要在每次发布前进行测试，那么同样也应该确保相同的问题不会出现在生产环境中。根据 Ian 的经验，要做好这项工作，需要投入 25% 的持续开发时间和 10% 的平台资源成本。尽管你的平台可能不及 AWS 的规模和复杂度，但若想大幅削减这方面的投入，可能并非明智之举。

### 6.3.4 运维评审

到目前为止，介绍的所有实践都会生成反映运维健康状况的数据，而运维评审则通过闭环推动行动，真正实现了这一过程的完整性。这是一种资深运维团队普遍采用的实践方式，工程师和管理层会定期（通常是每周）会面，共同审查如 SLO 指标这样的宏观数据以及事故复盘等细节内容。通过利用人类的注意力进行数据分析，团队能够及早发现异常情况、负面趋势以及更深层次的经验教训。在管理层和工程团队的积极参与下，运维评审能够促使团队对初现问题形成共识，并在问题演变为长期性问题之前采取行动。以下是我们对这一实践方式的几点观察。

**运维评审是平台团队的必不可少环节**

对于具有应用程序开发背景的人来说，运维评审似乎并非必要，甚至可能被视为一种额外负担。这些评审可能会让人觉得只是一些琐碎工作，似乎仅仅是为了表明需要投入更多时间来构建一个不需要此类评审的系统。在加入 AWS 之前，Ian 曾用三年时间开发用于渲染 Amazon.com 网站部分内容的应用系统，当时他也持有类似的观点。尽管他的应用程序中的算法非常复杂，但由于底层平台已经抽象掉了大部分复杂性，系统本身并不复杂。他的团队每周仅需处理不到两次的运维告警，完全可以避免进行正式的运维评审，并自认为已经实现了"卓越运维"。

2008 年，当 Ian 转到 AWS 负责一个名为 EMR 的平台产品时，他遭遇了一个巨大的冲击。尽管系统的使用量较低且代码库显著更简单，但运维负担却高得多。这不仅源于用户支持需求，同样也来自直接的运维问题，而这些问题的根源在于系统由众多底层系统构成（包括其他 AWS 服务以及大量开源软件组件）。在这个仅有五人的小团队中，定期进行运维审查是唯一能够防止小问题迅速膨胀并占据团队所有成员时间的手段。

**保持团队评审简单而严谨**

在团队层面，运维评审的基本做法是团队每周进行一次 30 分钟或 60 分钟的定期回顾，内容包括：

- 分页通知和较低严重级别的值班问题。
- 客户支持问题。

- 事故 / 故障事后分析。
- 生产变化。
- 高度相关的 SLI 和 SLO 的观察趋势（通常通过仪表盘审查的方式进行）。

每次会议都需要进行一定的内容筛选和准备工作，而这项任务通常应由刚刚结束值班的团队成员负责。

**组织层面的评审固然重要，但应优先注重实践而非流程**

让团队会议能够推动正确的行动是一门特定于公司文化的艺术。对于新团队或新任经理来说，会议很容易演变成无意义的表演，毫无实际价值。这正是为什么企业有必要每月至少进行一次更高层次的组织审查，以培养对高效会议运作方式的更广泛的文化认知。在这一过程中，有两个关键点需要特别关注：

- 影响最大的事故 / 故障的事后分析。
- 对特定指标进行评审，并讨论异常值（例如，检查服务水平目标、支持指标以及告警通知指标）。

在这一层面上，一个重要的方面是会议需要经过精心策划，会议所呈现和讨论的信息应与更广泛的受众息息相关。我们发现，由 SRE 主导这些评审卓有成效，因为他们具备技术能力，能够确保不会在无关紧要的细节上浪费时间，而且（正如我们在第 4 章所述）他们通常对这类社会性问题充满热情。

> 尽管我们提倡采用运维审视实践，但我们也观察到，一些领导者过于专注于系统且严谨的指标驱动流程，而忽视了这样一个关键事实：每个平台团队所面临的问题都具有情境相关性。如果要求平台团队的负责人将时间耗费在与实际情况无关的事务上，只会减少他们在真正能够对平台运维产生实质性影响的工作上的投入。

**领导层参与推动正确成果**

运维审查的核心目的是通过根据团队获取的运维数据调整工程时间，从而闭合反馈循环。如果需要作出这些决策的领导者未能积极参与会议，这一反馈循环便无法真正闭合。工程经理需要以无责备的方式参与其中，以有效推动问题的理解并确定行动优先级。这向平台工程师及平台用户清晰传递了一个信息：平台领导者有责任在运维和功能投资之间保持明智的平衡，从而引导平台走向可持续发展的道路。

## 6.4 结语

如果你拥有系统背景，那么本章的内容对你来说可能并不陌生——正如第 4 章所讨论的，"软件与系统"之间的分歧之所以长期存在，很大程度上是因为系统领域始终注重严谨的运维纪律。本章的主要读者是那些具有开发背景的人，希望你能够理解：在平台运维中取得成功，很大程度上依赖于在值班、用户支持以及运维实践方面的纪律性。如果你发现自己所处的团队已经习惯了低于标准的行为，那么你有责任推动更好的实践，解决明显的问题，并为提升团队的整体标准而努力。

第 7 章

# 规划与交付

> 再周密的谋划也常有意外。
>
> ——罗伯特·彭斯

我们发现，平台工程的倡议和领导失败的原因多种多样。其中最棘手的失败情况发生在团队确实在做正确的事情，却未能向组织证明他们的价值的时候。有些团队由于项目规划不足，陷入了艰苦且漫长的开发过程，尽管方向看似正确，却迟迟无法交付真正的价值。另一些团队虽然制定了渐进式交付计划，但却因超出控制范围的运维事件而受挫。更糟糕的是，他们未能妥善向内部用户传达这些事件的影响，要么提供的信息过多，令人不堪重负，要么沟通不足，导致信息断层。

无论是未能有效规划、未能逐步推进执行，还是未能向相关方清晰传达当前状况，外界对组织的看法一致：这个团队未能达成预期成果。为了帮助你避免这种情况，本章将介绍平台组织在规划与交付方面的最佳实践。7.1 节将聚焦于如何规划长期项目，记录那些团队在对时间表和价值持乐观态度时容易忽略的关键细节。7.2 节将讨论如何自下而上地规划团队的路线图：我们将探讨如何在产品与项目计划和其他必要的平台工作之间取得平衡，以确保计划中的里程碑切实可行。7.3 节将介绍成果与挑战（Wins and Challenges）沟通机制，这一机制旨在帮助合作伙伴及时了解团队在执行这些计划中的进展，包括那些导致延误的意外因素。

有些人认为，敏捷实践是团队唯一需要的规划方式，否则就可能陷入瀑布式开发的陷阱。然而，对于平台工程团队来说，工作的复杂性远远超出了一个或几个冲刺周期内能够计划的范围。本章提供的指导原则旨在在日常敏捷实践的基础上进一步优化，以实现两种方法的相得益彰。

# 7.1 规划长期项目

平台工程与应用工程的一个关键区别在于，平台项目的时间周期显著更长。根据公司规模的不同，构建、测试和迁移至新系统可能需要数月甚至数年的时间（*https://oreil.ly/MVXI7*）。平台团队可能会花费数月时间开展工作，却没有任何用户可见的成果，其中包括前期研究阶段，而这一阶段可能仅能产出项目可行性研究结论。对于习惯于高频发布的管理者来说，这种情况可能会令人感到困扰。如果你难以忍受长期等待才能看到客户影响，那么从事平台工程工作可能会极大地考验你的耐心。

作为平台负责人，你需要熟悉并胜任大型长期项目的管理工作，并协助团队将项目分解为逐步推进的里程碑。团队在确定里程碑和讨论要点时需要你的指导，以更好地引导他们的工作。而开展这项工作的最佳起点，就是明确项目的定义。

## 7.1.1 在提案文件中明确目标与需求

要确保长期项目取得成功，首要任务是确保每位参与者都清楚项目的初衷和目标。项目负责人需要将构想整理成项目建议书或需求文档，交由管理层和其他工程师审核评估。需要特别说明的是，这份文档并不是传统意义上的工程设计文档。虽然需要涵盖关键的设计要素，但工程设计通常只是需要考虑的诸多重要因素之一。此外，还应充分评估实施成本、系统迁移成本，以及客户提出的时间表或其他需求。

我们都很喜欢亚马逊式的六页文档（*https://oreil.ly/o6Egl*），但我们也清楚，这种特定的格式可能并不适合你的公司。抛开具体的文档形式不谈，这一尝试的关键意义在于撰写一份涵盖以下五个关键要素的提案[1]：

*背景、原则和指南*
  描述当前状况，说明目前情况的形成原因，并明确基本准则、需求和指导原则。例如，"我们必须支持跨区域故障转移"或"我们需要在未来 Y 个月内为支持 X 的扩展做好准备"。正如 Marc Brooker（*https://oreil.ly/Rh3Nq*）所指出的，通过记录当前状态来建立基准非常重要，这有助于在过程的早期解决根本性分歧。

*问题细节*
  这一部分需要你详细探讨需要解决的问题。Leslie Lamport 在他的经典单页文章"State the Problem Before Describing the Solution"（*https://oreil.ly/tvcZk*）中指出，在提出解决方案之前明确阐述问题，可以让读者更容易设想出超出所提方案的其他潜在解决途径。此外，这一步骤往往能够揭示项目负责人在问题理解上的不足，促使他们收集更多信息，从而更加深入地理解自己所提出的建议。

---

注1：如需更多启发，推荐阅读 Tanya Reilly 的著作 *The Staff Engineer's Path*（O'Reilly），特别是第 5 章。

*可能的解决方案概述*

这一部分应列出所有可行的解决方案，并对它们的主要优缺点进行客观评估。在详细阐述首选方案之前，完成这一评估步骤至关重要，这样可以预先回应那些你已考虑并否决的替代方案。否则，你很可能会收到这样的反馈："使用方案 X 是否能节省更多成本？"或者"你的思路是否过于保守和短期化？我们需要用新技术 Y 重新规划！"有趣的是，你可能会从同一个人那里听到这两种截然不同的意见，这反映了他们在权衡时的思考。

*建议的解决方案和理由*

阐述选择的解决方案，并说明决策依据，同时分析各项约束条件（如时间范围）及其他相关因素。

这一部分需要写多长才合适？老生常谈但确实如此："只需达到说服目标受众的效果即可。"具体长度会因企业文化和决策的争议性而有所不同。当然，这并不意味着要写成一份冗长的 20 页文档，试图通过将读者淹没在细节中来证明自己的严谨性。建议精炼出三到五个最重要的因素，并清晰阐明为什么这些因素应优先于其他考虑事项。

*行动计划*

在下一阶段的规划过程中，你将制定详细的执行计划。但在本文档中，请先描绘实施的整体蓝图：最终目标是什么样的？时间表如何？请列出早期和中期的主要里程碑，以及衡量成功的具体指标。此外，如果相关，还请充分考虑时间安排、人员配置以及组织影响等非技术层面的因素。

完成文档撰写后，应通过一次或多次会议与管理层（包括产品管理团队）和主要工程师共同评审。在会议中，大家将讨论项目的价值和可行性，争取各方的认同和支持。如果采用亚马逊的评审方式，则可以先安排约 20 分钟供与会者阅读文档，随后带领团队按照文档结构逐步讲解和讨论。无论采用哪种方式，这些会议的最终目标是就项目的价值达成共识，制定行动计划，评估实施成本，并获取项目启动的最终批准。

## 7.1.2 从提案到行动计划

在获得各方对提案的认同后，正式实施之前仍需完成一些重要的准备工作。首先，你需要编写一份详尽的设计文档，确保充分考虑各个技术层面，这份文档通常需要经过资深工程师的审核[注2]。此外，我们发现制定一份具体的行动方案文档也能带来显著的价值，文档内容应比最初的项目提案更加详细和深入。以下是需要特别关注的关键点：

---

注 2：根据我们的经验，设计文档应在实现工作开始之前就开始编写，但通常要到实现阶段的几个月后才能审核并完成，此时更能理解重要的权衡。

*测试与验收标准*

大型项目通常需要进行测试。团队是否已经撰写了相关文档？虽然不需要在项目启动的第一天就完成详细的测试计划，但应指派专人负责制定一个测试计划，并将它作为项目执行过程中需要跟踪的重要内容。测试还意味着需要明确验收标准：这些测试究竟要验证哪些内容？我们并不期望一开始就能制定出完美的验收标准，但在规划测试工作时，确定一些基本的验收要求是非常重要的。

*分析依赖关系*

这个项目需要哪些其他团队的参与？是否需要实现与其他系统的集成？你是否已经与系统所属团队达成一致意见，并确认他们是否会参与其中？

一个项目的依赖关系越多，它的交付就越困难。在众多依赖关系中，迁移工作常常被平台团队忽视。如果项目的交付需要客户进行迁移，那么这将是依赖关系分析中的重要部分，应当将迁移工作作为项目提案中需要重点估算的内容。

*估算人员数量*

获得项目批准并不意味着你能够让所有你希望参与项目的人加入。如本章后续内容所述，即便是已获得资金支持的大型项目，也常常需要与团队其他工作任务的时间需求进行竞争。你需要粗略估算项目核心研发团队所需的工程师数量，同时还要考虑在测试、系统集成、数据迁移等关键阶段是否需要增加人手。

*推动平台的采用*

如果你正在构建一个供其他工程师直接使用的产品（而非内部系统组件），那么你需要制定一个推动使用的计划。这通常是产品经理发挥专业能力的领域。如果没有产品经理，那么你需要确保规划好如何传递产品信息，使客户能够理解其用途并愿意使用。你可能需要回答以下问题：

- 你会给这个新产品或功能取什么名字？（提前确定一个合适的名称，有助于让后续讨论更清晰。）
- 你是否已经安排好团队作为早期使用者？
- 此项服务是否需要详尽的文档支持？
- 你是不是需要教导他人如何使用你的新产品？
- 你是否需要开展一些其他"推广"活动，比如向更大范围的团队分享，或者写内部博客？
- 你将如何宣布产品发布？

项目领导者们常常抱有一种"只要建好了，他们就会来"的想当然心态（源自电影

《梦幻成真》的经典台词）。但事实并非总是如此，如果不花时间与目标用户相处并真正理解他们的需求，那么内部项目很难获得用户的积极采纳。

### 里程碑

将这些考虑因素整合并有效管理项目实施的最佳方式是将它们明确为一系列里程碑。我们建议对前 12 个月制定具体明确的月度里程碑，而对后期较为不确定的阶段则采用季度里程碑。对于多年期项目，我们还会对前述要素（如预计人数、依赖关系等）在未来几年的变化趋势进行预测，这能帮助我们识别可能存在的"未知的未知"风险，尽管这些风险目前尚无法解决。这些里程碑构成了项目增量交付的基础。里程碑不仅能实现技术交付，还能推动业务目标。

---

**警惕过早引入项目经理**

在制定行动计划时，平台领导者往往倾向于将项目全权交由项目经理负责。他们期望项目经理能够通过制作甘特图（项目进度图），直观呈现项目的所有依赖关系和各项任务的工作量估算，从而增强团队对项目执行过程的信心。

根据我们的经验，这种做法效果往往不尽如人意。过早引入项目经理，不但无法增强团队信任，反而容易催生一种以进度为中心的官僚文化，同时削弱工程主管和产品经理在项目中的参与和积极性。若缺少他们在规划过程中的参与和意见，估算结果通常会变得过于保守，且准确性下降。基于这些原因，我们建议将项目经理的精力和资源集中在关键时刻，聚焦于进度细节可能对项目构成重大风险的情况，例如：

- 这个项目有确定的截止日期。
- 项目中存在大量任务依赖关系。
- 你的公司在协作中存在官僚主义文化（例如，无论请求多么微小，只要未列入本季度 OKR，就必须等到下个季度再处理）。

---

## 7.1.3 避免长期拖延

大多数工程师在启动长期项目时都充满希望与乐观——如果不是这样，我们可能就不会开启这么多多年的项目了！明知一个项目需要很长时间去完成是一回事，但有些本不该耗时太久的项目却最终变得遥遥无期。为了帮助你避免这种情况，本节将探讨一些原本合理的平台项目最终演变成无休止的漫长过程的原因。

### 过度追求目标

有些项目尝试完成超出实际可能的任务，这往往超出了时间框架或产品的能力范围。

以下是一个典型案例：我们熟悉的一个团队正在重新设计内部存储系统。这个存储系统多年来在特定用例中为公司提供了良好的服务，但随着时间推移，逐渐显现出效率低下的问题，并且缺乏一些对系统长期可持续性至关重要的安全和性能特性。在规划重新设计的过程中，团队不断扩展项目目标。新系统不仅要弥补现有的安全和性能缺陷，还将通过彻底淘汰所有网络连接存储和基于文件的存储方案，革新公司对存储的认知方式。

团队认真勤勉地实施了新系统，并将它上线到一个全新的环境，该环境中已禁用了所有旧的网络附加存储选项。随后，他们尝试将用户迁移到新系统，结果引发了用户的不满。

结果表明，用户习惯使用命令行文件工具，并且熟悉针对 POSIX 文件系统的脚本编写。对于以前通过简单文件操作完成的任务，他们既不了解如何使用新的 API，也不愿意逐一迁移现有脚本。很明显，移除网络附加存储这一核心设计假设是不可行的，团队不得不重新回到起点重新设计方案。

这是一个典型的过度追求目标的案例。系统重写本身已是一个庞大的项目，但由于团队深知项目的复杂性，反而促使他们认为应充分利用这一机会，将这一"宏大项目"升级为一项"革命性工程"。此外，团队还表现出一种象牙塔式思维，自以为比用户更了解需求。最终的结果是，他们试图推出的系统因过于庞大而无法入轨（在第 8 章中，我们将探讨避免这种情况的具体方法，尤其是在重新架构方面）。

### 起步过猛

在第 5 章中，我们探讨了让客户明确表达他们希望你构建什么的挑战。这种情况往往导致团队难以撰写项目提案，因为他们不愿意或无法承诺一个可能会排除某些客户群体的解决方案。于是，这些提案逐渐演变成复杂的设计规范，力图囊括所有可能的情境。

开发优质产品已属不易，构建优秀的平台更具挑战性，而要从零开始为多元化用户群打造一个复杂的平台几乎是不可能的。在启动新的平台项目时，应牢记加尔定律（Gall's Law）：

> 一个能够正常运行的复杂系统，必然是由一个运行良好的简单系统逐步演化而来的。而反命题似乎同样成立：从零开始设计的复杂系统往往注定无法正常运行，并且无法通过改进使它达到预期功能。因此，必须重新开始，首先构建一个能够正常运行的简单系统[注3]。

当你提到要从零开始构建一个新平台，而这个平台需要来自多元化客户群的详细客户设计输入时，这表明了以下几点：

---

注3：John Gall, *General Systemantics* (Quadrangle/The New York Times Book Company), 71.

1. 这是一个新颖且复杂的系统，既不是某个知名平台的内部交付成果，也不是现有简单平台的演化形式。
2. 你并不清楚构建这个系统到底需要做些什么，因此希望客户能告诉你他们的需求，并为你开发功能提供支持和理由。
3. 由于缺乏产品管理支持，因此你无法真正理解客户及他们的需求中的细微差别。
4. 你根本不应该以这种方式搭建这个平台。

你可能正身陷几乎不可能的困境。如果你接到了一项核心任务，要构建一个全新的系统，但在承接这项任务之前并没有实施清晰的规划（也许是由于内部政治、过于天真或者其他因素），那么你实际上已经注定失败。很抱歉不得不告诉你一个坏消息：如果你承诺为所有客户打造一个完整的平台，这几乎是不可能实现的。

编写一份客户能够理解并提出意见的具体提案，是确保自己不会陷入这种境地的有效方法。如果你发现自己无从下手撰写这份文档，这可能表明你承担了超出自己能力范围的任务，此时最明智的选择是缩小工作范围。正如我们在第 5 章中建议的那样，可以从新平台中那些乏味但基础的部分入手，先关注那些显而易见的功能，寻找你能够在提案中有信心地界定的工作范围。

### 不明确的问题空间

如前文提到的存储系统项目，至少团队知道他们需要解决的核心问题。然而，许多平台项目之所以失败，往往是因为没有人能明确指出究竟要解决什么问题。因此，在投入大量时间和资金之前，花一些时间去思考并写下你的项目目标，同时深入探讨各项假设，这样的努力是非常值得的。

平台团队常常误以为他们的职责是开发一个通用系统以满足所有需求。因此，他们没有从第 2 章提到的解决方案中选择其一，而是试图同时采用"铺就的路径"和"铁路"。然而，由于无法专注于某一种方法，因此他们最终反而无法满足当下的实际需求。举个例子，一个团队可能试图通过"铺就的路径"来解决某个广泛性问题，构建一个通用解决方案，同时又尝试采用"铁路"，比如开发一个拖放式用户界面，让其他团队可以轻松配置和调整底层系统。然而，当这些解决方案未能奏效时，团队往往不愿承认投资失败，反而加倍投入。他们坚持认为，只要找到合适的应用场景，或者找到真正需要这种通用功能的用户，就能让这些方案发挥作用。我们一位曾在产品工程领域共事的前同事，形象地将这种行为称为"瞎折腾"。

在一家以"快速试错、敢于突破"为准则的创业公司里，摸索着寻找产品契合点或许无可厚非。然而，在平台领域，这种行为却可能让平台团队留下不好的印象，二者完全不可同日而语。

明确定义你的项目倡议所要解决的问题至关重要，这包括提出假设的解决方案，提供证据证明该方案能够有效解决问题，并且（最好）制定衡量方案成效的指标。最佳的提案应由资深工程师提供技术洞见，同时结合产品经理的客户视角共同完成。如果缺少这些前期工作，那么你很可能会陷入一种循环：总觉得只需再添加一个功能，你的灵丹妙药式的解决方案就能被采纳。这正是为什么我们主张在项目启动之前就着手编写详尽的文档，从一个明确的提案开始。

**项目团队人员流动**

团队的不稳定性同样会导致项目拖延。当熟悉项目的人员离开时，整个团队的工作节奏都会受到影响。这不仅意味着失去了能够完成任务的关键成员，还需要投入额外精力去招募新人、对他们进行项目培训，并帮助他们与团队其他成员高效协作。这一系列过程不可避免地降低了整体工作效率。更糟糕的是，团队成员的流失往往源于项目本身的拖延，这使团队陷入恶性循环：项目的延误导致团队士气受挫，成员选择离职或转向其他项目，最终进一步拖慢当前项目的进度。

这正是记录提案和计划的重要性不容忽视的原因之一。正如 Datadog 的高级工程师 Cian Synnott 所说："我常常看到新加入团队的高级工程师会对所有事情提出疑问。这是一件好事，也是团队磨合的一部分。但如果我们能够说'是的，我们这个项目是这样做的，以下是原因……'，就能有效引导他们的精力并保持积极性。"

即使身为高层领导，你可能也无法完全掌控导致人员流失的工作环境因素。例如，在热门市场中，如果公司的薪资水平不足以吸引和留住人才，那么这可能超出了你的能力范围。然而，仍然有一些因素是你可以掌控的。如果你负责的平台总是"火烧眉毛"，你的团队可能会因持续的运维工作而感到精疲力竭，最终选择离开。要避免这种情况，或者将你的团队从这种状态中解脱出来，需要采取一种不同的规划方式，我们将在 7.2 节中为你详细讲解。

## 7.2 自下而上的路线图规划

第 5 章中提到的产品路线图展示了为平台新增功能所制定的开发计划。对于那些没有交付或运营压力的团队而言，这种路线图完全可以作为唯一的规划工具，以确保团队始终沿着正确的方向实现客户价值。然而，一旦团队面临交付或运营压力，就需要投入精力制定第二份更高精度的路线图，即自下而上的详细路线图。

是什么导致了这种变化？有一个来自波尔施特地带[译注1]的经典笑话。两位顾客抱怨道：

---

译注 1：Borscht Belt，这是一个非正式术语，指的是美国卡茨基尔山区（Catskills）的犹太人避暑胜地，特别是那里的"罗宋汤"旅馆群（或剧场和夜总会群）。

"这家餐厅的菜实在太糟糕了……而且分量还这么少！"同样地，平台的相关方也常常抱怨："这个平台的稳定性太差了……而且他们从来不能按时交付我们需要的功能！"由于规模化平台极其复杂，且通常支撑着业务关键型应用，因此平台团队需要主动投入运维工作。这不仅包括维护现有系统，还需要优化系统以适应规模增长。如果缺乏合理的规划来管理功能交付时间的预期，那么平台团队往往会忽视运维工作，最终陷入运维困境。这种困境可能表现为：

- 通过权宜之计式的修补来缓解问题，只会进一步增加系统的复杂性，并导致技术债务的累积。
- 未能按承诺交付新功能、反复发生运维事件，令客户感到失望。
- 繁重的运维工作和压力让工程师身心俱疲。

为避免这种情况，需要将功能交付计划与平台运营及运营改进所需的工作相结合。接下来我们将介绍需要评估的三类工作。首先是基础运维（Keep The Light On，KTLO）的工作，这包括确保系统和服务平稳运行的各项基础运营任务。其次是高层任务，即来自管理层的（几乎）不容商榷的强制性项目。最后是系统改进，顾名思义，就是为提升平台的运营效率、安全性、可靠性和合规性而进行的改进工作。在本节末尾，我们将探讨如何将这些工作有机结合，具体内容如图 7-1 所示。

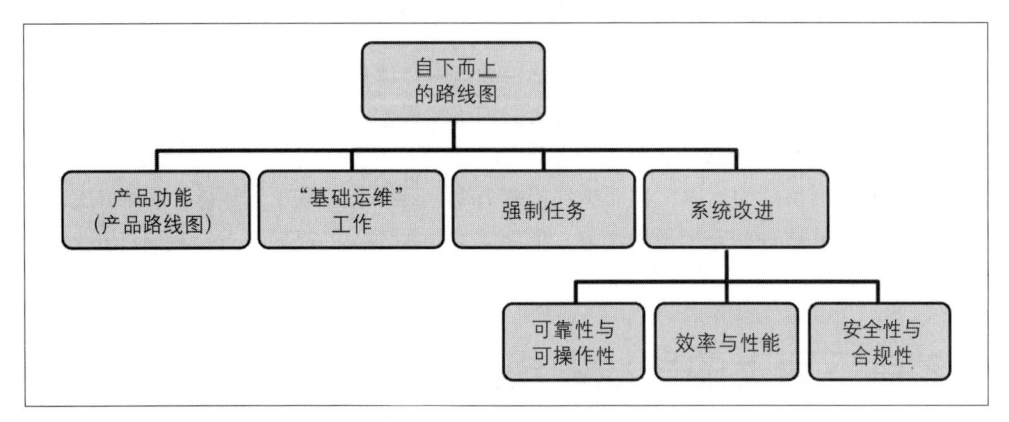

图 7-1：自下而上路线图的要素

## 7.2.1 "基础运维"工作

你或许会将它称为"运维"，但"基础运维"更直观地反映了工程团队真正不可或缺的运维工作——即未来 12 个月确保业务正常运行的核心工作。这通常包括以下几个关键类别：

- 安排事故响应值班人员。

- 为关键用户安排支持人员（包括值班待命或其他形式）。
- 解决运维与安全事故，并执行事后分析中的关键行动项。

如果你遵循了第 6 章的建议，将值班和支持工作划分为轮班制，那么你可以根据历史数据来估算前两项的成本。第三项则是最难估算的，因为它涉及未来可能发生的"未知的未知"。我们的建议是，参考团队在上一个规划周期内所处理的相关工作量，但排除那些耗时超过两个月的工程时间的事件或待处理事项。虽然这个两个月的界限具有一定的主观性，但我们认为，在制定计划时假设未来会发生重大运维或安全事件并不明智。

## 7.2.2 强制任务

强制任务是自上而下的正式命令，由高层领导团队明确要求完成的任务，通常伴随着明确的时间表。这类项目可能包括：

- 由其他平台与架构团队推动的迁移操作。
- 基础设施项目，例如迁移至新的云服务提供商、并购后进行基础设施整合，或构建新的地理区域基础设施。
- 提升公司合规性、安全性或运营能力的举措（例如，弃用过时的开源依赖项或实现 HIPAA 合规）。
- 重大的"战略性"商业举措通常旨在取代各部门的本地化优先事项（例如，"我们需要在所有产品中显著增加人工智能功能"）。

强制性任务往往会带来规划矛盾。在规划初期，总有一些任务被视为不可或缺的强制性要求，但当公司真正意识到完成这些任务所需的总工作量，以及它们将如何侵占其他更高价值的优先事项时，这些所谓的"必需任务"往往会被搁置。这就形成了一个困境：虽然没有任何团队能够直接拒绝这些强制性要求，但如果在规划时假设所有任务都必须完成，最终整个计划很可能会因此偏离正轨。

因此，评估强制任务的净影响意味着你需要尝试做出最佳判断，确定哪些强制任务既有较大可能被推进，又会对团队产生重要影响，并估算它们所需的工作量。这是一门需要将政治敏锐性与艺术性相结合的技能，同时也需要与你所在的管理层中能够影响这些强制任务推进的高管保持良好的沟通。当强制任务可能使团队不堪重负时，应尽快向该高管报告，以便他们向领导团队反馈，并有望帮助精简清单，聚焦核心任务。

## 7.2.3 系统改进

虽然 KTLO 对于支持业务稳步发展的系统至关重要，但这并不是全部的工作内容。KTLO 并不包括某些关键工作，这类工作如果不及时推进改进，可能在中期内对公司造成不利影响——无论是增加问题发生的概率，还是扩大问题的负面影响范围。这类工作通常来源于三个主要方面：业务规模的持续增长使系统逐渐逼近性能极限；系统在动态环境中的自然退化（有时称为"软件腐化"）；以及随着平台及应用程序对业务的重要性不断提升，行业和公司对质量标准的要求也随之提高。

许多组织将这类工作称为 SRE。我们称之为"系统改进"，因为我们发现，使用 SRE 这个术语容易让人误以为所有工作都围绕提高可靠性展开，而实际上还有其他重要的领域。系统改进工作通常划分为以下三个类别：

- 可靠性与可操作性。
- 效率与性能。
- 安全性与合规性。

我们建议为三个类别分别创建独立的分层优先级列表，因为每个类别的列表面向的受众群体各不相同。这种分类方式还能够有助于优化各自的分层排名，便于在同一类别内比较成本和影响，而无须跨类别进行比较。

**可靠性与可操作性改进**

这项工作的核心在于使系统操作成本更低、风险更低或故障更少。具体例如：

*减少繁重工作*
> 通过自动化消除那些随系统规模线性增长的实践型工程工作，不仅能有效减少系统日常维护工作的负担，还通过移除人为因素，显著降低了服务中断的风险。

*提升测试能力*
> 如果某些缺陷持续进入生产环境，你可能需要采用新的单元测试方法，引入负载测试或模糊测试，或者改进那些不稳定的集成测试。

*发布工程*
> 我们在第 6 章介绍了发布工程。在这方面的具体技术投入可能包括一些新的功能，例如蓝绿测试、金丝雀部署和影子部署等部署策略。

*可观测性*
> 虽然某些提高可观测性的工作规模较小且易于融入日常工作，但另一些项目，例如构建新的合成监控平台或引入如应用性能监控（APM）等新的可观测性手段，则必须经过规划并设定优先级才能实施。

*降低差异性*
> 平台的技术债务远远超过普通应用程序，主要来源于生产环境中运行的软件存在的

各种差异。这些差异通常源于为了满足新用例的需求而选择"快速方式"而非"正确方式"的决策。例如，这些差异可能包括客户端使用已废弃的 API 版本、为尚未迁移的客户端保留的旧版本平台、未及时清理的客户特定功能开关，以及过时的外部依赖等。这些问题在系统部署时往往影响最大，因为这些细微差异往往被操作人员忽视，最终导致系统故障。

*系统变更*

这包括为了提升系统可靠性而进行的系统层面的改进：比如更改哈希算法、调优垃圾收集器、引入缓存，或是替换有缺陷的开源库。

在寻找这类项目时，可以从复盘中找出那些低优先级的行动项。同时，你也应该密切关注客户的复盘，识别出可以在平台中实施的防护机制，从而为客户消除故障。

我们通过积极鼓励团队在"系统风险清单"中识别其系统中的突出问题，作为一个由 SRE 主导的集中式项目，取得了一些成功。然而，如果缺乏有力的领导，则这类工作可能流于形式，难以带来实质性价值。在开展此类工作时，应当积极寻求反馈，确保这一过程能够促成实质性行动，而不是形成一份很快就被遗忘的冗长清单。

## 效率与性能改进

作为基础设施之上第一层软件的所有者，平台团队在成本效率方面的责任远高于应用团队客户。然而，他们往往未能充分履行这一责任，直到某位首席财务官或首席技术官听到关于浪费的传闻，才意识到成本管理被忽视了。此时，平台团队不得不开展一次性的大规模行动，这虽然解决了眼前的浪费问题，却扰乱了整个团队的运作。随后，他们通常会制定一套复杂的成本分摊方案，以防止类似情况再次发生。遗憾的是，这些方案往往过于官僚化，并建立在诸多未经验证的假设之上，最终引发的问题可能与试图解决的问题不相上下。

要实现更高的效率目标，平台团队需要不断投入资源以提升效率。我们的研究发现，这项工作往往难以达到预期效果，其主要原因在于许多人忽略了工作的实际划分：一方面是云财务管理运营（FinOps），由专门的专家团队以规模化方式开展；另一方面是性能工程优化，这更适合由各平台团队的系统工程师来完成，而较大的项目应融入各团队的规划中。在本节的其余部分，我们将详细阐述这些角色及职责分工。

FinOps 是一个相对较新的领域，因动态云计算的使用模式和复杂的定价模型而诞生。FinOps 基金会（*https://oreil.ly/CLdos*）将 FinOps 定义为"一种通过引入财务问责机制来推动文化变革的实践方法，旨在帮助分布式工程和业务团队在云架构和投资决策中权衡速度、成本与质量，以实现最佳平衡"。

FinOps 团队擅长的工作包括：

规划与交付 | 145

- 标记云和基础设施资源以明确归属。
- 为财务与工程领域的领导者提供支出报告。
- 选择虚拟机（实例）合适的预留时长。
- 根据负载需求对服务器和实例进行合理调整规模，同时移除未使用的实例。
- 与云服务供应商谈判折扣。
- 与平台工程团队合作，基于客户需求开发改进型预测模型，用于预测未来成本并识别优化机会。

难道没有供应商工具可以帮你完成这些任务吗？确实有，但根据我们的经验，大多数工程团队和管理者都难以将这些工具所需的复杂决策和操作融入日常工作流。这需要有人专职负责。在云环境中，有太多方式可以迅速烧钱，因此必须有人来防范这一点。这个问题的重要性足以说明：当工程团队规模达到约 200 名工程师时，就需要配备一名 FinOps 专家。

在规模较小的组织中，我们通常将这项职责作为计算平台团队系统工程师的兼任职责，因为他们已经非常熟悉云服务供应商，而计算用例往往涉及最复杂的成本问题。尽管 FinOps 工作本身十分复杂，大多数系统工程师并不愿意将它作为全职工作，因为这类工作在生产系统中实践性不足。他们真正热衷的是第二类效率提升工作：性能工程，这是一种从系统整体角度出发，设计、分析并调优系统以提升性能和效率的系统化方法。当性能工程实现了系统的良好调优时，能够带来 CTO 和财务团队最为青睐的"快速收益"——几周的工作就能使每年节省数十万美元。但要做到这一点，需要对生产平台有深厚的理解。

公司通常会通过组建"性能团队"来满足这一需求，招聘一名或多名性能专家，让他们全职专注于解决公司最具影响力的性能工程问题[注4]。然而，规模足够大的工程组织少之又少，无法提供足够多具有挑战性的难题来吸引专家。因此，公司往往会选择招聘经验较浅的工程师，随后便会陷入我们在第 4 章中描述的"专家变成布道者"的困境——这些工程师更热衷于说教理想中的工作方式，而不是着手解决实际问题。加剧这些问题的因素是，这些专业人员的"实际"工程工作是修改其他团队的系统，而这种信任障碍有时即便是专家也难以跨越。

因此，除非是在拥有数千名工程师的大型企业中，否则你很难找到这样难得一见的全职人才。更为高效的途径是将这一职责交给平台团队中的系统工程师。根据我们的经验，这些工程师总是孜孜不倦地钻研各种性能调优的资料，并迫不及待地想要将所学付诸实践。他们所需要的，仅仅是完全放手施展的自由。

---

注 4：请参阅 Brendan Gregg 的 *System Performance*, 2nd ed. (Addison-Wosley)。

建议由 FinOps 团队牵头开展一项持续性的成本效益分析计划，为各团队的系统工程师腾出时间，以探索潜在的高效优化方案。在自下而上的规划过程中，评估这些高价值方案的实施成本，并根据成本效益进行逐项排序和优先级评估，同时将成本与其他系统改进需求一并纳入整体优先级规划。

**安全性与合规性改进**

最后，我们还可以通过一些系统改进来增强安全姿态或提高对监管 / 客户标准的合规性。安全工程是一门独立的学科，尽管已有大量相关书籍问世，但整个行业在这方面的投入仍严重不足。2021 年的 log4shell 零日漏洞（*https://oreil.ly/Uxdf9*）深刻揭示了许多公司在合理时间内修复关键漏洞方面的能力欠缺，更不用说整体保持最新状态了。

在发生安全事件之前，应用团队和平台团队往往容易忽视安全工程这一领域。然而，仅仅组建大规模的安全工程团队也难以奏效。尽管安全工程团队能够对安全与合规问题以及实施过程中的权衡进行深入分析，但当涉及设计或产品决策时，他们通常难以对其他团队负责的系统进行实质性改动。此类工作最适合由平台团队自行完成，同时可以借助独立的安全工程组织来协助倡导、汇总、评估项目，并提供专业咨询。

这些项目中，有些涉及平台架构的根本性变更——我们将在第 8 章详细探讨如何应对。另一些则是现有系统的逐步优化，与其他可靠性项目类似。需要特别注意的是，这类项目与可靠性项目一样，价值更多体现在减少潜在风险上，而非直接产生明确可见的成果。因此，平台团队需要持续评估最有价值的安全项目，并将它们与其他系统改进工作一同推进。

## 7.2.4 综合分析

通过探讨计划周期，我们完成了对自下而上规划的讨论。至此，你应该已经整理出以下成果：

- 不可协商的 KTLO 工作量估算。
- 对所有"不可协商的"强制性项目进行评估。
- 产品路线图，其中列出了客户和利益相关者对平台的新需求（这不仅应包含产品管理部门定义的工作内容，还应采纳平台工程团队自身提出的想法）。
- 三份针对提升效率、可靠性和安全性的分层排名项目清单。

让我们来探讨将它们落实为具体计划的关键因素。

**节奏**

我们应该多久制定一次清单、估算和计划？默认的做法是根据公司的要求来制定。然

规划与交付 | 147

而，以应用程序为中心的组织通常可以通过较少且不那么严格的规划来满足需求，因此他们可能不会像你为了满足自身需求而希望的那样频繁地要求你制定计划。对于平台团队，我们的建议是每年进行一次从零开始的全面规划，并在其余三个季度进行轻量级的更新调整。

**汇总列表**

如何汇总这些潜在项目清单？这不仅取决于平台的实际状况，还取决于人们对平台的感知。以下是一些启发式原则供你参考：

*KTLO 工作应控制在团队总工作量的 40% 以内*

　　超过这一比例可能会导致团队士气低落，甚至引发职业倦怠的严重问题。

*单个系统改进项目的工时不得超过三个开发人员的月工作量*

　　除非问题紧迫，则最好将预计需要超过三个开发人员的月工作量的改进项目视为更大项目的一部分，以创造更大的价值。我们将在第 8 章对此进行详细讨论。

*使用 70/20/10 模式分配非 KTLO 工作*

　　平台团队在完成基础运维任务后，应如何分配时间于增量工作、重大架构项目以及全新平台？我们推荐采用谷歌的 70/20/10 模式（*https://oreil.ly/zPJsK*）：

- 70% 投入核心计划（用于现有平台的增量工作）。
- 20% 投入于相邻创新（包括平台架构重新设计）。
- 将 10% 的资源投入于变革性创新（全新的平台的开发）。

　　然而，不同团队在不同时期能够从相邻创新和转型创新中获得的助力会有所不同。因此，虽然对这些数据进行衡量和讨论非常有意义，但请避免将 70/20/10 模式简单解读为领导层分配给团队使用的"预算"。

**平台团队路线图的合并**

我们之所以要求你制作这些清单，是因为我们坚信这项工作对每个平台团队都具有重要价值。这样的深入分析不仅能够增强你对工作的信心，还能为团队扩充提供有力依据，同时也使你能够有效反驳那些对你的投资计划持不同意见的利益相关者。那么，如果你尝试将各团队的路线图和清单逐级汇总，是否能够创造更大的价值？

先从一个简单的答案说起，在整个实践过程中，我们发现提升一个管理层级能够带来最大的价值。在跨级管理者这一层面，由于"计划制定团队"的规模较小，团队成员能够充分讨论标准和定义问题。同时，整个路线图只需通过六页文档即可完整呈现，这样的文档既简洁明了，又便于所有人阅读和理解。这种管理模式还使跨级管理者能够更好地优化团队间人力资源的分配决策。

然而，我们不建议在更高层级进一步合并规划以试图制定完整的总体计划，尤其是在人员编制方面。因为一旦越过直接管理层，信息的准确性就会显著下降。更为棘手的是，当涉及更多人员时，由于每个人都有自己的目标和诉求，这个过程往往会演变成一场政治博弈。这正是 Ian 在担任 AWS 的 OP1 流程（*https://oreil.ly/Q6j32*）的中层管理者时的切身体会。在那里，管理晋升与组织规模挂钩，使得中层管理者倾向于力推自己主导新的"宏大构想"项目，并竭力扩大自己的组织规模。随之而来的是，团队经理们开始夸大人员需求，为各自团队争取更多招聘名额，从而引发恶性竞争。在这种情况下，就连最坚持原则的领导者也不得不参与这种职场竞争游戏，以保护自己的团队利益。

此外，招聘是一个持续且耗时的过程，等到录用通知发出时，负责编制的副总裁和总监们往往已经调整了他们原本的人员分配计划。这种领导决策无可厚非，但愈发加深了员工对这一单一化规划流程的讽刺与质疑。

自下而上的计划制定对于防止团队陷入运维困境至关重要，但不要试图将它变成"一个统领全局的计划体系"。要知道，就连 AWS 也无法通过这种方式实现人员的精准配置，因此你也未必能做得更好。

---

### 平台设计不良模式：过度依赖内部开源

曾经，Camille 是一个大型分布式系统的拥有者，该系统提供动态服务发现功能。在这个系统中，各个服务会自行注册，而客户端通过查询来定位服务端点。这个系统实际上是基于分布式协调系统 Apache ZooKeeper 的一层封装，而她的团队也负责维护 ZooKeeper。由于客户端库是系统中的关键组成部分，但团队中并没有精通所有编程语言的专家，因此为了解决这一瓶颈，他们采用了内部开源的策略，允许其他开发者自主构建并贡献他们的客户端实现。

有一天，Perl 客户端库的创建者发布了一个带有缺陷的版本，导致服务中断。在检查有缺陷的库时，Camille 的团队发现，这位创建者开始使用了一些超出服务发现 API 职责范围的 ZooKeeper 功能。这件事给 Camille 带来了两方面的重要教训：她不仅领悟了海勒姆定律（Hyrum's Law）[注5]的真谛，还认识到在平台生态系统中进行内源化代码存在风险。

内部开源开发模式的核心理念在于，通过允许任何人像参与开源软件一样为代码库做贡献，为开发者提供了一种主动解决开发中阻碍的途径。企业管理层青睐这种模式，因为它彰显了他们对协作的开放态度。他们会说："任何希望某项功能尽快实现的人都可以自由编写代码并回馈给项目！"我们对开源充满热情，而 Camille 在她的职业生涯中也曾多次积极参与开源项目。理论上，我们深深认同这种模式所蕴含的力量。

---

注5：海勒姆定律：无论你在契约中如何承诺，你的系统的所有可观测的行为都将被他人依赖，即接口的隐含行为或未明确指定的特性往往会被用户依赖。

然而，现实往往更加混乱复杂。大多数人既不想读别人的代码，也不想修复问题，更不愿意等待陌生人的代码审查。虽然大家乐于使用开源软件，但真正愿意贡献的人少之又少。而在这少数愿意贡献的人中，很多人只是想添加一些未经深思熟虑的功能，硬是让代码实现它本不该做的事情，以满足他们特定的小众需求。维护者深知，一旦批准了这些更改，就意味着他们需要永远支持这些功能。因此，他们在面对未经验证的贡献时，不得不保持谨慎和挑剔，接受这些贡献也变得缓慢起来。

这些挑战在内部开源模式中同样存在。尽管相比互联网上的陌生人，你可能更信任自己的同事，但软件的维护和支持责任终究要落在负责该软件的团队身上。因此，大多数团队宁愿选择扩充团队，也不愿审核其他团队提交的代码修改——这种选择其实是明智的，毕竟很少有内部团队真正愿意投入精力参与平台代码的贡献工作。

正如 Camille 所发现的，平台为这一挑战增加了新的复杂性。你不仅需要接受他人的贡献，还要负责维护他们所贡献的系统。当有人在开源项目中引入了一个缺陷时，项目维护者不会收到任何紧急通知，但当平台出现问题时，平台团队就会接到警报，不得不应对由第三方贡献引发的突发问题，这种情况确实令人感到沮丧。

不要试图通过内部开源来避免与客户就优先级进行困难对话。让客户误以为他们可以随意开发并直接交付是天真的想法。建立一个深思熟虑的贡献模型，不仅仅局限于初始代码的实现，而是需要付出大量努力。

亚马逊采用了一种"远程协作团队"模式（ https://oreil.ly/417LE ），这是一种合约驱动的协作模式。当应用团队在开发过程中遇到瓶颈时，他们可以自行开发所需的平台功能以突破困境，随后将代码交由宿主平台团队长期维护。不过需要特别注意的是，Ian 在亚马逊工作期间，他的团队曾使用过这种模式的变体。尽管团队间的协作本身是有效的，但这种正式化的互动方式，即便在工程师关系融洽的情况下，仍然会导致高昂的管理成本。本可以在团队内部灵活调整的事务，例如休假安排、值班排期和代码评审，却变成了两位经理之间的正式谈判。这种情况是合约驱动的互动模式的常见结果，也是我们对正式化的内部开源协作流程持谨慎态度的原因之一。

"远程协作团队"模式可能适合用于仍在不断发展的早期阶段平台，但随着平台逐渐成熟，这种模式应当变得愈发少见。如果你的团队频繁依赖这种模式，应将它视为需要立即解决的问题，而非一种标准的运营模式。

# 7.3 双周状态沟通：成果与挑战

你的团队正在高效规划并逐步交付？恭喜！但现在还不是可以安心无忧的时候。即使计划再周全，系统也可能会出问题，意外总会发生，时间表也可能被打乱。如果高层决策者没有过多关注项目进展，却又看不到预期的改进，他们可能会觉得项目停滞不前。而随着组织不断壮大，领导者会发现越来越难以全面了解各团队的整体进展，也难以确信一切都在朝着正确的方向前进。

为了解决这个问题，我们采用了一种称为"成果与挑战"的方法。这是一种双周汇报机制，根据利益相关者的需求量身定制内容，不仅能为他们提供有意义的信息，还能通过突出团队的成就、提醒领导及时关注潜在问题以及记录团队的进展，为团队本身创造价值。虽然本节内容并非专门针对平台工程，但"成果与挑战"对平台工程团队来说尤为重要，因为这类团队专注于长期目标，他们的日常工作成果往往不易被察觉。我们在大大小小的公司中都实践过这种方法，用它向上级、同事和利益相关者展示团队的工作情况，同时确保管理者能够正确关注工作的进展及工作带来的影响。

## 7.3.1 基本原理

我们每两周会沿着组织结构逐级递交工作情况，通过简明扼要的要点总结过去两周的主要收获（成果）和遇到的问题（挑战）。所谓"逐级递交"，是指直线管理者先为各自团队撰写更新内容，然后组织中每个更高层级从下级报告中挑选出最重要、引人注目或最具影响力的内容，并在必要时进行改写或调整，以便于更广泛的受众阅读和理解。

在讨论具体操作和更新之前，我们先明确一下为什么这项工作值得你投入时间。

## 7.3.2 为什么：价值是什么

对于团队及管理层而言，这一方法提供了一种轻量级且定期的机制，为每个人提供了一个适度了解其他团队工作进展的机会。它能够按团队记录季度内的实际情况，这对撰写业务报告和绩效评估非常有帮助。同时，它促使管理者反思并总结过去两周内的实际情况，而这是冲刺及其他敏捷活动往往难以做到的。

对于利益相关者而言，这一实践能够定期为他们提供透明的工作进展。平台工程团队由于通常致力于长期且较难被迅速理解的项目，因此比其他团队需要花费更多时间来传递工作的价值与影响。目标在于帮助整个组织认识到，这不仅仅是一群工程师在玩弄有趣的工程技术，而是一个专注于攻克对公司至关重要的难题的团队。构建理解与信任至关重要，而根据我们两人在多家公司的经验，这一实践一直是建立信任过程中的关键基石。

如果你觉得这听起来像是一些烦琐的事务，而你目前没有进行任何其他定期汇报，那么我们建议你尝试一下。平台负责人往往会错误地认为他们无须定期提供工作透明度，或者觉得团队的工作规模过于庞大，根本无法总结。但坦白说，这种想法简直荒谬。你有责任为同事、上级和客户提供工作透明度，同时也有责任为团队考虑如何拆分工作并更频繁地交付成果。

如果这个实践与你目前展示团队影响力的方式有所重叠，你可能并不需要它。然而，我们还是建议你思考一下，是否可以通过"成果与挑战"方法进一步提升现有工作效果。当前，许多汇报工作主要关注产出指标，例如团队处理的工单数量或完成的故事点数。这种做法本身无可厚非，但往往缺少对工作成果的定期反思。因此，在产出报告的基础上增加这样一个补充环节可能会非常有价值：我们确实完成了这些工作，但它们的实际影响是什么呢？

### 7.3.3 是什么：结构化成果与挑战更新

基本格式如下所示：

成果：

- 要点 1
- 要点 2
- 要点 3
- 要点 4

挑战：

- 挑战 1
- 挑战 2

这个实践的关键内容包含两个部分。第一部分是促使团队撰写优秀的报告。根据我们的经验，报告的结构往往是团队最初遇到的主要难点之一。Camille 的一位高级产品经理创建了一个实用的三部分公式，用于撰写"成果与挑战"更新[注6]——在撰写更新时，首先撰写一个简明且加粗的总结，然后用一两句话分别描述具体情况、采取的行动和最终结果：

*情况*

在采取行动之前的情况是怎样的？这样的说明能够为受众提供必要的背景信息，帮助他们充分理解你为何采取这些行动。

*行动*

你是如何应对这一情况的？这能够向受众清晰地说明问题的规模与性质，以及所采取的具体行动。

---

注 6：这一方法源自 STAR 面试技巧（*https://oreil.ly/uvw7M*），STAR 分别代表背景（Situation）、任务（Task）、行动（Action）和结果（Result）。

*结果*
    你的行动对局势产生了怎样的影响？最好通过具体的数据来展示可量化的变化。

撰写的目标是让读者能够快速而轻松地阅读并理解内容。根据目标读者的不同，你可能需要展开缩略语、将复杂的系统概念简化为易于理解的部分，或者去除不必要的细节。

数字是我们的朋友。度量指标帮助人们理解问题的规模以及工作的影响力。并非所有事情都能或需要量化，但在业务沟通中，尽可能量化结果会更加有益。

以下是可以包含在更新内容中的一些话题例子：

- 关于重大项目的新闻，包括达成了某些里程碑或遇到延迟等情况。
- 关于人员动态的新闻，包括团队成员的离职与入职、团队拆分，以及重组调整等。
- 运维动态，包括事件报告、庆祝一周的良好表现（例如事件处理或页面响应），或者承认这周非常糟糕。
- 产品或工程指标的变化情况，包括性能提升、成本节约、采用里程碑、客户满意度调查结果的变化以及客户的显著反馈意见。

### 7.3.4 别忘了这些挑战

相信大家都乐于分享成功经验，但不妨花点时间认真思考一下挑战。为什么要将挑战纳入其中？又有哪些挑战值得被纳入其中呢？

分享挑战具有两个重要目的：

*内部健康监测*
    在平台组织中，这些挑战性问题能够让管理层清楚地看到平台团队在协作、稳定性或交付方面所面临的困境——即使这些问题尚未足以引起高层管理者的注意。这些挑战可以成为管理团队之间对话的开端，从而推动组织内部实现更好的协作。

    这些挑战可能会揭示平台团队与其他外部团队之间的问题：例如，平台团队仍在等待用户团队对新功能的反馈，或者由于等待安全审查而阻碍发布进程。这些情况既可以用来支持问题上报，也可以用于记录与外部团队之间反复出现的问题。

*外部信任建立*
    公司往往缺乏一个分享问题的平台，但对于共享服务团队来说，透明度是建立信任的关键。分享挑战为他人提供了得到帮助的机会，有时，当团队提出某个难题时，高级管理层可能会发现需要关注的优先级冲突。在大型公司中，如果不是通过更新，你甚至可能不会了解到公司其他部门的问题已经对你的工程团队产生了影响。

你选择对外分享的挑战应当是一个有意义的子集，这些挑战的选择标准是它们有助于建立信任、寻求支持或突出问题。问题在所难免，尽管你可能已经建立了出色的事故管理和事后复盘机制，但简要提及重大事故可以帮助他人相信你的团队能够妥善应对。挑战部分同样是一个适合坦诚面对意外交付延迟、供应商谈判问题、安全事故，甚至核心团队成员流失的地方。

需要注意的是，在分享协作过程中遇到的挑战时，不应轻率地进行披露。如果你在未与合作团队领导事先沟通的情况下就披露问题，他们可能会认为你是在未给予他们回应机会的情况下，就公开点名批评了他们。

## 7.3.5 让团队主动记录成功经验与面临的挑战

在多次实施这一流程后，我们深刻体会到，这始终是一个不断迭代的过程。首要挑战在于教会团队如何撰写有价值的成果与挑战，尽管本章内容可以提供一些指导，但这是一项需要全员在实践中逐步培养的技能。事实上，单单是让团队成员开始记录就可能是一项艰巨的任务。我们的经验表明，最有效的方式是长痛不如短痛：直接强制执行。建议在实施 6 到 12 个月后，审视成果、判断进展，并酌情调整策略。

明确参与人员、所需形式以及完成时限至关重要。如果你的表述含糊不清，或者让人不清楚这是强制性任务还是可选活动，团队将逐渐失去注意力和专注力。

设定所有更新的截止日期和时间（例如，每周三美国东部时间下午 3 点）。明确由谁负责提供更新（我们稍后会提供相关建议）。提供模板，并指明保存更新的位置。请注意，流程越清晰明确，大家就能越专注于更新工作本身。

有些团队可能会抱怨报告时间与他们当前的迭代节奏不一致。然而，将迭代周期调整一周并非什么重大困难，而这一流程所带来的价值完全值得这点小小的不便。有些团队可能并不采用双周迭代的模式，也有些团队可能在一段时间内没有重要更新（例如假期期间常见的情况）。这些都没关系！节奏冲突并不是不推行这一做法的理由。

**谁应该负责更新**

负责团队执行与交付的人员应当承担起撰写进展报告并广泛传达重要进展的责任。通常情况下，这一角色由工程经理担任更为合适。直接管理者需要收集其团队工程师的进展信息并汇报给总监；总监则将这些信息汇总后提交给副总裁（即负责管理超过 100 名工程师的组织负责人）；副总裁会筛选出重点内容，与同级主管和上级领导进行分享。尽管产品管理团队的成员和管理者可能会参与进展报告的起草与编辑，但工程经理需对最终内容负责，确保能够充分呈现团队最重要的工作成果和所面临的挑战。

当团队规模较小时，团队中最资深的经理往往会倾向于亲自完成所有的整合和编辑工作。通过阅读各类可能的更新，你能够获得关于团队运作的极佳视角，同时在提问和编辑的过程中，你也在引导团队了解哪些信息值得分享，以及如何更好地呈现这些信息。然而，就像所有依赖单个关键人物的流程一样，如果只有你一个人负责这项工作，那么这个流程最终会出现问题。因此，在适当的时候你可以亲自处理，但当你休假时，要学会将这项职责交接给他人。随着团队规模的扩大，你还应积极寻找机会，让更多人参与到最终成果的制作中来。

**谁应该接收更新**

在平台团队中，跨层管理者应审视下属管理者的成果与挑战。副总裁需确保每位跨层管理者的亮点能够对所有其他跨层管理者可见，并在员工会议中视情况进行讨论。

更重要的是，副总裁通常会通过邮件将这些关键亮点分享给同级管理者、利益相关者以及上级领导。仅将成果与挑战记录留在平台团队内部的作用是有限的，如果想要真正发挥价值，就需要将它们传播到组织之外。团队应将能够出现在这些成果记录中视为一种值得骄傲的标志，这种做法有助于培养我们期望在组织中建立的那种关注影响力的文化。广泛传播这些成果与挑战，不仅能够让每个人清楚地了解平台团队正在着手的重要项目，还能展现团队逐步推进目标实现的过程，同时为业务发展提供强有力的支撑。

# 7.4 结语

如果读完本章后你感到有些压力，我们完全可以理解。我们在这里提出的建议中隐含了许多细节内容。要让团队写出优秀的项目提案、设计文档和行动计划确实不容易。许多管理者在估算平台运营成本时会感到非常紧张，他们可能也缺乏信心能够维持每两周一次的沟通节奏。

我们不建议你尝试一次性解决所有问题。选择那些最相关的部分开始。在团队处于执行阶段时，启动"成果与挑战"沟通流程相比于规划阶段会更容易开展。

如果你负责管理某个部门或团队，可以思考如何评估团队的基准必要工作，即 KTLO 工作。最简单的方法是观察实际情况。在某一周或一个月内，团队的工程时间中有多少用于 KTLO 工作，又有多少用于推动产品发展、设计新功能或开展研究？这种评估无须精确到小时，目的在于量化团队可用于投资创新的能力，从而在规划工作时，更清晰地了解团队承接新任务的可能性。

教会团队编写高质量文档需要时间。这项工作应由资深工程师主导，管理层则协助进行工作量评估。这些资深工程师（或 SRE）是最适合的人选，他们可以评估当前状况，支持循序渐进的改进，并就推进工作的可行性提供专业建议。

有些工作容易分解且足够重要，全年任何时候都应优先考虑。为这类工作在日程中留出一定的余地。对于重大项目，要养成完成设计文档的习惯。这个过程能够有效甄别优劣：它可以帮助你区分那些切实可行、成功概率高的想法，避免被那些表面吸引人但价值有限、不值得规划的想法所干扰。在极少数情况下，如果你发现高质量的提案超出了现有的处理能力，可以以此为依据提出团队扩充的请求——或者更好的是，寻找各提案之间的协同效应，探索满足共同需求的方式。

最后，请务必确保向重要的利益相关者透明展示团队的工作进展。将这些规划实践与敏捷交付相结合，并始终致力于持续创造增量价值，这种思维方式的转变正是优秀平台团队与卓越平台团队之间的分水岭。这项工作充满挑战，但为了赢得对你努力的认可与回报，你需要让利益相关者清晰了解团队所取得的卓越成果，而这也将帮助你最终赢得组织的信任与尊重。

# 第 8 章

# 平台架构重构

"如果你最终没有为自己的早期技术决策感到后悔,那你可能过度设计了。"

——兰迪·舒普

在第 5 章中,我们描述了交付新平台的流程:从小规模起步,与少数精选客户建立合作关系,通过渐进式交付确保所构建的产品能够为客户群体提供广泛适用性。在第 7 章中,我们概述了超越产品路线图的规划方法,帮助你在保持 KTLO、开发新功能以及系统改进之间取得平衡,从而提升运营效率、可扩展性、安全性等方面。这一切听起来都很完美:从小规模起步,逐步获得发展势头,通过定期投资于系统维护和功能开发来保持业务平稳运转。然而,可能会出什么问题呢?

即使严格遵循这一流程,你仍可能遭遇瓶颈。随着系统负载的增加,尽管持续投入系统建设,运维问题却愈发频繁。基础运维工作的量级随着负载的增长而不断攀升,进一步削弱了团队在系统优化或新功能开发上的投入能力。最终,最优秀的软件开发人员会选择离开——并非因为精疲力竭,而是因对停滞不前的现状感到深深的挫败。关键基础设施逐渐停滞不前,尽管仍对业务至关重要,却再也无法支撑新的功能与能力。

为什么系统的渐进式改进无法阻止这一问题的发生?问题在于,这类改进虽然能够在系统扩容方面带来显著的短期效益,但由于关注点过于狭隘,往往难以解决系统中深层次的架构缺陷。

提到"架构"一词,有时会让人联想到一些负面的印象:冗长的会议中讨论着毫无实际意义的细节,这些细节不仅难以付诸实践,还与系统的日常构建和运营相脱节。尽管如此,我们都深知,在应对扩展性方面,有些系统架构确实更胜一筹——无论是应对运营负载的扩展、功能的广度、用户规模,还是开发团队的规模。随着这些方面的持续增长,系统架构最终会演变为发展的瓶颈。

这正是我们采用"架构重构"这一方法的原因。该方法是一种迭代过程,旨在系统持续在线并承载负载的情况下，逐步优化和重新设计系统的架构。这与"2.0 版本"方法有所不同，后者通过构建一个全新架构和功能集的系统来替代原有系统，从而需要用户从 1.0 版本迁移到 2.0 版本。

本章将首先论证为何架构重构比开发全新的 2.0 版本更为优越。随后，我们将探讨平台架构中的一个日益重要的主题：如何有效提升应用程序的安全特性。接下来，我们将深入分析架构重构成功的第一步，聚焦于从技术层面建立指导原则，以确保大规模系统变更的顺利实施。最后，我们将探讨架构重构的管理层面——如何规划一个能够在多年交付周期中持续创造增量价值的项目。

架构重构可能看起来像是未能构建出正确的架构，但我们更愿意将它视为一种积极的证明——你的平台成功支撑着一个蓬勃发展的业务，而现在你有机会顺应这份成功进行演进。接下来，让我们深入探讨。

# 8.1 为什么选择架构重构而不是构建 2.0 版本

假设当前的平台架构设计不足，难以支撑所需的业务规模。在这种情况下，你是选择采用"绿地式开发"，从零开始构建一个全新的系统，还是选择如同"飞机在飞行中更换引擎"的方式，对现有系统进行重构？直观来看，从零开始构建一个系统似乎比对一个已经承担关键负载的系统进行复杂改造更容易实现理想设计。然而，我们认为，架构重构才是更优解。这是因为在典型的平台工程团队文化中，设计和交付一个全新版本（2.0 版本）所面临的挑战往往更加复杂且难以克服。

让我们先从"第二系统效应"这一著名现象谈起，这一效应最早于 1964 年被观察到[注1]。仅开发过一个系统版本的团队往往认为，他们能够在 2.0 版本中解决所有问题[注2]。然而，他们的 2.0 版本设计却因试图修复 1.0 版本中的所有缺陷而不断膨胀。管理层为应对项目范围的扩张而增加人员，这却导致项目复杂性增加并延迟交付。最终，这类系统往往无法如期发布，甚至被迫取消。即使成功发布，用户可能已转向其他解决方案或找到替代方法，不再需要或期待这个新系统。

我们相信二次系统效应确实存在，但这一现象并不仅仅源于工程师在首次成功后滋生的工程自负。毕竟，在系统开发的任何阶段，都不乏怀有自负心态的工程师，这种现象并不限于 2.0 版本系统。

---

注 1：这一短语最早由 Fred Brooks 在他 1975 年出版的著作 *The Mythical Man-Month*（Addison Wesley）中提出。

注 2：值得注意的是，Brooks 建议招募那些曾参与过至少两个类似系统开发的人才，以有效规避这一问题。实践证明，当团队中有成员多次经历过复杂系统设计时，往往能更好地避免陷入开发另一个 2.0 版本的局面。

更确切地说，我们认为，将"设计新产品"与"构建满足复杂业务需求的可扩展架构"这两个问题结合起来，实际上意味着要求工程团队能够同时具备三种不同的思维模式：

- 从模糊的需求出发，通过持续迭代打造有价值的产品，采用临时性架构，以快速交付为优先，暂时忽略长期需求（开拓者思维模式）。
- 构建能够应对负载快速扩展与业务关键性的架构思维模式（定居者思维模式）。
- 构建高效稳固且具成本效益的架构，以协调应对企业中各类至关重要但彼此冲突的多样化需求（产业规划者思维模式）。

接下来我们将进一步阐述这些思维模式，并展示它们如何分别应对平台在不同规模和成熟度阶段的架构需求。我们将论证，为什么架构重构是最终实现高商业价值平台的最优路径，以及这种架构如何能够有效支持交付规模的扩展。

## 8.1.1 不同的工程思维模式

工程领域存在不同的"适合"风格的观点并非新见。Simon Wardley 提出了一个模型，他观察到在一个技术驱动型企业的整个成长周期中，会出现三种类型的工程师：开拓者、定居者和产业规划者。当面对价值和需求均不明确的问题时，这三类工程师因动机不同而采取各异的应对方式，从而在所构建成果的稳健性方面作出不同的取舍。正如 Wardley 在他的博文 "On Pioneers, Settlers, Town Planners and Theft"（*https://oreil.ly/M5oBQ*）中所述：

> 开拓者是卓越非凡的人。他们敢于探索前人未曾涉足的概念，开辟未知领域。他们能够为你展现奇妙的可能性，但往往伴随着失败。他们的创造常常无法正常运作，这让人难以信任他们的成果。他们总是提出疯狂的想法……
>
> 定居者是卓越的人才。他们能够将未成熟的创意转化为对更广泛受众有用的成果。他们建立信任与理解。他们将可能的未来变为现实。他们将原型转化为产品，使产品具备可制造性，倾听客户需求并实现盈利。他们的创新正是我们通常所认为的应用研究与差异化的体现……
>
> 产业规划者是才华横溢的卓越人才。他们能够利用规模经济的优势，将项目成功地工业化，这需要极高的专业技能。他们的建造成果总能让人倍感信赖。他们善于探索创新途径，使项目变得更快捷、更优质、更精简、更高效、更经济，同时始终达到足够好的标准。

Wardley 将他们划分为不同类型的人，但由于这些类型分布在一个连续谱系上，而且我们认为个体在一定程度上是可以改变的，因此我们倾向于将这些类型称为"思维模式"。不过，我们认同他的观点：个人很难同时具备多种思维模式，而在团队层面，这种挑战则更加显著。原因在于,不同的思维模式通常聚焦于问题的截然不同的层面,从而导致对"正确"这一概念的理解出现显著差异。正如该博文中所述:

> 每个群体都在进行创新,但创新的形式各不相同。例如,开创全新活动的创新,与产品功能差异化的创新不同,而后者又与将产品转变为公用服务的创新有所区别。遗憾的是,尽管创新有这么多不同形式,仍有人假装只有一种创新形式,并认为所有创新都是一样的。要尽量避免这样做。

> 即使能力倾向(如金融、工程或营销等广泛技能类别)可能相同,不同群体的态度却截然不同。开拓型团队中的工程实践与城市规划型团队中的工程实践大相径庭。

如果一个团队内部存在不同的思维模式,他们往往会在技术和流程层面上反复争论。而要解决这些争议,团队必须首先就团队应共同遵循的思维模式达成一致,同时也要接受这样一个事实:团队中可能有些成员无法适应这种思维模式。

Wardley 的研究成果主要聚焦于商业产品,但我们认为这些成果可以直接映射到平台及架构设计上。

## 8.1.2 架构需求驱动思维模式需求

可以将系统架构视为一系列根本性的设计决策,这些决策会从根本上约束系统的能力,即使系统的组件不断优化,这些约束依然难以突破。在第 7 章中,我们介绍了系统运行能力的三个方面:效率、可靠性和安全性。系统架构可能会让这些方面的某些改进变得极其昂贵,甚至完全无法实现。一个典型的例子是使用关系型数据库来存储大型 BLOB(二进制大对象),试图将它用作类似 AWS S3 的对象存储。虽然随着数据量和吞吐量的增加,可以通过垂直扩容来暂时应对,但这种方案代价高昂到难以承受。最终,这种扩展方式将不可持续,此时不得不重新设计架构。

除了效率、可靠性和安全性之外,还有第四类系统能力可能促使架构重构:功能。某些功能需求的影响如此深远,以至于只能通过更换架构来实现。一个经典的例子是,当你提供键/值存储时,客户却需要它支持事务性 SQL 写入的语义。这种功能需求彻底挑战了原有系统架构的假设,以至于只能通过全新的架构来应对。

在表 8-1 中,我们展示了随着平台的扩展性与成熟度的提升(即需要处理更多负载、更多功能以及更高的系统要求),这四类需求通常会如何变化。为此,我们定义了三个系统成熟点,这些点与我们刚才讨论的三种工程思维模式直接相关。接下来我们将讨论为什么这种变化会引导我们采用架构重构方法。

表 8-1：随着平台的扩展性与成熟度的提升，四类需求的变化

|  | 简陋平台 | 可扩展平台 | 稳健平台 |
|---|---|---|---|
| **业务需求** | | | |
| 功能交付 | 敏捷。随着客户需求中的模糊性得到解决，各项功能的价值得到更清晰的界定，会进行频繁的修订 | 在大客户的时间表和质量驱动需求与小型应用的敏捷性需求之间取得平衡 | 新的小客户渴望灵活性，但却被告知要排在希望确保所需事务能按时完成的大客户之后 |
| 可靠性 | 低。通常应用程序本身较新，意味着用户对中断的容忍度较高 | 运营严格。成熟的应用程序现在有更高的要求。新用户要求较低，这导致了紧张关系，因为他们希望平台能更快地推出功能 | 指标驱动。通常以"三个九"（99.9%）为基础目标，"五个九"（99.999%）为理想状态。至少对于大客户而言，这些指标会以每个客户为单位进行衡量 |
| 安全性 | 低。通常假定应用程序会"做正确的事情" | 铺就的路径限制了应用程序工程师出错的影响 | 安全性从设计阶段就被纳入考量。假设系统可能会遭遇妥协，因此工程师或系统无法被允许随意访问生产数据 |
| 效率 | 通常是事后考虑，因为系统缺乏规模 | 针对主要负载优化性能 | 以系统整体效率优化为目标，重点在于节约成本 |
| **导致** | | | |
| 平台团队的关注点 | 围绕功能交付进行客户协作以实现增长 | 投资于可扩展性以跟上增长 | 前瞻性规划，力求同时最大化安全性、可靠性、效率以及按时交付的能力 |
| 最佳思维模式 | 开拓者 | 定居者 | 产业规划者 |

## 8.1.3 为什么构建 2.0 版本很难但重构具有可行性

在定义了这个模型之后，我们能够更清楚地理解交付 2.0 版本所面临的挑战。其中存在两个关键问题：

- 2.0 版本的推出不仅意味着底层架构的变更，团队还在努力修正过往的设计失误，同时引入具有重大意义的新功能。从根本上来说，这是一项高风险的尝试，无论你的工程师和产品经理多么敏捷和卓越，都难以完全规避其中的风险。

- 平台组织主要运行可扩展且稳健的系统，团队文化往往倾向于稳定的"定居者"或注重规划的"产业规划者"思维模式。然而，这种思维模式与开发全新产品所需的

理念形成了直接冲突，因为后者要求在需求尚不明确的情况下，采取"快速行动，敢于突破"的敏捷方式进行开发。

在架构重构方面，尽管极具挑战，却不涉及上述具体问题。

- 重构架构在它所能带来的变革上存在天然的限制，尤其是在需要在现有平台的逻辑框架内逐步交付时。通过限制重构过程中用户可见的变更范围，我们能够专注于优化系统架构，而非添加花哨的附加功能。而在平台框架内进行重构，则促使我们必须慎重考虑变革策略本身，以将对客户的风险和影响降至最低。
- 成功交付重新架构需要充分考虑客户的需求与考量，但这并非需要开拓者思维模式才能解决的问题。这项工作尤其适合定居者型人才，因为要在合理的时间内完成这样的任务，需要在严谨性与灵活性之间找到理想的平衡点。

这正是我们推荐采用重新架构方法的原因。为了实现更大规模和更高鲁棒性，团队需要重建架构能力，并且需要转变思维模式以适应新的架构需求（如图 8-1 所示）。

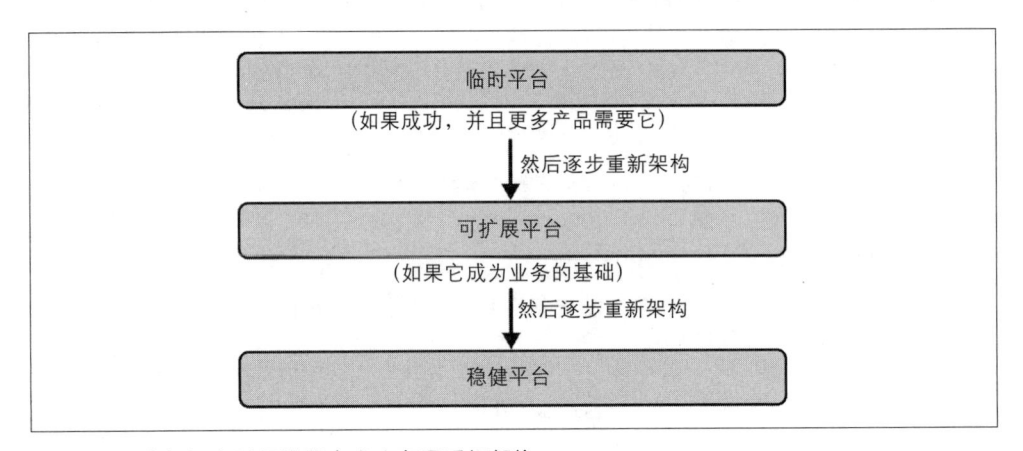

```
┌─────────────────────────────────────────┐
│         ┌──────────────────┐            │
│         │     临时平台      │            │
│         └──────────────────┘            │
│       （如果成功，并且更多产品需要它）      │
│                  │                       │
│              然后逐步重新架构              │
│                  ▼                       │
│         ┌──────────────────┐            │
│         │    可扩展平台     │            │
│         └──────────────────┘            │
│         （如果它成为业务的基础）           │
│                  │                       │
│              然后逐步重新架构              │
│                  ▼                       │
│         ┌──────────────────┐            │
│         │     稳健平台      │            │
│         └──────────────────┘            │
└─────────────────────────────────────────┘
```

图 8-1：平台如何在时间推移中成功实现重新架构

---

### 在稳健平台上实现开拓者敏捷性

你可能会问："那第 5 章提到的与客户团队中的开拓者合作的方法又该如何处理呢？"毕竟，即使你完全接受并采用了思维模式与架构成熟度的理念，这仍不足以帮助你应对那些迫使平台能力大幅扩展的技术突变。即便你拥有由产业规划者团队负责的稳健平台，业务仍可能突然发现需要平台组织提供某项重大新功能。例如，从数据中心迁移到公有云，或者采用生成式 AI 能力。这种需求也可能源于市场机会，比如在新的云服务提供商平台上搭建完整的应用程序栈。

无论如何，你都需要迅速行动，但却面临诸多挑战：一方面，复杂的基础平台使事情变得困难；另一方面，团队的心态与快速迭代的理念不相符。那么，唯一的解决方案是允许应用开发团队建立自己的影子平台吗？如果要在现有的多个平台体系中建立影子平台，这似乎会带来高昂的成本开销。

一种更优的方法是允许开拓者开始构建影子平台功能，但要明确说明，一旦他们的最佳方案被验证，将会被整合到现有平台中。这看起来像是免费的午餐，但要避免出现两个独立平台的结果，平台领导者——包括管理者、产品经理和资深工程师——需要投入大量的努力。这是因为开拓者及他们的早期用户会对新系统的早期功能（尤其是迭代速度）产生依赖。当你决定进行整合时，短期内可能会让所有相关方都感到不满——客户、先行工程师，甚至现有平台的工程师，因为他们往往需要负责整合开拓者所构建的"混乱"。

我们对此深有体会。当时，我们供职于一家平台组织，该组织距离全面支持公有云还有数年的时间，但应用团队已经迫切需要只有公有云才能提供的弹性计算资源。于是，我们组建了一支小型"公有云平台"开拓者团队，并将该团队嵌入那些具有明确云需求的应用团队。我们的任务是帮助这些应用团队与现有平台实现整合，同时我们强调，快速行动比精确执行更为重要，因此可以容忍一定程度的混乱。

这些开拓者按要求完成了任务：他们快速地将应用团队迁移到云端，但也带来了混乱。这与他们的代码质量关系不大，问题主要在于他们没有深入思考如何最终将更广泛的使用场景整合到现有平台中，包括以"相似但不同"的功能超越了现有平台的能力边界。作为领导者，尽管具体整合的时间表尚不明确，我们仍有责任通过阐明一个最终整合两者的计划，来缓解这个开拓团队与现有平台团队之间的紧张关系。

在开拓者团队历经约 18 个月的交付后，我们需要继续执行既定计划。当时，开拓者团队正在将他们开发的重复功能转化为完整的重复平台。尽管他们声称这些新平台更为出色，但如果不进行规模性迁移，这些平台将无法支持现有的使用场景。因此，我们决定将这些新系统整合到现有平台中，并明确强调整合系统并扩大规模是平台团队的核心职责。我们为开拓者团队成员提供了随系统转岗的机会，但正如我们预料的那样，大多数人选择去开拓新的发展领域。尽管在这一过程中双方难免有些抱怨，但通过明确表达对双方能力和贡献的认可与赞赏，我们最终实现了平稳过渡。

## 8.2 通过架构解决安全问题

本章前面我们提到，在架构重构过程中需要重点考虑的四大核心能力：可靠性、功能、效率和安全性。这些能力都极具挑战性，而其中安全性无疑是最困难的一个领域。安全性本身已经是一个深奥的专业领域，以至于需要专门的安全工程师来负责。然而，安全工程师与平台团队之间的协作往往充满挑战，尤其是在如何通过架构设计和产品选择来提升整体风险防控能力方面。这种协作障碍带来了巨大的损失。随着全球范围内因疏忽而导致的重大数据泄露事件日益增多，那些能够为所有应用团队提供"开箱即用的安全性"的平台，正是企业创造巨大价值的关键所在。

有鉴于此，我们邀请了 Security Chaos Engineering（O'Reilly）的作者 Kelly Shortridge，请她总结自己在构建平台安全韧性时最强调的内容。以下内容直接来自 Kelly。

### 平台视角

尽管我们无法阻止网络犯罪分子发起攻击，但我们有办法比他们更聪明，削弱他们造成的危害。通过精心设计的平台架构，我们能够让软件系统为应对入侵做好充分准备，并运用保障系统可靠性、效率与特性交付的平台工程原则以智取攻击者，从而实现更优的安全防护效果。

在本书中，我将它称为"韧性策略"，即安全措施应与组织目标保持一致，比如实现持续增长、满足客户需求以及推动创新等。韧性指的是系统能够根据环境变化调整运行方式，从而确保持续成功运行的能力。与其试图防止失败，不如专注于减少失败的影响。与其强制进行安全意识培训，更应该投资于按需变革的能力——也就是增强适应能力——这样我们就能像攻击者一样保持敏捷，灵活超越对手（同时还能在市场竞争中占据优势）。

最佳安全策略都具有相同的目标：确保企业即使面对网络攻击，也能实现目标。这些策略并不要求应用工程师勉强自己"具备安全意识"。相反，最佳的安全策略将系统设计视为关键点，致力于将安全性融入平台的功能和架构中，直至融入无形。

因此，现代网络安全方法需要设计、构建和运营支持适应性的平台，强制执行安全配置，并让更安全的方式成为更快速、更便捷的选择。这种方法应由具备软件开发与交付能力、能够大规模维护平台并深入理解系统上下文的团队来负责——这正是平台工程团队的优势所在。我们应将安全性视为衡量平台成熟度的重要维度，并投入资源构建能够提升系统韧性的最佳实践、工具和框架。

不要试图一夜之间彻底变革平台以实现"安全性"。相反，应采取迭代式重新架构的方法，优先选择那些最符合业务重点、资源约束和应用场景的安全机会。

让我们深入探讨一下，如何通过重新架构系统来维持韧性。

### 降低安全隐患的平台架构

作为平台团队，韧性能够帮助你在时间推移中持续维持安全成果及底层属性。架构如何助力你从容应对攻击（或其他故障），并释放应用工程师的认知资源，使他们专注于更健康的活动，而非陷于过度警戒？通过精心设计的平台，当异常场景发生时，系统可以不需要人工干预，依然履行职责。这种结果正是网络安全行业所称的"设计即安全"。

正如鸟儿将蜘蛛丝缝进巢穴一样，你可以将安全功能融入平台架构中，以丰富平台灵活性与韧性——这不仅能守护客户应用程序的成功运行，使它免受威胁，还能延展以孕育新的成长。这里所指的安全功能并非人们首先想到的防火墙或防病毒软件，而是要效仿那些选择坚韧灵活材料的歌鸟，构建一个即使在风雨中也能保持稳定的坚固巢穴。

通过设计进行安全投资，你可以重构系统架构，以消除或降低潜在危害——这些危害可能源于技术特性或人为行为（包括行动或疏忽）。

基于设计的安全解决方案具有两个关键特点：

- 它们不依赖于人类行为。
- 它们能够有效地将用户与危险隔离。

消除隐患是指剔除可能导致危害的事物或活动——例如，将组件重写为使用内存安全语言。降低隐患则是指限制可能引发危害的因素，即使无法完全剔除所有潜在的危险事物或活动——例如，标准化认证组件。

从增强系统韧性和消除隐患的角度出发，可以帮助应用团队聚焦于以下选项：

- 最小化失败的潜在影响。
- 最小化人为介入以规避隐患的程度。
- 保持增长和创新的可能性。

在该关联体系中的大多数安全解决方案也能增强其他架构能力——功能交付、可靠性和效率。让我们来看几个由平台工程团队设计的模式范例，这些模式不仅能够有效增强系统的抗攻击能力，还能培育成功的其他维度：

- **自动化测试工具**使应用开发团队能够专注于应用程序行为及验证过程，从而摆脱工具选择和定制化的困扰。如果开发人员不再折腾工具，他们就可以把时间投入编写测试用例上，以增强安全性（尤其是集成测试，这类测试可以发现攻击者偏好的组件交互漏洞）。

- **标准化的部署工具**，尤其是基础设施即代码（Infrastructure as Code，IaC），使应用团队能够专注于软件开发，而无须应对部署相关的挑战。特别需要强调的是清理工作：当 IaC 能够自动清除过时的基础设施时，就可以有效消除因陈旧系统导致的配置漂移、数据泄露以及潜在的攻击路径。

- **配置管理模式**使应用团队能够专注于软件的构建，而无须在不同环境之间管理

平台架构重构 | 165

配置。这些模式还简化了环境的创建与销毁过程，消除了开发流程各阶段间的数据共享现象，并抑制了工程师将生产数据引入广泛可访问系统的倾向。

- **令牌和机密信息管理系统**使应用团队能够专注于系统构建，无须担忧如何安全地处理访问密钥，同时也能防止开发团队构建出错误处理这些高风险"裂变材料"（即机密密钥和访问令牌）的系统。

- **标准化的可观测性工具**（尤其是分布式追踪）使事件响应人员能够追踪操作在系统间的流动，从而获得理解复杂系统行为的至关重要的整体视角。更多的观测点意味着可以更早发现异常活动，防止它们恶化或引发连锁反应。而标准化则能够最大限度地减少数据管道处理的工作量，降低错误风险，并抑制系统孤岛的形成倾向。

- **标准的服务和 Web 框架**使工程师能够专注于实现业务价值，而无须为如何安全地封装并传递数据到终端用户而烦恼。只要选择得当，应用工程师便无须考虑跨站请求伪造（Cross Site Request Forgery，CSRF）、跨站脚本攻击（Cross Site Scripting，CSS）、跨域资源共享（Cross Origin Resource Sharing，CORS）或 Cookie 的管理等问题。

- **通用认证/授权中间件**使应用工程师能够"即插即用"组件，并假设他们的服务可以正确校验流量。相比之下，如果采用自行开发的方案，在系统扩展时，由于团队间验证机制不一致，可能导致重大隐患。

- **计算平台通过声明式的访问控制**使应用团队能够专注于构建服务，并声明与特定对等方的通信方式，而无须自行管理网络和计算基础设施。这种方式可以防止部门形成共享访问的"基础设施孤岛"，从而避免过于宽松的访问权限可能被攻击者利用的风险。

- **租户隔离架构**大大简化了工程师在实现和性能相关顾虑上的问题，使他们能够专注于构建功能，无须过多担心将操作限制于当前访问服务的租户。这种隔离的好处是，即使发生多数安全漏洞，也能有效阻止攻击者访问其他租户的数据。

这些模式能够帮助你专注于快速且安全的变革——这正是灵活应对攻击者所必需的。那么，你如何识别组织中的首要机会？又该如何将这些模式付诸实践呢？

## 通过"铺就的路径"实现应用程序默认安全

我们希望将高韧性的方法打造成阻力最小的路径——不仅要在设计上确保安全，更要让安全成为默认状态。当你将韧性设为默认选项时，这意味着开发人员必须主动选择不安全的选项。你可以通过引导的方式推动他们朝着期望的方向前进，同时为特殊情况预留灵活空间。举个现实生活中的例子，新款汽车会在你携带钥匙离开时自动上锁。在软件领域，类似的实践可能是使用 IaC 的默认服务模板：你可以通过自动化清除未使用的基础设施，从而消除潜在的攻击路径。

这些"低阻力"的路径通常被称为"铺就的路径"：它们是深度集成且得到充分支持的通用问题解决方案，能够帮助人们专注于创造独特价值。通过默认推荐某些选项——更重要的是，让可靠路径成为更简便的选择——你不仅推动了标准化，还有效减轻了选择负担。即使某些团队选择不采用，你依然为组织构建了一个更可靠的默认方案。

如何为平台架构中融入安全性设定优先级？与可靠性类似，你希望尽可能为客户减少与安全性相关的重复性工作。在协助组织确定模式、工具以及优化路径的构建优先级时，我建议他们思考以下问题：

- 在软件交付的各个阶段，哪些安全检查或任务是由应用团队负责完成的？
- 在软件中，哪些安全机制属于标准要求？
- 在系统部署之前，应用工程团队是否必须完成相应的安全检查清单？
- 最近有哪些安全事件或险些发生的事件被归咎于"人为错误"？

为了给你的下一次战略研讨提供灵感，我想分享一些组织在实践中创建的规范化路径的宏观类别。这些路径不仅有效解决了应用团队的网络安全问题，同时还显著提升了可靠性、效率以及功能交付能力：

- API 保护——CSRF 保护、安全头部验证、速率限制、连接延缓和限流、IP 地理位置限制、DDoS（分布式拒绝服务）保护，以及集成 WAF（Web 应用防火墙）。
- 身份验证与授权。
- 缓存一致性和静态资源缓存。
- 证书管理及安全的网络协议。
- 静态和动态分析工具。
- 自动化测试框架——包括模糊测试、渗透测试、韧性压力测试（即混沌实验）以及冒烟测试。

应用程序工程的安全命运取决于支撑它的代码的基础平台。平台工程团队可以通过以韧性为核心设计平台，获得显著的优势。如果你着眼于投资那些能够降低潜在攻击（或其他故障）影响、减少对需要人类英勇行为才能解决的隐患，并支持灵活调整以保留可能性的领域，即使在持续的攻击威胁下，也能引领组织实现稳健而长远的发展。

## 8.3 架构重构的防护准则

要实现成功的重构，你需要将对现有用户的干扰降到最低——理想情况下，他们甚至不会察觉到这些变化。这确实是一个挑战，因为匆忙搭建但未充分优化的平台在设计时通常未考虑到底层架构可能发生的重大变更。如果在未充分考虑用户影响的情况下进行重大变更，很可能会严重损害现有用户的信任与好感。因此，现在是时候考虑需要实施哪些防护措施，以降低变更对团队和用户带来的成本。

### 8.3.1 兼容性

向后兼容性的破坏可能造成灾难性后果，对于多租户平台而言尤为致命。理想情况下，你绝不应对 API 进行破坏性向后兼容性的更改。但在万不得已的情况下，应将向后兼容性更改视为一次全新的 API 重大版本升级。不要一次性实施破坏性更改，而是应将它引入为一个新 API，并为用户提供充足的迁移时间，待用户完成迁移后再逐步停用并最终删除旧的 API。

请考虑在生产环境中需要同时运行的系统版本数量。虽然同时支持多个版本可以更快地发布新版本，但这也意味着每次发布时需要考虑的兼容性范围会扩大。如果你能够确保只需要维护与上一个版本的兼容性，那么在设计和编写新代码时就能够更清晰地进行思考和规划。

### 8.3.2 测试

如今，开发人员热衷于吹嘘利用功能开关或影子部署等技术在生产环境中进行测试。然而，当你负责发布支持核心业务应用程序的基础设施平台时，哪怕是为了提升交付速度而导致轻微的质量或性能波动，都是不可接受的。为了实现频繁且安全的发布，你需要投入资源打造健全的测试流程。

对于内部平台，你可以运行完整的集成测试环境，并将用户依赖的测试作为测试套件的一部分来执行。在采用大型单一代码库的企业中，这是一种常用策略，可以在开发周期的早期发现用户代码中的问题。即使未采用单一代码库，构建一个包含用户提交的测试用例的全面集成测试套件，也能够有效地提前发现一些集成问题。此外，采用现代测试方法，例如基于属性的测试（*https://oreil.ly/RcVJ-*）和模糊测试，也是一种强大的方法。这种方法不需要完全配置的模拟环境即可识别潜在故障。

最后，在第 6 章中，我们探讨了深度合成监控的重要性。事实上，当 Ian 在 AWS 工作期间，他的团队在合成监控方面投入了大量资源，这种监控方式甚至逐渐取代了传统的功能集成测试——毕竟，谁不希望用同样的方式测试新版本在生产环境中与复杂依赖项之间的交互呢？但这与所谓的"YOLO[注3]式"生产测试（即"出现问题就迅速回滚"的策略）有本质区别。如果你希望采用这种方法，就需要建立稳健的影子部署和金丝雀部署机制，并确保在通过监测测试之前，新部署仅接受合成监控的测试流量。

### 8.3.3 前期环境

假设你有一个独立的非生产环境来支持客户的预生产测试，你也可以将这个环境作为验证流程的一部分。在通过自己的测试对各项变更进行审核后，你可以使用这个环境进行最终的预发布测试，这将提供全面的集成测试，因为客户会在你的发布候选版本上运行他们的应用程序发布前验证。

在采用这种方法时必须保持谨慎。客户既需要高质量的生产平台，也同样依赖高质量的测试、暂存和预发布环境支持。如果在此之前未对变更进行充分的规划和测试，导致频繁向预发布环境发布有缺陷的系统，那么就需要重新审视并加大对这些流程的投入，以确保测试能够更早发现问题。然而，只要预发布环境保持相对稳定，通过早期阶段性发布获取真实反馈的方式，显然比直接在生产环境中测试更为明智。

### 8.3.4 分批次部署、缓慢发布与版本滞后

最后，现代产品功能发布管理中的所有最佳实践同样适用于平台：金丝雀部署（小范围测试）、逐步推广到不同批次的机器、发布给特定用户群以及 Beta 测试发布等。这些方法都能确保平台变更安全地部署到生产环境，避免重大故障的发生。

对于内部平台，在采用最新、最优的开源软件基础设施版本时，稍作滞后是更为明智的选择。对于小型企业而言，这一点尤为重要，特别是在基础设施高度敏感或缺乏充足资源进行深入测试和验证的情况下。更稳妥的做法是让开源社区先行测试和更新最新版本，然后再进行采用。但也需注意，切勿延迟过久，以至于脱离社区支持窗口，从而错过关键的安全补丁。

## 8.4 架构重构规划

许多必要的架构重构项目常常因为停滞在规划阶段而无法获得所需的资源支持。首席工程师会分析当前架构存在的问题，并制定详细计划，设计支持平台下一阶段发展的新架构。架构评审确认了工程团队对建设内容的共识。从整体来看，项目似乎已经具备启动的条件。

但当你按照第 7 章所述进行年度规划测算时，你意识到这将大幅削减功能预算。架构重

---

注3：You only live once ——人生只有一次。

构工作需要新增人力，但公司领导层希望将新增人力用于新的业务计划。即便平台领导团队争取到了一部分预算，却发现每个平台团队都准备了各自的重构方案——结果管理层不得不将预算分散分配，导致没有任何团队能获得足够的人力来启动架构重构工作。

最令人沮丧的莫过于这样的情景：当你被告知"让我们等到明年再说"，在接下来的 12 个月里，你不得不艰难地通过逐步的小幅改进来维持旧有架构的运行，使架构在远超其原有设计规模的情况下勉强支撑。而当下一轮规划到来时，你满怀信心地带着更充分的理由论证为何需要进行架构重构，但结果却事与愿违，因为领导层将你展现出的勉强维持系统运转的能力视为不需要架构重建的有力证据！

是否存在解决之道？有，但并非适用于所有情况。有许多平台存在严重的架构问题，而重构并不具备实际意义，因为相较于实现过程中的成本和风险，最终的收益并不足够高。然而，我们也见过许多案例，团队最初认为重构没有意义，但在对价值进行更深入的分析后发现，逐步重构的投入实际上是值得的。以下是我们用于评估是否值得采取此类措施的规划框架：

1. 在架构重构目标上树立远大的愿景。采用自上而下的方法，聚焦于架构重构完成后如何为企业创造价值的各个方面。
2. 将迁移成本纳入考量。对迁移成本进行必要的评估。
3. 确定未来 12 个月内的关键性成果。找出在新架构中构建时表现出优越性，且比完整交付速度快得多的高价值诉求。
4. 争取领导的认同与支持，并做好等待的心理准备。找到这些组合因素的最佳搭配可能需要多次反复尝试，有时还需要耐心等待，期待更好的选择出现。

我们接下来将深入探讨这些内容。

---

### 平台设计不良模式：由新员工负责架构重构

我们想指出一个平台团队中常见的不良模式：让新入职的工程师主导平台的重构。当新工程师具备在前雇主那里积累的更高平台成熟度的实践经验，并能对现状提出深刻见解时，这种做法尤为诱人。然而，问题在于，尽管情况可能存在相似之处，但你组织所需的新架构必然不同于他们在上一家公司所经历的架构。由于他们缺乏对当前平台细节的全面理解、对公司文化的深入认知，以及与平台主要用户之间建立的信任关系，他们往往难以清晰地识别这些问题。

因此，在短期内，这些新员工可以通过对资深工程师方案的反馈意见来协助重构。但为了确保重构和新员工的成功，在他们入职的头 12 个月内，工作内容应以提供反馈和参与项目贡献为主，而不是让他们承担大型新项目的主导角色。

> 对于那些希望在已有经验基础上进一步提升并证明自我的优秀人才而言，这可能会是一条让他们感到挑战的信息。因此，在最初的 12 个月里，请务必投入大量私人时间与他们进行一对一的深入交流，以展现你对他们长期成功的深切关怀。同时，为他们安排合适的项目，帮助他们迅速加深对业务的理解，并建立良好的人际关系。

### 8.4.1 第一步：对最终重构目标要有远大构想

在这个阶段，你应以 3～5 年的规划周期为基准，力求实现完整交付，达到可能性的极限。这是一个往往让主导工程师倍感兴奋的环节。他们终于可以像首席工程师一样坐下来，在纸面上设计出一个更优的架构，成为大家共同努力的方向。但你需要确保他们的目标足够远大。当然，也要警惕那些过于激动的"架构幻想家"，他们描绘的未来愿景可能过于宏大，以至于根本无法实现。但也不必过于担心——流程的后续步骤会对这些不切实际的设想进行筛选。如果你的计划仅仅是改善架构在某一系统能力（比如可靠性）上的表现，那么你的视野还不够开阔。

**考察系统能力的所有类别**

我们之前提到过系统能力的四大类别，重新设计的架构应当在这四个方面都取得显著进展。在每个类别中，可以思考以下问题：

*功能*
新架构能够支持哪些具有重要商业价值的功能，而这些功能是现有架构难以很好支持的？

*效率*
你能让新系统在整体上大幅提升成本效益吗？你能让系统在应对不断增长的工作负载时表现得更加出色，从而使卓越性能成为一种内在特性，解锁新的应用程序功能吗？

*可靠性*
能否显著减少系统发生运行问题的可能性，即使未来负载进一步增加？

*安全性*
你是否能够大幅降低系统被攻破的可能性，或者显著降低合规成本？

**考虑合并相邻系统**

接下来，可以关注那些功能相近的现有平台或客户系统。在重构的平台中，考虑是否能够整合这些系统的全部需求，从而降低整体系统的复杂性。尤其是那些规模显著较小、范围更局限或增长更缓慢的类似系统，例如影子平台。这或许是一个契机，可以将这些分散的系统最终整合为一个更加简洁统一的整体。

**关注开源软件和供应商系统的重大赌注**

这补充了前两方面内容。仔细审视所有使用开源软件和供应商系统的场景，同时关注那些功能与流行开源软件和供应商系统重叠的内部组件。明确问自己是否在某个替代方案上大胆押注，是否能解锁显著的新能力，尤其要考虑到这一新架构将在未来 5～10 年内持续发挥作用。以下是需深入探讨的领域：

- 通过将现有的开源软件/供应商组件替换为新的系统，不仅能够解锁更多新功能，还能借势生态系统的创新浪潮。
- 将开源软件或第三方组件替换为内部开发的组件，从而能够针对已知使用场景进行定制和优化。

这里需要找到平衡。"勿与开源竞争"听起来像是工程领域的普遍箴言，而"勿盲目追逐当下炫目的新技术"同样是真理。接下来我们将讲述一个案例，介绍我们如何评估类似情况，以及在决策过程中所采用的框架。

---

**评估开源软件 / 供应商浪潮上的一场重大赌注**

在架构决策中，你可能会遇到这样一个最困难的情况之一：当你的平台已经发展成熟并取得了不错的成果时，开源或供应商领域突然涌现出一项势头迅猛的新技术。一方面，人们会极力建议你采用这项新技术，认为它作为新的行业标准，能够在能力上带来巨大的提升，毕竟它获得的投资远超你内部的研发能力。另一方面，选择作出转变则意味着你需要考虑如何将现有用户迁移到新系统，同时还要承担风险，因为许多看似注定会成为下一代行业标准的技术，最终未能实现人们的预期。

在我们的前公司，曾经历过这一复杂难题：当时我们运行着一个基于 Mesos 的计算平台，处理约 20% 的总工作负载。随后，Kubernetes 出现了，并且迅速获得了发展势头和社区的热烈响应，这种发展势头实在难以忽视。

基于以下三个标准，我们决定进行这一重大战略押注：

1. **相邻业务需求促使我们在架构重构上进行大规模投资。** 容器化的推进与我们从本地环境向公有云的迁移同步展开，此次迁移不仅带来了显著的商业价值（以及相应的人员编制），也让我们有信心在未来五年内投入充足的工程师资源到架构重构项目中，从而确保高质量的交付和顺利的迁移。

2. **现有平台在吸纳相关系统方面存在明显的功能差距。** 尽管 Mesos 在管理大规模批处理任务方面表现卓越，但 Kubernetes 显然为更广泛的任务类型提供了更直接的"开箱即用"的支持。我们需要这种广泛的任务支持能力来成功实现全部工作负载的容器化。

3. **生态系统发展轨迹的悬殊差异**。从会议演讲、参会规模，到初创公司基于平台的业务构建，甚至谷歌趋势数据，Kubernetes 生态系统展现出更强劲的增长势头。我们也未能发现任何公司在从零开始的项目中选择 Mesos——所有全新项目无一例外地选择了 Kubernetes。

当时，转向 Kubernetes 的决定并未轻易获得团队所有成员的认同，他们有充分的理由希望继续优化他们已经构建的平台——尤其是因为 Mesos 在某些方面确实优于 Kubernetes。然而，我们认为这一战略选择值得投入相应的成本。事实证明我们的判断是正确的：Kubernetes 持续蓬勃发展，而 Mesos 则逐渐被边缘化。

不过，我们也了解到其他公司的同事有着不同的经历：他们的平台团队也曾面临在 Mesos 和 Kubernetes 之间抉择的情况，但最终选择 Kubernetes 被证明是一次战略失误。这是因为 Mesos 已经运行着他们几乎所有的计算工作负载，而且他们的系统已经部署在公有云上，因此这次迁移实际上是一场成本高昂却未能显著提升价值的调整。

在面对一个正在崛起的开源核心技术时，如何应对这些权衡难题并做出明智的押注？如果无法满足所有评估标准（包括功能差距、生态系统发展趋势和商业价值），就需要警惕是否要基于外部技术进行重新架构。

## 8.4.2 第二步：考虑迁移成本

这一步是对宏大构想的首次调和。在第 9 章中，我们将深入探讨实现成功迁移所需考虑的各个方面。在这个着手架构重构的阶段，你需要先规划一个计划，并将其融入你的架构重构提案中。

许多看似出色的架构重构方案最终都因迁移成本问题而失败。或者更确切地说，应该失败，因为我们常常看到团队和领导者沉迷于未来的美好愿景，却敷衍处理现有客户迁移至新架构所面临的挑战。在我们的经验中，有些方案直到我们提出"现有客户要如何迁移？"这个问题时，团队才开始认真思考迁移带来的各种影响。当他们进行深入分析后，才意识到所提议的变更需要数百年的开发工作才能完成——比如将数百万行基于 RDBMS 的代码迁移到键/值存储系统，或是将多年累积的数据处理脚本从 POSIX 文件系统迁移到 S3 类型的对象存储。

当你的工程师脱离了业务实际情况时，请产品经理或工程经理协助，帮助你判断迁移计划的成本是否合理。在成本与收益之间找到适当的平衡点，很大程度上取决于重新架构所带来的长期收益。然而，如果你的提案中没有将迁移成本纳入考量，就等于忽略了问题的关键部分，这可能会失去对计划的支持。

## 8.4.3 第三步：确定未来 12 个月的主要成果

现在你手上有一个宏大的架构重构方案，且迁移成本也在合理范围内。是否该开始了？很遗憾，在此之前你还需要进行更多的规划工作。大多数架构重构项目通常需要 3~5 年的时间，而在这漫长的周期里，技术和业务环境必然会发生诸多变化。若业务方只能在项目接近尾声时才能看到价值，这将带来巨大的风险。你需要在更短的时间内展现出实质性的价值。原因有二：其一，如果利益相关者需要等待数年才能看到成果，那么政治因素可能导致项目在此期间夭折；其二，"宏大的重构"这一设想本身也存在一定风险，而验证其可行性的最佳方式，就是尽早交付一些成果。

我们倾向于将 12 个月作为交付周期，因为这符合常见的业务规划周期，同时也能确保有充足的时间完成部分实现，但仍具重要价值的方案。在寻找潜在项目时，一个行之有效的方法是让主任工程师与产品经理协作，深入挖掘产品待办事项列表中那些因现有架构限制而被认为"过于困难"的高价值功能。在这个过程中，你需要重点关注以下三个方面：

- 在 12 个月内，你可以交付它们，作为新架构的部分实现。
- 这些实例展现了全新架构的能力。
- 你需要获得至少一个应用团队相关负责人的承诺，与你合作并立即在他们的应用程序中使用这些新功能。

这三个条件都很难满足，而第三个通常是最具挑战性的。与业务贴近的相关人士往往难以对自己的规划有足够的把握，因此无法做出坚定的承诺。即便他们认识到这可能带来的长期商业价值，但短期优先事项可能占据上风，使这些计划被搁置一旁。

在瞬息万变的商业环境中，当我们努力构建高价值事物时，不确定性是不可避免的。我们发现，缓解这种不确定性的最佳方式并不是降低对高价值的追求，而是设定三个能够通过相同初始工作实现的目标：

- 目标 1：制定大胆且能显著撬动所选定业务格局的战略目标。
- 目标 2：一个较小规模但能够为企业（可能与目标 1 中的企业不同）带来显著新价值的事物，这是旧架构无法实现的。
- 目标 3：将新架构组件部署至生产环境，并处理部分实际用户流量。

你的目标是实现目标 1，同时将目标 2 作为首选后备方案。为此，你为自己设定了两条路径（理想情况下，与两个合作伙伴合作）来展示架构重构的商业价值。若发生意外情况（无论是你方还是客户方），你仍可转向目标 3，即将新组件投入生产环境并承载业务流量。

这些努力都是为了避免我们在第 7 章中提到的"漫长而艰难的过程"。在一个持续 3~5 年的系统重新架构项目中，这一步骤应该每年重复一次——设定新目标，建立新合作伙伴关系，并推进架构更新的下一阶段。如果一个团队在 12 个月内无法交付任何增量价值（也就是说，没有任何架构重构的部分在生产环境中处理真实负载），就需要严肃地面对一个问题：是否从这次交付失败中学到了任何东西？这次架构重构是否真正值得，还是你正在陷入经典的"第二系统效应"？

## 8.4.4 第四步：争取管理层的支持与认同，并做好等待的准备

平台化组织通常需要同时考虑多个架构重构工作。随着业务规模的扩大，组织往往会积累多个由早期先驱团队开发的遗留平台[注4]，这些平台都可能需要进行架构重构，以提升可靠性、运行效率和安全性，或赋予新功能。

此外，当平台造成运营与支持负担时，团队通常倾向于放弃我们在第 7 章中推荐的渐进式系统改进方案，而是孤注一掷地以最快速度全面替换现有系统。Marianne Bellotti 在她的著作 *Kill It with Fire*（No Starch Press）中的标题恰如其分地反映了这种条件反射式反应——这种做法往往会迅速消耗资金和工程时间。

在运营良好的组织中，平台组织的领导层必须审慎评估重新架构是否是正确的选择，以及是否是合适的时机。尤其是在以下情况下：

- 架构重构需要增加人力资源或进行内部调配。
- 架构重构需要其他团队投入大量工作，无论是迁移还是整合其他平台。
- 这种重新架构意味着短期改进和功能的实施速度将会放缓，甚至可能被无限期搁置。
- 这一大胆的架构重新设计若未能高质量完成或按时交付，将给平台团队带来巨大的声誉风险。

这些都不应该成为反对你提出这类计划的理由。但你需要清楚地认识到，要想取得成功，必须投入 3~5 年的持续专注，因此尽早争取领导层的认可和承诺至关重要。他们需要在上级利益相关者面前捍卫这一计划，并在裁员、组织重组或高优先级任务等突发事件中保护计划免受影响。如果管理层认为自己未能被邀请参与项目价值的评估和承诺，他们很可能不会冒着损害个人声誉的风险来为这个项目背书。

考虑到这些因素，管理层有时会说"现在还不是时候"。这可能会让人感到失望。但请记住，重构成本高昂且未来充满不确定性，新技术和新的商业机会随时可能出现。当面对一个可能带来不错但并非卓越的商业效益的重构提案时，公司或许更应该耐心等待，

---

注4：令人惊讶的是，在创业公司中，存在时间不到六个月的平台竟然已被称为"遗留"平台！

直到遇到兼具卓越技术和显著商业价值的最佳时机。

## 8.5 结语

投资架构重构虽然能显著提升平台的安全性、可靠性、效率和功能交付能力，但代价高昂。团队容易在同时启动过多重构项目时出错，这可能导致平台组织被视为"为了构建而构建系统"。在 8.4 节中，我们介绍了一些管理相关风险的工具；在第 11 章中，我们还将为管理者提供具体建议，帮助他们在多个相互冲突的架构重构需求之间实现平衡。

话虽如此，完全抗拒架构重建的想法同样是错误的。有些人认为技术趋势每隔几年就会引发重大变革浪潮，因此选择暂时按兵不动，希望能够抓住下一波浪潮。这种思维模式在具有初创企业背景的领导者中较为常见，因为在初创环境中，业务增长往往能够推动对基于新技术平台的大规模投资。而且，每一代新平台通常都远优于前代产品，这促使现有团队积极迁移，以充分利用新平台带来的优势。

如果你采用这种方法，假设随着业务扩展，你始终能够推出更优的新版本，那么随着时间推移，迁移挑战将逐渐主导讨论。你的新业务驱动型平台可能无法为所有客户提供最佳替代方案，而且随着公司规模的扩大，当客户忙于应对自身业务需求时，他们对迁移至最新平台的热情也会逐渐消退。那些充满开拓者精神的团队虽然热衷于构建新平台，却往往忽视了如何引导不情愿的客户完成迁移。最终，你可能会发现自己身处这样的局面：同一领域同时存在五个平台，其中三个已经停用，而另外两个还未达到可在正式生产环境中使用的标准。我们敢打赌，许多人现在正处于这种状况，而第 9 章将帮助你制定迁移计划，走出这一困境。

为了避免这种结果，应投资于平台架构的重新设计。制定保障机制，确保业务运营在实施过程中不受干扰，同时要在最有信心的新技术净收益领域进行明智投资。否则，这将是一个糟糕的平台产品策略。

#  第 9 章
# 平台迁移与退役

> 平台本应是一个稳定的存在，像地基一样为上层构建提供持久且可靠的支撑。平台工程需要专注于构建这些稳固的基础，而不是将外部化的工作强加于人们在平台之上所构建的东西。
>
> ——C. 斯科特·安德烈亚斯

变革的节奏愈发紧迫，这为平台工程团队带来了生死攸关的挑战。基础系统不断演变：为了应对安全问题、供应商变更、硬件更新以及新功能需求，定期的补丁修复和升级成为常态。基础设施系统的生命周期从过去的十年骤减至仅一到两年（https://oreil.ly/_nJs9），以 EKS 等云产品为例，这些产品的生命周期的缩短显著增加了应用团队面临升级干扰的频率（https://oreil.ly/ghq0z）。如果缺乏有效的计划来应对这些变更对应用程序开发人员的影响，平台将演变为迁移困境的根源，它带来的价值将难以抵消随之而来的痛点。

在本书中，我们已多次提到迁移工作，这绝非偶然。面对这一挑战，优秀的平台团队深知，迁移实际上是彰显他们价值的绝佳契机。他们将职责视为缓解强制迁移带来的负担，减少乃至免除额外工作，让用户能够专注于交付核心业务功能。

> 在本章中，迁移指的是平台上任何需要用户付出一定努力才能实施的强制性变更。这些变更的复杂程度不一：从最复杂的物理位置迁移（例如从一个数据中心迁移到另一个数据中心），到因代码或系统升级引起的破坏性向后兼容性的 API 变更，再到那些虽然可以直接或几乎直接完成的升级，但仍需部分用户进行验收测试以确保功能不出现回归问题。

在本章中，我们将分享成功实施迁移的建议。首先，我们将从工程视角探讨迁移过程，分析需要在平台中构建哪些功能，以便让客户的迁移过程尽可能简单。接下来，我们将讨论协调过程的最佳实践，以及如何确保沟通和执行的顺畅无阻。最后，我们将介绍一种特殊的迁移场景——逐步关闭或终止平台服务。我们将探讨如何应对这样一个复杂的情况：平台仍有活跃用户，但继续运营平台已不再具有商业或技术上的价值。

在探讨如何正确实施迁移工作之前，让我们先回顾一下迁移过程中常见的一些误区。

## 9.1 迁移的不良模式

对许多工程师来说，"迁移"可谓是最令人厌恶的词汇，而随着公司规模的扩大，这些迁移工作往往变得更加复杂且令人头疼。尽管高管们在每次痛苦的迁移之后都会承诺下一次会有所改善，但我们依然一次又一次地目睹这些错误模式的重复上演：

**无背景依赖的截止日期**
　　如果你从未经历过由高层突然下达的系统迁移截止日期，不妨庆幸自己幸运。这种截止日期的设定可能确有必要（比如某个关键技术组件即将停止支持），但往往在未经协商的情况下直接下达，也完全忽视了团队为满足这一截止日期需要搁置的其他工作。更糟糕的是，这些截止日期总是来得措手不及。迁移之所以演变成一个重大问题，也许只是因为大家在过去几个月里选择了置之不理，但这种解释并不能缓解团队在最后关头匆忙应对的压力。

**不明确的要求**
　　迁移请求往往假设每个用户都完全清楚自己需要做什么。团队的通知通常以"如果你正在使用 X 产品的 Y 版本或更早版本……"开头，但有一半用户甚至不清楚 X 产品是什么，于是他们要么直接忽略通知，要么花费数小时弄清楚这是否与自己相关，最终浪费了大家的时间。

**有人测试过这个东西吗**
　　一部分用户已经承受着巨大的压力，而当他们尝试进行迁移时，新系统却无法正常运行。某些问题可能只是需要用户自行摸索解决，比如在不同操作系统版本之间升级性能敏感型的 C++ 代码。但更多时候，似乎是负责该平台的团队在启动迁移之前，并未充分考虑用户的使用方式。新系统存在功能缺口、功能特性故障，甚至完全缺失了操作指引。平台团队不得不仓促应对，匆忙修复问题或设法绕过缺陷，并在赶上截止日期的过程中积累了大量技术债务。

**拿着记录板的说教者**
　　然后是那些负责追着用户确认迁移工作的团队成员。这是一项吃力不讨好的工作，相信每个曾经处于"手持记录板模式"的人都深有体会。你不得不一遍又一遍地催促大家参加会议，讨论他们的进度是否符合预期、为什么没有达到目标，以及需要采取哪些措施才能完成任务。你可能会使用"羞耻墙式看板"和各种报告,试图通过游戏化手段推动整个过程,但这通常只会加剧那些滞后者的压力、抵触情绪和挫败感(尤其是当他们尝试迁移却因功能缺失或故障而受阻时!)。一旦到了这种强行推进整个过程的地步,你很可能已经没有时间去思考更优的解决方案了。

是的,在要求用户进行迁移之前,需要完成大量艰巨的前期工作,以明确需求并测试迁移方案。而有时候,推动项目进展的唯一方法,就是设定一个无背景依赖的截止日期,并安排专人负责执行。当你已经尽可能做好了所有前期准备工作,但项目仍然受制于组织惯性的拖累时,设定截止日期并采取手持记录板的督导方式,或许就成为不得已的选择。然而,请务必牢记,这应当是万不得已时的手段,而非默认的解决方案。

## 9.2 构建更简易的迁移

迁移过程中需要处理许多与人相关的因素,但平台团队应首先采用工程方法来应对。在着手制定沟通计划、开展不可避免的项目管理以及制定其他可能需要实施的规则和流程之前,应优先考虑如何通过工程手段来缓解当前及未来迁移中的痛点。

> **尽早处理迁移问题**
>
> 迁移工作最初令人烦恼,但只有当公司和软件复杂性达到一定规模时,它才能转变为战略性机遇。对于小型公司而言,尽管迁移工作让人头疼,但通常可以依靠同事的支持和少数拼搏的工程师的努力来完成。然而,如果按照我们的建议,在公司规模扩大之前避免组建平台工程团队,迁移工作很快就会成为最大的挑战之一。当团队只有几十名工程师时,那种干劲十足的快速完成任务的能量还能够奏效,但当团队规模扩大到数百名工程师时,这种方式就会逐渐失灵。希望在扩张后依然保持小规模时期快速发展节奏的工程团队,必须直面时间、规模和成功所带来的复杂性,而迁移工作也因此成为他们日益增长的沮丧和愤怒的主要来源。
>
> 因此,迁移支持应成为平台工程团队优先处理的事项之一,尤其是在公司快速扩张并希望保持快速发展节奏的情况下。这里我们所指的并非从一开始就追求完美的架构重建以降低未来的迁移成本,而是尽可能用临时、快速的方式,最大限度地降低即将到来的紧急迁移所需的成本。

### 9.2.1 使用产品抽象:减少黏合代码并限制变化

在第 1 章中,我们引入了"黏合剂":用于将多个分散系统整合在一起的代码、自动化和配置。适度使用"黏合剂"是可以接受的,但随着它们数量的增加,每当某个组件需要变更时,所需的工作量也会随之增加。当每个应用团队都创建了大量"黏合剂"时,这个问题会变得尤为严重。因此,平台应该限制应用团队在基础架构和通用服务之上自行开发的黏合逻辑，因为"黏合剂"是变革的敌人。

如果你构建了一个优秀的平台抽象层，那么在迁移底层组件时，应用团队需要进行的额外调整将被降到最低。如果你限制了同一系统的版本数量，那么当系统需要更新时，测试工作量也会显著减少。标准化程度越高、变更的多样性控制得越少，在这些更改过程中需要应对的可能性也就越少。

## 9.2.2 设计透明迁移架构

对客户而言，最轻松的迁移体验是他们不仅无须付出任何努力，甚至完全未曾察觉迁移的发生。正如本章开头 C. 斯科特·安德烈亚斯所说，平台需要为应用团队提供一个持久而稳定的开发支撑。理想的平台应为客户提供稳定的接口，使平台团队能够尽可能减少对客户的影响完成迁移工作。频繁地将迁移工作交由客户处理会削弱平台的价值体现，作为平台的构建者和运营者，我们有能力也有责任做得更好。

实现这一目标的方法之一是使用抽象化 API。然而，在本书第一部分中，我们已经提到过，过度依赖纯封装式方法是不明智的。相反，我们认为，透明迁移更适合通过将经过审慎设计的 API 与新技术相结合来实现。这些新技术能够让你在迁移期间，在生产环境中同时运行多个平台版本，并随着客户端的逐步更新，安全地逐步迁移客户请求至新版本。这些技术包括：

- 基于容器的打包用于实现快速且轻量级的应用程序部署。
- 支持无须重启即可调整系统规模的自动扩展技术。
- 采用金丝雀部署和蓝绿部署等技术手段，结合先进的健康状态监测，不仅能够及时发现潜在问题，还可以在必要时快速回滚。

这些实践不仅能够让应用团队的工作更加轻松，在部署和扩展软件时更加高效，还能帮助平台团队更好地管理和更新平台，而不会对应用程序开发人员造成干扰。然而，为了最大限度地利用这些实践，你可能需要事先与用户达成一些共识。这些共识包括：

*混沌测试与稳定性保证*

如果你想实施蓝绿升级，就需要具备迁移工作负载并最终终止旧进程的能力。然而，如果用户预期底层系统在没有明确指示的情况下绝不会重启，那么他们将难以适应这种意外变更。为了解决这一问题，我们让团队在其管理的 Kubernetes 服务中引入了一个自动化混沌元素，用于随机重启客户节点。这个默认功能[1]不仅帮助客户识别并解决架构性缺陷，还让他们逐步适应在无法完全掌控底层基础设施的环境中运行应用，并习惯于基础设施提供商随时重启实例的操作模式。

---

注 1：尽管这是默认状态，但在运行某些缺乏健全云原生架构的遗留系统时，可以在必要时将它关闭。

*验收测试*

你希望确保系统升级不会对用户的功能或体验造成破坏，但要如何实现这一目标呢？一种方法是建议用户维护一组验收测试用例，通过运行这些测试来验证平台变更后应用程序的正常运行。而理想情况下，平台团队自身也需要一套详尽的验收测试集（例如，由团队开发并运营的一个示例应用程序），作为验证的第一道关卡。

*维护窗口*

确实，维护窗口与"云原生"无关，但根据你所提供的平台类型，有时可能仍需要计划停机。如果你的系统确实需要停机维护，不要每次都临时协商，而是应提前设定维护窗口的预期，让你的团队和用户都能为这些服务中断做好安排。

在 8.3 节中，我们介绍了顶尖科技公司在测试和部署变更到其广泛的系统网络时所采用的一些实践方法。这些方法不仅能够将对客户的影响降到最低，还能支持这种操作员驱动的迁移模式。对于小型公司来说，可能没有足够的精力和资源投入这些高级防护准则，但了解成熟模式的运作方式可以为未来发展提供方向指引。目前所做的每一项小投入，无论是制定系统维护窗口期，还是搭建用于验收测试的示例应用，都是送给未来平台团队的珍贵馈赠（*https://oreil.ly/H6RCn*）。

---

## 单体代码库是否有助于代码迁移

在一些大型科技公司中，单体代码库已成为管理公共代码变更的主流解决方案。由于所有系统最终都以代码形式呈现，这引发了关于代码在迁移工作中作用的思考。使用单体代码库的显著优势在于能够深入洞察代码级依赖关系，并且可以在整个代码库范围内实施更改。平台团队甚至可以在必要时直接修改用户代码。在实践中，这种优势对内部共享库的变更远比对一般的平台迁移更为显著，这主要有两个原因：

- 平台通常包含服务模块，这意味着在所有客户端完成重新部署之前，任何影响客户端和 API 的改动都不算完成。由于客户系统的部署时间安排与平台的时间计划并不一致，因此你需要在生产环境中同时支持多个版本的客户端和 API。

- 平台通常包含胖客户端，这些客户端依赖于由开源软件和供应商系统提供的外部代码。由于这些代码库可能被客户直接用于其他用途，因此对它进行变更可能会对客户应用程序产生广泛的影响。这意味着变更的耦合性更强，从而带来了更大的影响和风险。在传统的多代码库环境中，这个问题可以通过对内部客户端进行版本控制来解决。在单体代码库中也可以采用相同的方法，但这将违背单体代码库在此场景下的整体价值。

对于任何公司而言，单体代码库的价值取决于企业文化及其他技术选择（参见第 5 章），但它并不能显著降低平台迁移的成本。

## 9.2.3 跟踪使用元数据

系统迁移中最具挑战性的方面之一是理解依赖关系。随着平台变得更加互联互通，你需要深入了解应用程序如何使用平台的各个组成部分——这不仅涉及第 5 章提到的产品指标，还包括日常运维、系统升级和迁移工作。建立针对技术、部署和依赖关系的自动化资产追踪，并绘制公司现有运行基础设施的依赖关系图，对于支持更复杂的升级工作至关重要。这种自动化追踪机制在规模较小的公司中更容易实现，而在较为陈旧的遗留系统环境中则难以后期补充。

需要追踪的事项包括：

- 谁在使用这个平台。
- 哪些应用程序正在使用该平台，以及它们具体使用了平台的哪些部分。
- 谁拥有这些应用程序。

由于每个平台的特性不同，因此我们无法详尽列举未来升级所需跟踪的所有细节。我们的目标是希望能启发你将这些内容视为平台组织工作的一部分。请务必收集系统运行状态的元数据，掌握各类部署的具体位置，同时理解如何将部署代码与相关人员和团队建立关联——这些都是你在平台工程之路初期便应积累的重要知识基础。

---

### 集中追踪所有权元数据

追踪所有权元数据（即明确系统和流程的所有团队或个人）有助于迁移工作的顺利开展、实现更有针对性的沟通，并提升平台的运营效率。尽管每个平台可以独立追踪这些信息，但我们发现集中管理这些数据更为有效，这样可以避免因组织结构的变化或调整而导致技术系统与组织现状脱节的问题。

任何在公司成长期工作过的人可能都遇到过这样的情景：随着时间的推移，员工进进出出，公司积累了许多仍在使用但似乎无人负责的技术资产。这种情况虽然不太可能出现在最关键的系统上，但在一些长期无人问津的定时任务或无人维护的数据管道中却屡见不鲜——这些任务就这样持续运行，直到某天突然崩溃，大家才会紧急追查责任人以修复问题。

这是平台工程中的一个隐藏挑战：组织运作的偏离可能会阻碍平台自身的演进。当一个庞大的数据管道霸占了平台资源，却没有人负责解决这些资源问题时，平台团队往往会陷入进退两难的境地。期待平台工程师承担修复业务系统的重任通常是不现实的，他们可以协助应用程序开发人员完成这项工作，但从长远来看，他们无法对这些应用程序或流程承担所有权。如果这些系统对业务流程的运行至关重要，那么就必须明确系统的归属权。

> 根据公司的实际状况，你可能需要应对组织偏离问题，以构建一个能够长期维护的平台。这并不表示解决组织偏离就是你的职责，但如果没有其他人考虑各系统如何获知并响应组织变动，那就需要你积极推动相关讨论的开展。首先，与人力资源部门合作，明确离职流程以及用于记录员工和团队状态的主记录系统。在建立一个记录员工变动的规范化系统后，你可以与其他工程团队协作，共同确定如何将岗位、系统及其他技术流程映射到人员负责关系，从而在员工离职或团队调整时能够实现自动化的交接。
>
> 这正是我们在第 2 章中特别强调所有权信息元数据的原因之一。即使是在动态的弹性云资源之外，这一问题仍然极具挑战性。如果你没有管理所有权跟踪的策略，那么会严重削弱你维护和运营平台的能力，更不用说因缺乏访问可见性而引发的各种安全风险！

## 9.2.4 开发自动化功能以避免使用记录板

优秀的平台团队通过周密的规划与自动化手段，尽可能减轻客户在迁移过程中的负担。反之，糟糕的平台团队则会让开发人员在系统更新和迁移中经历大量混乱和痛苦，因为这些工作需要工程团队投入大量精力规划和实施。我们深知，评估重大变更对客户工作负载的影响并非易事，尤其是在平台需要支持多样化且性能敏感的工作负载时。然而，与其放弃并依赖人工操作，不如将这一挑战视为契机，反思系统设计，并探索演进方式，以实现这些工作的自动化。

Camille 曾经管理过一个基础平台团队，该团队负责标准 Linux 发行版的维护。由于公司拥有大量性能敏感型的 C/C++ 程序，这些发行版的升级过程异常棘手。当 Camille 加入时，团队正在处理一个延期的升级项目，拖延时间之长甚至可能导致新版本的供应商支持失效。最大的挑战在于，客户认为验证新版本所需的工作既烦琐又耗时，团队不得不通过持续催促和跟进才能了解各方进度和现状。虽然最终完成了迁移，但这个过程充满挑战并留下了教训。因此，当需要升级下一个版本时，团队立即对时间进度表示担忧，客户也表现出明显的抵触情绪。

团队向 Camille 申请招聘名额，希望增聘项目经理来负责此次升级工作。他们认为这是一个极其复杂的项目，必须有"人在流程中"才能确保成功。然而，Camille 对此提出了反对意见，并作出以下指示："除非你们能向我证明，我们已经尽一切可能将项目经理的工作实现自动化，否则我不会批准招聘。你们需要向我展示，在没有项目管理的情况下已经尝试过并确实遇到了无法突破的障碍，我才会考虑增加人手。在此之前，开动脑筋，想出创新的解决方案。"

结果非常出色。团队认真对待这些反馈意见，并开始思考为何这些升级如此复杂。复杂性的一部分原因在于，这些升级实际上构成了一棵依赖树。在验证并完成某个子系统的工作之前，相关系统无法升级。因此，第一步是绘制出这些依赖图，并将它与项目迁移的节奏相结合。系统会检测依赖项集合的完成状态，只有在完成后才会释放下一阶段的任务。通过这种方式，他们构建了一套以客户为中心的可观测性和工作流跟踪工具。他们重点考虑：如何让用户的升级过程更轻松？哪些升级步骤可以完全实现自动化？当用户的系统需要推进到下一阶段时，哪些内容可以在工单中清晰地解释说明？

这并没有完全消除对人为主导的项目管理的需求。到了项目后期，部分团队成员仍需要与项目经理协作才能完成整个过程。不过，相比之前的更新，这次迁移确实取得了显著的进展。这主要得益于团队前期投入充足时间，不仅周密规划了迁移方案，还全面考虑了工具、自动化、可观测性以及以客户为中心的策略，从而有效缓解了项目参与各方的痛点。

这是一个杰出平台团队的典范案例。即便在无法为所有用户实现自动迁移的情况下，该团队仍承担了绝大部分繁重的任务，这使得当客户需要完成最终步骤时，过程异常顺利，几乎无人质疑。这也揭示了任何想要成为现代平台团队的基本要求：如果你希望胜任这一角色，就必须提前规划，并主动承担客户迁移过程中的主要工作。

## 9.2.5 使用文档帮助用户建立切换路径

有些迁移项目并非能够通过自动化帮助客户完成。例如，你创建了一个新的服务管理平台，而使用该平台需要客户将应用程序从旧平台（甚至传统的物理服务器）迁移到你的新平台。在推动这类迁移时，你需要特别关注设计便捷的切换路径，确保客户能够顺利地从旧系统过渡到你的新系统。

以服务平台为例，客户通常希望在将所有业务流量迁移到新平台之前，先尝试迁移部分系统，以验证新平台是否符合他们的需求。为了帮助客户顺利驶离旧系统的出口并驶入新系统的入口，你需要清晰地向他们展示如何完成这些局部迁移工作——这可以通过你开发的工具实现，也可以通过提供针对现有工具的详细操作文档来完成。这一点至关重要。

我们尚未深入探讨"使用层级文档"这一主题——即技术写作人员为 SaaS 供应商撰写的内容，如冗长的 API 描述、代码示例以及详尽的入门指南等。这主要是因为，大多数公司缺乏支持创建高质量文档的资源，而将这项任务额外交由工程师处理，往往会导致文档质量不佳且迅速过时，这样的文档不仅无法有效教育用户，反而容易引发更多困惑。然而，在迁移场景中，高质量的使用层级文档却可以成为一个显著的差异化因素。由于迁移通常是一次性工作，文档只需编写一次，无须过多担忧时效性[注2]。因此，在这

---

注 2：实际上，我们并不期望你能一次性完成所有迁移文档的编写。在整个过程中，你几乎一定会发现一些需要补充的边界情况。不过，与那些需要持续维护的平台或服务文档相比，迁移文档更趋于一次性任务，因此文档过时的风险较低。

种情况下，投入资源创建扎实的支持文档是非常值得的，甚至可以考虑聘请专业的技术写作人员来完成这项工作，以确保文档的专业性和实用性。

那么，如何确定需要哪些自动化工具和文档来支持迁移呢？答案在于内部测试和协作。如果条件允许，可以邀请其他平台团队作为早期测试者（Alpha 测试者）来体验迁移过程。在开发阶段使用自己的平台进行内部测试，虽然无法完全覆盖所有情况，但对评估平台的适用性和可用性仍然非常有帮助。准备就绪后，可以接触那些希望抢先体验新功能的高级用户。这些首批真实用户将为你提供从全新视角体验平台和迁移实践的机会。通过派遣团队成员嵌入这些早期客户的团队，协助他们完成迁移工作，不仅可以帮助发现系统中的程序错误和功能缺陷，还能识别出哪些工具和自动化手段是优化迁移过程所必需的。在协助早期团队迁移的过程中，你将有机会完善流程，为后续的客户群体铺平道路，同时将成功迁移所需的步骤整理成文档。

## 9.3 协调更平稳的迁移

虽然你应尽可能按照 9.2 节的建议，让迁移过程尽可能透明，但大多数迁移仍然需要与客户进行一定的协调。那么，如何才能做好这项工作呢？迁移从来都不是轻松的事情，但它可以变得更轻松，而这取决于你采取的措施。在本节中，我们将探讨确保客户顺利过渡的最重要措施，同时帮助你平衡团队的工作负担。

### 9.3.1 界定、限制和确定计划变更的优先级

正如应限制系统间的耦合一样，平台迁移过程中也需避免各迁移任务之间出现意外重叠。这具体包括以下三种情况：

*以未来 12 个月内的硬性截止日期为起点，从后向前推导规划*

有些迁移工作会超出平台团队的控制范围。当某个开源软件库即将被弃用，或者供应商要求更改 API 的调用方式时，这些"不可撼动的障碍"将限制你未来的选择空间。因此，你需要尽快明确应对方案，并提前规划如何完成这些必要的迁移工作。

这里需要特别指出，这里"12 个月"只是名义上的。根据我们职业生涯中的经验，开源软件和供应商提出的超过这一时间范围的日期，无论他们声称多么坚决不可更改，实际上往往比看起来更具弹性。当行业内的广泛领域受到影响时，截止日期通常会延后，并且往往会出现行业通用的解决方案，使得你无须自行开发（例如，AWS 在 2015 年推出的"Classiclink"VPC 迁移功能，客户因此不必再开发定制化的解决方案）。鉴于此，若试图要求用户在今天就为一个远远超出其规划周期的事

件进行迁移，即便在最理想的情况下也会引发大量阻力，而即使用户同意，这些工作最终也很可能是徒劳无功的。

如果截止日期在 12 个月以后，建议利用多出来的时间，尽可能完成 9.2 节中提到的所有工作，以优化迁移过程。在距离 12 个月截止日期较远时，无须急于制定繁重的协调规划，等到临近 12 个月时再开始着手准备。到那时，你应该已经建立起一套完善且便于用户理解和遵循的流程体系，以便向用户提出具体要求。

*限制运行中的客户工作的耦合度*

将数据中心迁移与数据库升级结合在一起，究竟是在为客户节省工作量，还是让这两项任务变得更难完成？有时同时进行多项变更是合理的，但更好的方式是将这些整合的变更在平台内部完成，这样客户只需专注于一个任务。这其中的差别可能很微妙：

- 当为客户实施超越"直接迁移"的项目时，例如需要对系统某些部分进行重新架构的迁移，将这部分工作与其他关键工作相结合通常是最为合理的选择。例如，当客户从本地虚拟机迁移到公有云的容器化计算环境时，将这一迁移与身份认证系统的更新结合起来，可能不会显著增加项目的整体复杂度。这种方法尤其适用于那些相对可选的迁移场景，特别是在系统重构能够为应用团队带来显著价值的情况下。

- 如果你的计划有明确的截止日期——比如数据中心租约到期，或基础设施供应商合同终止日期——你应该尽量减少其他变动，以协助团队顺利渡过这一过程。在新数据中心里不想或无法支持最古老的遗留系统是可以理解的，但要避免过度增加限制。不要因为应用团队必须进行迁移，就借机让他们修复你不满意的系统，或者试图摆脱一些遗留系统。

*保持追踪主要的待处理请求，并优先处理*

在同一季度内同时进行操作系统的重大升级，并更改全公司的认证机制，这样的安排是否真的必要？在制定路线图时，平台领导层应该全面掌握所有计划中的迁移和重大变更。不要犹豫，提出以下问题：这些迁移是否应该同期进行？这些变更会对平台的其他部分产生怎样的影响？现有计划是否充分考虑了这些变更之间的计划重叠？

这一点不仅对帮助客户至关重要，对你自己的团队同样至关重要。你是否能够有效测试多项并行变更对平台的影响？就像我们的公有云迁移示例所示，将新组件集成到新平台是一回事，但如果你在迁移构建和测试系统的同时，还要更改用于存储构建工件的对象存储系统，那么要理清这些同时发生的变更对工件检索性能问题造成的影响将变得异常复杂。

## 9.3.2 及早公开沟通

脱离实际情境的截止日期是客户在迁移过程中面临的主要痛点之一。然而，用户往往会拖延迁移相关工作，直到演变为救火式的紧急处理——那么，我们该如何避免这种情况的发生呢？答案就在于你的沟通策略。

第一步是，在一得知系统迁移即将发生时就及时通知客户（对于距离截止日期超过 12 个月的情况，此类通知应仅限于提供信息）。当迁移由底层系统的更新所驱动时（例如，操作系统或数据库版本的生命周期即将终止），你通常会有充足的预警时间，但截止日期的灵活性较低。这些时间节点可以整合到向客户展示的产品规划路线图中，并通过新闻简报、季度规划会议以及其他定期客户沟通渠道反复传达。对于那些需要在平台层面进行相应调整的变更，建议等到项目接近发布阶段且明确具体工作内容后再进行沟通——例如，在有早期测试客户使用新版本并且你确信这一变更符合预期之后。

随着平台规模的扩大和动态组件的增多，这种初期沟通变得愈发具有挑战性。在大规模系统环境下，应用工程团队通常会指派专人负责评估平台迁移请求、审核规范，并在确认这些请求合理且可执行后，将它们传递给外部的应用工程师。尽管在企业规模超过一定程度后，这种做法似乎不可避免，但这往往反映出平台团队和基础设施团队内部的无序状态。

当你的业务规模发展到客户开始设立专门的迁移受理角色时，这就意味着你需要为平台正式确立迁移协调机制了。客户协调工作最好由项目经理来负责（根据公司规模，可能需要一个完整的项目管理团队），不过，支持这一职能的大部分工作需要在团队的年度由下而上的规划过程中完成。在这一规划过程中，可以增加以下核查内容：

- 在各个核心平台领域中，已知的哪些方面即将发生重大变更，这些变更将需要客户配合完成相关工作？
- 你是否考虑过捆绑相关变更以减少客户的工作量，以及基于已计划的客户流失，哪些迁移工作可以适当延后？
- 你的计划是否让你足够自信，能够据此向客户团队传达未来两到三个季度的重大变更，使他们能够有计划地应对这些变化？

除此之外，在迁移过程中设立一个专属的沟通支持渠道也非常有帮助，该渠道应独立于常规的支持服务和值班安排。如果这个渠道是公开的且维护得当，那么客户通常会互相帮助解决常见问题。你还可以利用这个渠道收集常见问题，整理成文档，并识别可以通过自动化解决的潜在问题。即使你无须建立完整的迁移协调中心，这样的沟通渠道依然能够发挥重要作用。

### 9.3.3 完成最后 20% 的工作

你已经决定全面负责迁移工作，为了减轻客户的负担，你通过自动化手段、加强沟通，甚至为客户完成迁移等方式付出了大量努力。然而，当你评估当前的成果时，你会发现可能只完成了整体工作量的 80%。遗憾的是，剩下的 20% 依然摆在那里，如果你想要彻底淘汰旧版本或遗留系统，这最后 20% 的迁移工作仍然无法避免。

现在该怎么办？正如许多项目一样，最后的 20% 工作往往比前 80% 更加棘手（而最后的 5% 甚至可能让人觉得难以完成）。这些任务可能涉及高风险应用程序，或者是最古老、最关键或高度定制化的系统。优先完成那些能让大多数客户尽早完成迁移的工作是合乎情理的，但这些长尾问题终究不能被无限期忽视。当你开始处理这最后一部分工作时，不可避免地会遇到新的复杂问题，而如果你希望顺利完成整个项目，那么这些问题需要逐一解决。

首个复杂之处在于，系统迁移所需时间可能会比预期更长，并且在整个迁移完成之前，仍然需要安排人员持续维护旧系统。尽管你可能希望尽量减少对旧系统的投入，但如果让团队大多数成员完全专注于新系统开发，则那些不得不留守遗留系统的同事可能会感到不被重视，并开始担忧自己的职业发展前景。更糟糕的是，由于有限的支持轮班和老化的遗留平台带来的双重压力，这些同事可能会感到疲惫不堪，最终选择离开团队。因此，在迁移的最后阶段，你需要提前规划并权衡旧系统与新系统的工作分配，避免在最后几个月里过度依赖少数资深员工来维系局面。

在项目的后期阶段，你可能会遇到一些意想不到的问题。如果你在本地数据中心环境中运行这个平台，你可能不愿继续为旧平台购置新硬件，但如果迁移尚未完成，而这些旧硬件就必须退役，该怎么办？Camille 就曾遇到过类似的情况：在一个迁移项目即将完成时，数据中心团队坚持要更换服务器，因为服务器的散热风扇即将失效。她的团队不得不与数据中心团队协商，要求他们额外工作以维修或更换风扇，从而避免了购买新服务器的大笔开支——毕竟这些服务器在购买后六个月内就将无用武之地。在大规模系统中，你难免会遗漏某些底层依赖项，这可能导致在重大迁移的最后阶段措手不及。遇到这种情况时，不要慌张，而是要依靠团队的智慧来解决问题。同时，务必及时告知所有相关方，无论是关心此事的人还是能提供帮助的人。

最后，谁应该负责最后 20% 的工作往往并不明确。这取决于需要迁移的应用程序的特点，而有时这些应用程序并不归你负责。那么，是由平台团队负责？还是由应用团队负责？你可能会发现，新系统对某些边缘用户完全不适用，这意味着你需要经历一个系统退役的过程（即逐步淘汰旧系统），这一点将在 9.4 节中讨论。对于其他情况，你的团队需要做好准备，与应用团队进行持续的协商和谈判。你能在多大程度上要求在特定时间内完成迁移（或者是否完成迁移）取决于组织的文化。如果你的组织文化更倾向于软性激励而非强硬手段，那么你可能需要投入更多精力来说服那些迟迟未完成迁移的团队接受新平台。不论采用哪种方式，新平台的性能越优异、已迁移用户的体验越好，这个过程就会越容易，因为更多人会信任你并愿意使用新的系统。然而，"更容易"并不等于"简单轻松"，尤其是对于那些缺乏明确客户归属的老旧应用程序，你需要做好面对重大阻力的心理准备。

### 9.3.4 谨慎使用强制命令

最后，我们来谈谈技术迁移中与人员相关的挑战，尤其是在大规模迁移的场景下。如果你曾在一家规模较小的公司工作，并见证它成长为一家大公司，那么你可能会记得，过去在进行技术迁移时，人们通常愿意相信你的判断力。他们认识你，了解你的团队，那时，整个公司还处在"同一个团队，同一个梦想"这一发展阶段。然而，随着公司规模的扩大，或者当你作为领导者刚加入一家新组织时，那种基于深厚个人关系的信任感往往不复存在。此外，你的客户很可能已经见识过一些失败的技术迁移项目。即使你个人一贯能够高效地执行迁移，并且沟通到位，他们仍可能因为在其他公司目睹过不成功的迁移经历而心存疑虑。因此，仅仅是提出需要他们投入精力来支持迁移这一想法，就可能激发他们本能的抗拒情绪。

"啊，"你可能会想，"这件事情如此重要，我们完全可以让 CTO 下达一项全员指令，要求所有人必须完成这次迁移！亚马逊在迁移到服务架构时采用了这种方式，我朋友的公司在迁移到云端时也是如此，所以这种方式对我们来说应该也会奏效！"

你可能偶尔会幸运地获得高层对某些真正关键举措的自上而下的指令。然而，在大规模运作中，你需要与众多其他同样需要完成的举措竞争资源优先级，这些举措可能包括从成本削减到合规与安全措施，再到业务扩张等。公司对指令的关注度是有限的，即使领导层愿意发布这些指令，最终人们也会逐渐忽视这些指令。

我们建议你谨慎使用强制性请求，仅将它用于至关重要的事项，并尽可能使它与其他必要工作保持一致（更理想的是与重大产品计划相契合）。如果你的平台能够改善安全态势并节省成本，你可以与首席信息安全官和首席财务官共同提议，将它作为年度少数几个强制性任务之一。如果业务部门计划调整定价模式，那么这或许是升级计费平台的绝佳契机。将迁移工作战略性地融入其他重要任务中通常更为高效，而不是让客户面对零散且无计划的强制性任务，这些任务往往看似毫无关联，只会增加客户的困扰。

推动最后 20% 的迁移工作可能需要依赖必要的指令。迁移过程虽然充满挑战，但继续维持旧系统运行同样会面临类似的困难（甚至承担更大的风险）。有时候，只有当公司高层站出来明确表示"我们都知道这是正确的方向"，才能真正促使各方坚定地执行这一正确决策。然而，平台团队应谨慎避免过于频繁地采用强制指令式方法，因为这可能会营造出一种文化氛围，让人觉得应用工程师的存在仅仅是为了实现平台团队的项目目标，而非真正服务于业务需求。

## 9.4 平台退役

在先前关于迁移的讨论中，我们默认假设了一点：尽管需要将用户从一个系统迁移到另一个系统，但这些迁移并不会导致功能缺失。然而，在某些情况下，你不仅要求用户迁出现有平台，还无法为他们提供一个功能相当的替代系统，这就不仅仅是一次简单的迁移，而是涉及系统的退役。在这种情况下，尽管你可能无法为平台用户提供完整的迁移支持，但仍然需要尽力帮助他们平稳过渡。

### 9.4.1 决定何时终止

淘汰传统系统的原因有很多：缺乏能够支持旧系统的人员、安全和合规性漏洞、供应商破产或退出市场等。如果一个被广泛使用的传统系统因上述任何原因需要退役，请不要贸然直接执行停用操作。我们建议，首先明确向新解决方案过渡的路径，必要时可以开发全新的系统或为现有平台新增功能。这样，你可以遵循既定的迁移流程，而不是简单地直接执行淘汰操作。

真正的服务终止（即在无替代方案的情况下停止服务）应仅限于以下情形：

1. 用户数量较少。你可能过早地扩展了产品支持范围，以支持多种配置选项，认为客户会需要这种多样性。这种情况在数据库、消息系统或可观测性工具等产品中尤为常见。某些团队对这类产品持有明确偏好，坚持要求启用特定的高级配置，或者添加其他团队并不需要的插件。一个常见场景是新产品团队坚持使用某种特定类型的通用系统：例如，他们认为必须使用某种图数据库，因为标准方案缺少他们所需的某个功能。这种产品决策是一种风险投资，未必能带来回报，你可能最终需要为了一个团队而维护一整套基础设施和集成方案。

有时你会设计一个你认为能够彻底革新用户体验的新工作流程，但最终却发现只有极少数用户会真正采用。这种情况常见于高级用户功能的开发中。我们曾在为团队开发开发者工具时犯过类似的错误，当时针对一些团队在版本控制、代码审查和测试方面的特殊需求设计了特定的交互模型。然而，这些需求复杂的客户实际上仅占我们整体客户群的一小部分，而我们构建的这套交互模型在面对其他变更时维护起来成本高且复杂。最终，由于支持这些高级功能的成本过高，而实际需求的用户又过于稀少，我们不得不将它移除。

功能逐步淘汰应仅在迁移过程的最后阶段进行，即当仅剩少数客户的核心业务深度依赖某些功能，而这些功能在新系统中无法支持也无法改造时。这种情况通常出现在将一个初创阶段的平台重构为更具扩展性的平台时，你需要移除那些在为更大规模设计的系统中显得不再合理的功能特性。

平台工程团队在处理此类客户时，有时会缺乏客户同理心，常常以一种轻蔑的态度表示："这种方案的扩展性问题显而易见，他们只能自己想办法应对并迁移。"显然，这与以用户为中心的产品理念背道而驰。如果你对一个涉及的不仅仅是少数边缘案例的核心功能采取这种态度，很可能会引发强烈反抗，最终迫使你不得不无期限地同时支持两种方案。因此，在决定移除核心功能之前，你需要确保该功能确实只影响到极少数（约 0.1%）的使用场景，并且必须在充分评估所有可选方案并与用户进行早期沟通后，才能逐步淘汰该功能。

2. 支持该服务的成本很高。如果系统能够自主运行，那么低采用率可能不会引起关注。然而，当某项服务或功能需要投入大量支持资源，却只有极少数用户使用时，这表明需要采取行动。如果无法找到提升采用率的路径，则可能需要考虑逐步淘汰该服务，以减轻团队的负担。这种成本可能并非直接体现在系统支持上，而是间接影响整体服务扩展能力。当某项功能既复杂又易损时，它还可能增加对平台进行其他变更的难度——这种情况在支持非传统工作流程或高级用户功能时尤为常见。

3. 你还有其他需要专注的重点。最后，有时候你需要让团队更加专注于高优先级的工作，而清除干扰是实现这一目标的必要手段。当某项产品或服务需要持续的工程投入，而这些资源又需要被重新分配到其他方向时，这就表明你可能需要考虑停止该产品的运营，以腾出团队资源，专注于其他更重要的任务。

如果因其他领域的交付压力而需要逐步淘汰某些服务，请明确人员重新部署的计划。这些信息应包含在与受影响用户及利益相关者的沟通计划中，尤其是当相关方对你重新投资的领域感兴趣时。

---

**有时，面对逐步淘汰产品，最难接受的并非用户，而是那些构建者**

有些项目未能如愿，尽管团队对愿景充满信心，但始终未能使该项目成功落地，这时就需要考虑项目的退役。我们曾经历过一个令人印象深刻的退役案例，涉及移除一个团队研发多年的构建和测试工具。他们虽然取得了一定进展，有少数应用团队开始使用该工具，但始终未能找到让所有团队都采用这一新方案的明确路径。此外，当初促使团队开发这一新方案的问题大多已经得到解决，而同时支持新旧系统的负担也让团队难以承受。

这个项目最具挑战性的部分之一，是让团队意识到新工具已无发展前景。尽管他们

---

平台迁移与退役 | 191

> 付出了最大的努力，但继续投入已不值得。团队对自己倾注心血的项目寄予厚望，因此，让他们接受项目已无路可走的事实的难度几乎与说服他们逐步淘汰并移除该工具一样大。事实上，我们认为，这正是领导者在处理产品逐步淘汰决策时面临的常见挑战之一。虽然用户可能会因需要迁移或放弃某项功能而感到沮丧，但开发该功能的团队往往对他们投入的沉没成本更加执着。让团队放弃他们的珍爱之作，这始终是一个艰难的决定。
>
> 事实上，情况甚至更加糟糕。就我们的构建和测试系统而言，仅靠领导层推动逐步淘汰该解决方案还远远不够，直到那些铁杆信徒离开团队后，这个项目才真正画上句号。我们将此作为一个警示性的案例：如果你用对某项技术充满激情的人来组建团队，一旦该技术的发展未能符合他们的预期，那么这些人很可能会选择离开团队。

### 9.4.2 协调退役操作

当你决定停用某系统时，可以考虑几种执行方案，其中最关键的是与系统剩余用户采取何种协调方式：

*问问自己，是否可以将系统交还给使用方团队*

在某些情况下，支持工作的负担可能超出了你团队能够证明该系统合理性的范围，但由于另一个团队对该系统高度依赖，他们愿意收回并自行运营。在这种情况下，你可能需要进行一些协商，因为有时对方团队的管理层可能会期望你分配人员来协助他们完成这一过渡。

提供支持吧！你之所以考虑减少提供的服务，很可能是因为没有多余的人力资源。在这种情况下，你需要思考如何培训对方的团队，让他们能够负责支持工作，并制定一个过渡期计划，让你的工程师与他们的工程师结对协作完成系统相关工作，使他们熟悉如何使用和维护该系统。尽管最终可能仍需要将一两名工程师永久调往对方的团队，但如果这样的安排能够释放你团队中更多成员的精力去专注于更重要的任务，那么这样的权衡可能是值得的。

*确定可能的退役方案*

当系统的运维工作无法移交给其他团队，而系统逐步淘汰已成定局时，就需要做好与剩余用户进行艰难沟通的准备。最佳的准备方式是寻找方法，减轻客户因系统淘汰所受到的影响，帮助他们不得不转向其他解决方案。例如：

- 你能否编写系统迁移所需的步骤文档，以帮助他们了解迁移可能涉及的工作量，并在迁移过程中提供额外支持？
- 能否帮他们对接一位已完成产品逐步停用的客户，请他们分享相关经验教训？
- 如果这是一个次要功能，能否说明他们如何使用你的平台来构建自己的版本？

- 你能否通过使用不同的工具或功能组合，为他们展示如何实现相同的效果？

*与用户沟通并解释他们的选择，根据他们的意见制定时间线*

在计划逐步退役某系统时，该系统应当已经仅剩少量用户。此时，与用户直接交流（而不仅仅发送退役通知）是维护良好关系的明智之举。此外，尽管你可能已经制定了初步的退役时间表，但应做好协商准备，以便为相关方预留足够的反应时间。退役周期的长短可能从数个季度到数年不等，这取决于用户群规模以及系统对该群体的关键性。

这引出了另一个关键点：作为平台工程师，我们有责任尽可能提前告知用户这一变更正在发生。虽然提前过早可能会导致用户忽视问题，但为他们争取更多的准备时间总是更明智的选择。具体的时间安排将取决于功能的复杂性以及用户需要完成的迁移工作量。例如，数据库的迁移可能被认为"简单"，只需运行迁移脚本、完成性能回归测试、在生产环境中并行运行，最后切换即可。然而，这也可能意味着需要阅读并理解大量存储过程，梳理那些早已被遗忘的业务逻辑，将其重新构建到新的数据库中，然后再完成所有这些看似"简单"的步骤。

## 9.4.3 在适当的时候不要害怕逐步让平台退役

向利益相关者表示无法继续提供支持确实令人不快，但如果团队因分散精力去维护某些单次特殊需求的服务，而导致其他用户的整体体验受损，那将是更糟糕的情况。因此，当你推出的某项服务几乎没有取得进展时，不要犹豫，要适时对服务内容进行调整。为了公司的整体利益做出正确决策，有时难免会让部分人感到失望。

# 9.5 结语

迁移和系统退役是平台所有者最不令人愉快的事情之一。没有人愿意让客户仅仅为了维持现状而不得不额外付出努力，而迁移常常被视为用户因使用系统而不得不承担的一种无形的负担。但正是这种成本，让我们将迁移视为平台团队最大的机遇之一。这项开销无论如何都不可避免，无论应用团队选择使用你的平台，还是使用云服务、开源软件以及供应商系统的零散组合。所有底层软件都需要定期更新，无论它是否被整合到平台中。平台工程的承诺在于，通过更高效的自动化、沟通和执行，我们能够降低整个工程组织的变更成本。我们致力于成为一个稳固的基础，从而提升整个组织的运行效率。

本章呼应了本书的核心主题：关注用户及用户体验，并尽早尽力提升用户体验。保持用心且频繁的沟通。主动寻找机会，用软件和自动化替代手动或人工流程。当然，有时你需要面对一些困难的对话，比如当你决定淘汰用户仍依赖的系统时，可能会让客户失望。但只要你能展现出为提升用户体验所付出的努力，这些困难的对话就会变得相对容易一些。

第 10 章

# 管理与利益相关者的关系

> 这一次，爱丽丝觉得自己终于找到了脱困之道。"如果你告诉我 fiddle-de-dee 是什么语言，我就告诉你它的法语怎么说！"她满怀得意地说道。然而，红皇后却板起身子，冷冷地说道："女王从不做交易。""要是女王从不问问题就好了。"爱丽丝暗自想。
>
> ——刘易斯·卡罗尔，《爱丽丝镜中奇遇记》，第 9 章

在第 5 章中，我们探讨了关键利益相关者管理与产品管理的区别。产品管理的核心在于为客户打造真正符合需求的产品，而利益相关者管理则聚焦于说服领导层认可你的决策。有时，即使你交付的是一个扎实可靠、以客户为中心的平台，但如果关键利益相关者对你的投资缺乏信心，你仍然可能功亏一篑。当失去利益相关者的支持时，一个富有魅力的同事凭借一个好点子和一点执行力，配以令人信服的愿景，可能会将宝贵的投资吸引到他们的项目中去，即使你深知这个新平台远无法提供你现有产品的完整功能。

构建内部平台的一个令人痛苦的事实是：交付缓慢且与业务价值的关联较为间接，这意味着利益相关者对你的成功产生了过大的影响。如果你希望确保团队能够获得足够的支持来构建必要的平台，而不受其他领导层或工程团队的干扰，那么妥善管理与利益相关者的关系至关重要。

本章将讨论：

- 一种用于帮助你判断哪些利益相关者需要你投入时间的映射方法。
- 如何更好地与利益相关者沟通。
- 探讨寻找各方可接受的妥协方案的技巧，尤其是针对利益相关者构建影子平台这一长期存在但充满争议的话题。
- 应对利益相关者之间最具争议的焦点之一：如何论证平台团队规模的合理性。

与利益相关者的关系不必是零和博弈。在处理这些关系时要保持智慧和谨慎，但别忘了，你们同属一个更大的团队，共同的目标是通过实现最佳业务成果来赢得成功。

> **利益相关者管理真的只是多余的政治操作吗**
>
> 许多人认为利益相关者管理不过是办公室政治和应对行为不端者的过程，我们曾经也持有相同的看法。在参与的诸多重大决策中，我们常常看到只有一方能够如愿以偿，也目睹过不少同事似乎并非在为公司利益发声，而是在追求个人职业发展，甚至试图建立自己的圈子。然而，我们也看到一些我们十分敬佩的同事被指责为自私自利，甚至我们自己也曾遭受类似的质疑！当我们意识到这种冲突并非仅仅因为公司雇用了"问题人物"而引发的"办公室政治"时，我们开始好奇，这种现象为何会发生，以及如何能够更好地处理这些问题。
>
> 现在我们认识到，这个问题与其说是个人层面的，不如说更多地取决于组织的规模。还记得邓巴数[1]吗？当组织规模达到 50～150 人时，自然而然地会分化为多个子组织，各自形成独特的实践方式、信念和优先事项。这意味着，即便拥有强大的企业文化，也难以完全避免这样的情况：从你的视角来看"符合企业利益"的决策，从他人的视角可能未必如此。这正是利益相关者管理的重要性所在——它帮助我们的同事理解我们的观点和背景，以便在冲突发生时，他们不会仅仅听取自己团队的抱怨，进而将所有责任归咎于我们。
>
> 尽管当你的客户表现得像个排外的小村庄时会让人感到有些挫败，但这其实是再自然不过的事情。同样，当他们的"村长"把村庄里最大的难题反映给你时，他们也理所当然地希望这成为你最优先解决的问题。这就是村庄的运行方式。我们敢打赌，当你对所依赖的团队或系统感到不满时，你也会私下和同事闲聊，看看是否存在共同的症结，如果确实如此，你可能会向你的"村长"（哦，不好意思，我们是说经理）寻求帮助。

# 10.1 利益相关者图谱：权力 - 利益矩阵

要思考利益相关者管理，首先需要了解你的利益相关者以及如何衡量他们的影响力。为了更好地展开讨论，让我们引入一位虚构的角色——平台工程负责人 Juan。Juan 是平台工程副总裁，他的团队负责开发所有通用平台和工具，为公司内其他三大负责主要产品开发的工程团队提供支持，因此这些团队都是他的利益相关者。此外，他的团队还开发了一些供内部非技术团队（如财务和人力资源部门）使用的解决方案，因此需要与首席

---

注 1：邓巴数（https://oreil.ly/yNOlx）与人类社群稳定性的概念相关，这一概念可以追溯到人类作为采集狩猎者的时代。关于这一数值的具体范围尚存争议——大致在 50～150 人，但它的核心观点是，人类大脑在处理人际关系方面存在上限（例如，记住重要个人信息的能力）。

财务官和首席人力资源官合作。他向首席技术官汇报工作，同时，他的团队有时还会被直接调动，协助解决重大产品交付中的障碍。

就目前的情况而言，Juan 的平台对于非技术背景的内部员工来说运行得足够顺畅，当他们被调去解决关键产品交付中的障碍时也能完成任务。然而，他们与主要产品工程团队缺乏紧密联系，这些工程团队将他们视为一种必要但令人头疼的存在。

Juan 应该如何决定在利益相关者参与方面应重点关注的方向？我们可以通过一个简单且被广泛认可的模型——权力－利益矩阵，来展开讨论。如图 10-1 所示，我们将通过一个四象限网格将关键利益相关者映射出来，其中纵轴表示权力程度（由低到高），横轴表示利益程度（由低到高）。

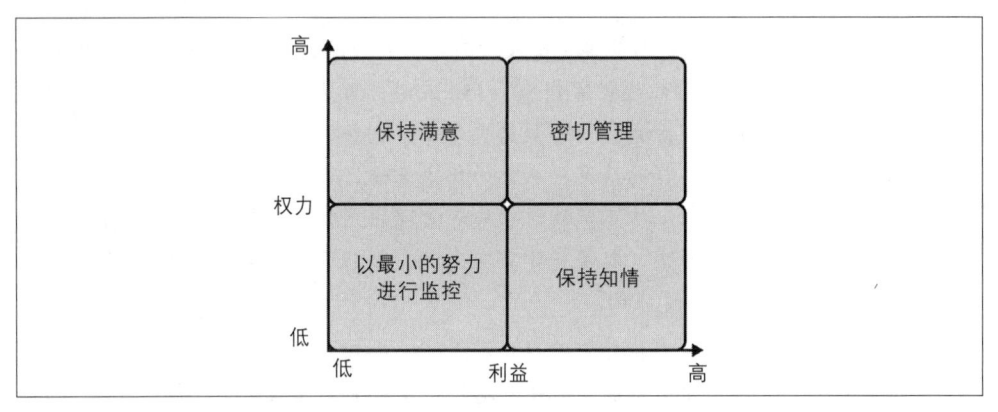

图 10-1：权力－利益矩阵图：基于利益相关者在组织中的权力及其对你的工作的关注，划分为四个象限

在右上象限中，是那些高权力且高度关注的利益相关者。你需要花时间深入了解这些人。这些关键业务领导者可能是企业的重要决策者，或者是得到重要决策者支持的人。当他们不仅依赖平台的整体运作，还因为平台的产品交付直接依赖于你，或者因为对你们的交付不满的团队而产生问题时，你就会引起他们的特别关注。

我们在此特别强调消极情况，因为根据我们的经验，大多数利益相关者通常都非常忙碌。当平台运转良好且他们认为对自身团队的成功构成的风险较低时，这些人往往不会深入参与平台相关事务。然而，一旦你让这一群体感到不满，风险就会随之上升——他们可能会建立一个影子平台，更糟糕的是，你的团队可能会被拆分并被这些工程部门吸收整合。这不仅会损害团队的利益，还会对你的职业发展造成不利影响，并最终危及整个技术平台的健康发展。

我们来具体看看 Juan 的网格（见图 10-2）。

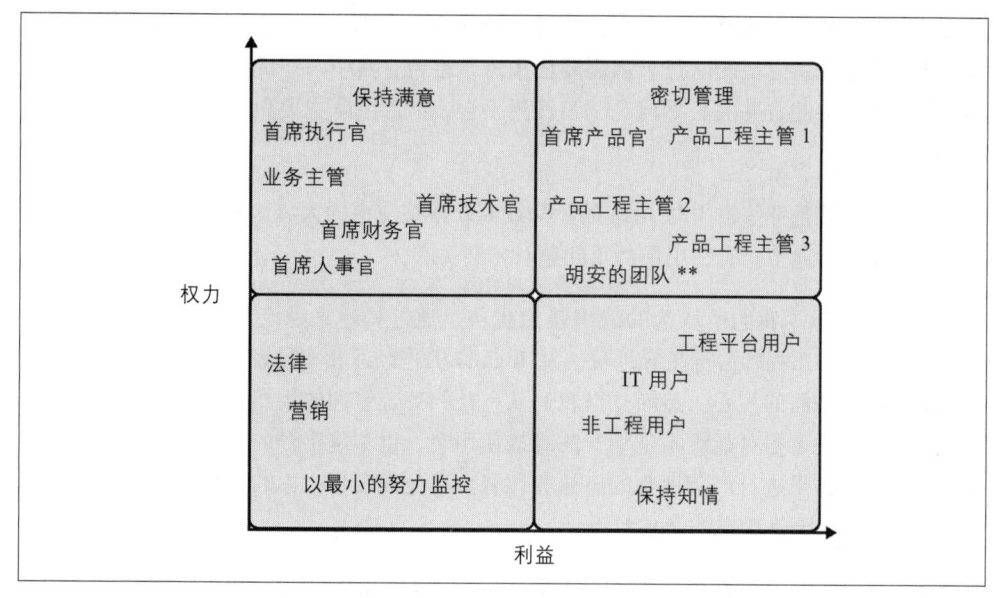

```
                    ↑
                   权力
       ┌─────────────────────┬─────────────────────┐
       │ 保持满意             │ 密切管理             │
       │ 首席执行官           │ 首席产品官  产品工程主管 1│
       │ 业务主管             │ 产品工程主管 2        │
       │         首席技术官   │                     │
       │      首席财务官      │         产品工程主管 3│
       │   首席人事官         │ 胡安的团队 **        │
       ├─────────────────────┼─────────────────────┤
       │                     │        工程平台用户  │
       │ 法律                │   IT 用户           │
       │ 营销                │    非工程用户        │
       │                     │                     │
       │ 以最小的努力监控     │    保持知情          │
       └─────────────────────┴─────────────────────┘→
                                      利益
```

图 10-2：胡安的相关方权力 – 利益矩阵

右上象限由首席产品官和其他三个主要工程团队的负责人组成，特别是那些对团队的产品交付依赖性最强的团队，以及最具野心的团队。由于他的团队尚未被视为能够真正创造价值，因此一旦平台出现问题，这一群体中很可能会有人采取行动以争取利益。Juan 的团队也位于这一象限，但在权力轴上的位置低于其他同级别的同行[注2]。你可能会对我们这样的分类感到意外，但我们多次见证过这样的教训：优先满足自己工程团队的需求，而忽视最具影响力的利益相关者，这种策略虽然看似诱人，却往往以失败告终。资深利益相关者能够敏锐地察觉到自己被置于他们认为地位较低的人之后，而一旦出现任何问题，他们必定会利用这一点来对付你。

在左上象限是那些权力较大但利益较低的利益相关者。这类人可能包括 Juan 的上司——首席技术官，他对 Juan 的工作采取中立态度，既不支持也不反对；还包括那些忙于其他事务、无暇深入了解胡安工作领域的业务主管（随着新项目的开展，他们可能重新变得更为积极，回到右上象限）。此外，这一象限还包括首席财务官和首席人事官，他们总体上对 Juan 的工作感到满意，但大部分时间专注于技术领域之外的事务。如果这些人确实对 Juan 的工作感到满意，那么这一象限对 Juan 来说是一个机会，因为适当推动这一群体的参与度，可以增加他在与雄心勃勃的同僚竞争中的胜算。不过，他也需要注意分寸，避免在他们不关心的事务上浪费过多时间，以免让人觉得他在占用他们的精力。

---

注 2：Juan 的团队是一个拥有可变影响力的利益相关者。有时，Juan 可能拥有替换大部分团队成员的权力；有时，团队对 Juan 的看法对于公司来说，可能与 Juan 对团队的看法同样重要！

管理与利益相关者的关系 | 197

在右下方象限，Juan 发现这里与产品管理有诸多交汇，因为许多实际使用平台的工程团队主要聚集于此。这些团队每天都需要使用这个平台，其中一些成员对产品的路线图和功能特征尤为关注，并关心如何进一步优化平台。产品团队主要负责这一群体的利益相关者管理工作。

最后，左下象限是那些很少与 Juan 的团队或其软件打交道的人。这些人对团队的工作只有模糊的了解，通常只有在出现严重问题时才会关心。

这张映射图展示了我们所认为的组织政治现实。通过构建卓越产品的视角审视平台团队，使用平台的工程师占据主导地位。从 Juan 以工程经理和领导者身份的视角来看，团队本身则成为关注的核心。然而，当我们从利益相关者管理的视角审视这个团队时，最重要的利益相关者很可能既不是平台的直接使用者，也不是平台的建设团队，而是那些可能会对交付结果进行严苛评判的高层管理者。在他们眼中，你的平台可能被视为他们抱负的阻碍，甚至是潜在的竞争对手。

在绘制你自己的利益相关者图谱时，可以问问自己以下几个问题：

- 谁最能得到高层领导的青睐？
- 哪些团队被认为是不可或缺的，哪些则被视为非必要但有益的？我的团队在这个图谱上处于什么位置？
- 即使我把一切都做到尽善尽美，但如果某个利益相关者还是不太喜欢我，这会有多大影响？
- 哪些利益相关者的声音最大？其中哪些在公司内最受尊敬？
- 如果我们团队为这位利益相关者超额完成任务，这是否有意义？

通过权力－利益映射分析，你可以识别出关键利益相关者。更重要的是，你能够理解他们的关注点，并以此为基础，不仅塑造团队的计划，还能更有效地管理与各方的关系，包括在沟通方式和妥协策略上的调整。这些内容将在后续章节中进一步探讨。

# 10.2 以恰当的透明度进行沟通

在完成利益相关者的梳理之后，接下来需要思考与他们的沟通策略。需要与利益相关者分享多少信息？何时进行沟通？以及如何传达更为恰当？

## 10.2.1 警惕过度分享细节

关于应向利益相关者披露多少信息，这个问题的答案并不像你希望的那样显而易见。尽管通过某些方式（例如在第 7 章中描述的"成果与挑战"进展报告）让相关人员了解你的进展情况是件好事，但过度分享可能会带来与透明度不足同样多的问题。过度分享可能导致以下问题：

*外部微观管理*
　　你的团队对利益相关者负有责任，但这并不意味着他们应当管理或决定你的日常工作优先级。提供过多的透明度可能会使某些利益相关者将你的团队视为他们可以操控的执行部门，这不仅会削弱你的战略，还会引发对团队工作不必要的事后质疑。

*屏蔽你的声音*
　　如果你在更新中用过多琐碎细节填满内容，其他利益相关者可能会对你的信息置之不理。当一切进展顺利时，这或许无伤大雅；但一旦事情出现问题，这种信息过载会加剧合作伙伴的不信任感。他们可能会觉得你是在故意通过大量信息干扰他们，令他们难以抓住核心内容。

*关注错误的细节*
　　当利益相关者获取了过量信息时，他们可能会将注意力集中在一些对他们而言并不重要的事项上。即使只是向他们传递一些他们难以理解却看似需要关注的内容，也可能引发问题。例如，让我们回到第 6 章中讨论过的 SLO 相关挑战，我们曾经遇到过这样的情况：利益相关者查看一个包含 24 个绿色图表的服务级别目标仪表板，却对其中唯一一个略微偏红的图表耿耿于怀，认为有必要追查它的根本原因，尽管工程团队已经认为这只是一个噪声指标。

*关系损害*
　　我们经常看到一些技术能力突出的平台领导者试图通过提供大量工程技术细节来支持自己的观点并解决分歧。然而，除非利益相关者已经做好准备去评估这些信息，并且有足够的动力去理解其中的细微差别，否则他们很可能会觉得这位领导者要么没有尝试与他们沟通，要么就是沟通能力不足。

在传递广泛信息时（包括第 7 章提到的"成功与挑战"流程），务必明确希望利益相关者掌握的核心信息。虽然不能因此牺牲准确性（否则一旦被发现不实，将失去他们的信任），但应尽量避免包含多余细节。如果一些利益相关者要求提供具体细节，那么你会知道他们真正关心的重点，从而能够根据具体情况调整信息的详细程度。对于技术背景较弱的利益相关者，可以采取不同的策略，先说服他们信任的技术人员，再借助这些人的帮助传递信息，这往往比直接说服他们更为有效。

---

### 利益相关者永远是对的

利益相关者似乎总爱放大来自团队内部的负面声音。或许你的团队刚刚经历了一次小小的失误——比如一次运营问题，或者一次未能按期发布的情况。虽然问题已经得到了妥善控制，但影响仍然足以引发客户之间的私下议论。很快，传言就变成了"这个平台团队根本不称职"，或者"他们只是为了炫技而搞技术"。于是，你找到客户团队的负责人——也就是你的利益相关者，希望通过一场理性的成本效益分析来平息这些闲言碎语。然而，对方不仅没有表现出理解，反而执意坚持，进一步质疑你的战略方向，甚至你的领导决策能力。最后，他们甩下一句"我们只想看到问题得到解决"，却将所有解决的责任全推到了你身上。而如果你没有按照他们的期望去处理这些问题，那么在他们看来，就是你辜负了他们的信任——毕竟，他们已经把期望表达得再清楚不过了！

这可以归结为销售界的一句老话："顾客永远是对的。"我们常常认为，由于我们的利益相关者也是工程领域的领导者，他们应该能够以平衡的视角看待我们的挑战。这当然很理想，但现实往往并非如此。实际上，当你的团队与利益相关者的团队之间出现问题时，通常会看到以下几种情况的组合：

- 利益相关者将你视为"内部供应商"，并不认为你能够理解并重视他们工作中的实际内容，尤其是因为他们认为你是导致许多问题的源头。因此，当你试图分享关于如何改进他们团队工作的想法时，往往会遭遇抗拒。

- 利益相关者常常认为自己能够比你更胜任你的工作和团队管理，而他们提出的建议却仅关注那些对他们自身有影响的问题的子集（坦白说，我们有时也会抱有类似的态度）。

- 利益相关者往往会忘记你昨天为他们所做的努力，也难以记起平台相比一年前的具体改进幅度。这是人性使然，人们常常会忽视已解决问题的存在，尤其是在仍有许多需要改进的地方或未解决问题的情况下。

如果你能尽早接受这样一个事实——客户几乎不会感到满意，他们的领导必然会带来各种问题，而作为一名平台负责人，你的职责就是灵活应对并不断向前推进——那么，你将在这个岗位上找到更多的工作乐趣。

## 10.2.2 恰当安排一对一会谈

新任平台负责人应首先通过多次一对一沟通，倾听利益相关者对平台的顾虑，评估他们的影响力和关注度，并理解他们的需求与动机。但切勿无限期依赖这一方法。尽管我们建议你与关键利益相关者保持定期的一对一交流，这里有三点警示：

- 维护这些关系非常耗时，且所需时间随关系数量线性增长。这意味着，随着平台规模的扩大，你会发现自己难以抽出足够时间来建立同等深度的新关系。同样，如果你试图放缓与某些利益相关者的沟通节奏以腾出时间给其他人，那么那些利益相关者可能会将此理解为你在暗示他们不重要。

- 当关系处于紧张状态，而利益相关者又没有意愿投入其中时，他们很可能会将一次不必要的单独会谈视为团队强加的额外负担。
- 一对一会谈的私密性既是优势也是劣势——例如，当大多数利益相关者在一对一会谈中表示对你的权衡感到满意时，那些不满的利益相关者却无法得知这些支持的意见。即使这是事实，但如果你对不满的利益相关者说"我认为其他利益相关者都支持我的决定"，听起来也会显得矫情，即便你的判断是准确的。

单纯依赖一对一沟通来获取反馈、共享信息以及建立信任关系并不现实。许多忙碌的管理者更希望你专注于完成工作，以更广泛的方式传播信息，并将他们的时间留给那些真正需要私下讨论的重要场合。在常规情况下，我们建议与"维持满意/保持信息透明"类型的利益相关者每季度进行一次一对一沟通，而与"密切关注"类型的利益相关者则保持每月一次的一对一沟通。

### 10.2.3 跟踪期望和承诺

这些是沟通入门课程的建议，但一些新晋平台负责人可能会因此陷入困境，原因在于他们此前的工作通常涉及的利益相关者较少，也鲜有需要应对日常意外情况的经历。以下是平台负责人典型工作日的情景：

- 在与利益相关者的一对一沟通中，你承诺会研究那些困扰他们团队的问题。
- 未记录具体内容，你便直接进入下一个会议，或者更可能是一连串的后续会议。
- 你随即接到运维事件通知，原本需要调查的细节却被遗忘，最终再也没有被处理。

利益相关者可能在下一次一对一沟通中都不会提及这个问题（他们或许也没有特别留意），但这件事一定会在某个不合时宜的时刻浮现在他们的脑海中。届时，这将被视为一次未履行的承诺，不可避免地影响他们对你和你的团队的信任。

作为平台团队的新任领导，请勿仅因为过去行之有效而依赖记忆力——应以有助于记住并付诸行动的方式记录承诺。无须将所有一对一沟通的细节都记录在共享文档中，事实上，这样做可能会给人一种在政治上搞秋后算账的感觉，像是在刻意留意利益相关者说过的话。建议私下记录，并最好通过邮件向利益相关者确认具体期望，使他们有机会作出必要的澄清。

### 10.2.4 通过协作会议和客户顾问委员会扩展规模

由于一对一会议无法扩展，因此你还需要开展更广泛的会议。其中最常见的形式是协作会议。在这类会议中，平台团队的代表与各利益相关者齐聚一堂，共同讨论当前工作进展并收集反馈意见。根据利益相关者的敏感度，这类会议可以选择每两周、每月或每季度召开一次。对于季度级别的会议，我们通常称之为客户顾问委员会（Customer Advisory Board，CAB）。

协作会议和客户顾问委员会通常由产品管理团队主导，但要注意不要完全依赖产品（或项目/计划）管理领导来负责所有沟通。当利益相关者因运营难题或交付问题而遇到困难时，最适合负责沟通的是那些实际操作和交付平台的工程师。产品管理应主导路线图和功能联动的讨论，但工程团队需要到场并就其他事项发言。

我们再三强调，充分准备这类会议的重要性不容忽视。务必明确以下重点内容：

- 你想在会议中获得的内容。
- 将介绍哪些信息和决策。
- 如何让参与者有发言的机会，同时又能确保对话的结构性（这里的一个典型的不良模式是：用55分钟展示一组幻灯片，最后仅匆匆留下5分钟回答问题）。

当这些会议进展顺利时，它们能够帮助那些最直言不讳的批评者认识到，他们的分歧不仅仅是针对你个人的，更是与大多数其他利益相关者的意见相左。而当会议效果不佳时，往往是因为你试图就一些涉及权衡且超出利益相关者理解范围的决策征求他们的意见，结果使会议演变成各团队之间对自身需求优先级的争论。

### 10.2.5 在困难时期加强沟通

最后，我们给出关于沟通的建议：当一切顺利时，比如平台运行稳定、相关方需求得到满足、预算压力较小且项目无须严格审查时，相关方通常会感到满意。这时，你仍需要传达当前的工作状况，但在这种情况下，大部分的相关方管理工作可以由产品管理团队在日常客户互动中承担。保持对接会议简洁高效，会议频率仅需维护良好的关系。

当事情进展不顺利时，无论是由于运营不稳定、功能交付延迟，还是预算压力让所有人对投资产生疑问，你都需要加强透明度和沟通，直到渡过难关。在这种情况下，务必确保由相关负责人向利益相关者传递准确信息，并在必要时通过电子邮件或即时通信工具补充更新信息。

## 10.3 寻找可接受的折中方案

即使你已经完成了第7章中所制定的所有规划，并与利益相关者保持着良好的沟通，你仍然需要应对来自他们的分歧和矛盾升级。在他们看来，由于他们更接近业务收入和增长，因此比面向内部服务的平台团队更了解什么才是对业务的"正确"选择。你需要审慎地处理这些问题，即使你认为他们的立场表现得不合理，也要确保让利益相关者感受到他们的观点得到了重视。

通过与众多利益相关者的深入探讨，我们发现，想要确定"哪些平台工作对业务最有价值的真相"通常并不可行，因为这涉及对平台上层构建内容的潜在价值进行多方位的判断。确实，你应该尽可能多地收集信息，包括向具有更广泛责任的管理层汇报，以寻求他们的总体意见。然而，你会经常发现，即便是这些管理层也会推辞或迟疑，因为围绕单个平台的发展路线图存在太多的不确定性。因此，他们更倾向于希望你做出妥协。

或许你的利益相关者提出了某些你觉得难以支持的需求。可能他们希望你重新调整核心工作的优先级，以便推动一个新功能；也可能他们希望你削减成本，从而腾出部分预算。不管需求是什么，你都无法在不影响其他你认为更有价值的事情的情况下满足他们。那么，你该怎么办？

## 10.3.1 明确商业影响

当你需要否决利益相关者的请求时，如果他们质疑当前投资的价值，最糟糕的做法就是以借口搪塞。若要达成共识，你必须超越个案细节，从业务影响的角度说明你的立场。

平台领导者往往对业务影响掉以轻心。有人提出了一个功能需求，团队便马上开发，却没有先问清楚这是否真的重要，结果耗费了大量精力却收效甚微。团队把太多时间花在试探性投资上，这些投资并未真正解决当前的痛点，而应用团队也对这些迟迟未见成效的投入感到厌倦。更糟糕的是，所有开发工作都耗时过久、成本过高，就连简单功能也需要数月才能完成。

在这些情况下，总能找到借口：平台不够稳定，且难以进行改动，因此新功能的实现需要很长时间；你深信当前系统缺乏可扩展性，必须构建一个新系统来确保平台的未来发展；团队经历了人员流失，导致工作效率低于预期；利益相关者反复改变主意，这进一步拖慢了交付速度。如此种种，不一而足。

在拒绝利益相关者的请求时，切记不能仅凭计划的既定性就认为该计划是正确的，这一点至关重要。你需要客观评估当前工作的现状和价值：究竟有多少资源投入了客户当前迫切需要的高优先级工作中，又有多少用于探索性工作、未来保障、系统稳定性维护或技术债务清理？你必须在当下价值与未来发展之间找到平衡点，这可能意味着需要根据客户需求，重新分配部分团队成员到其他项目中去。

即使在平台处于极度不稳定状态，不得不暂停大部分客户需求工作以专注于稳定性提升和故障修复的情况下，你仍然有责任向利益相关者清晰地展示这些工作的时间表、目标和价值。既然你正在使用某些指标来衡量系统的稳定性，那么就应持续跟踪这些指标的变化，并汇报指标的改善情况。

你的利益相关者不应仅仅听信你的话，他们应该能够亲眼看到你的业务影响。

## 10.3.2 有时需要"接受妥协"

在推进路线图时，为了应对最大的挑战，我们常常会忽略那些对小规模客户群体至关重要的小细节。然而，仅仅因为客户群体规模较小，并不意味着它们没有影响力。可以通过利益相关者地图分析他们的位置，以判断是否具有超乎寻常的影响力。他们可能是某位重要高管的特别关注对象，可能反应迅速，善于投诉，且能够影响更广泛的客户舆论，也可能正在负责一个备受瞩目的重点项目，吸引了众多目光。或者仅仅因为我们多次不得不优先考虑其他需求，现在需要对他们进行特别补偿。

无论出于何种原因，对这类请求保持一定的灵活性和及时响应都至关重要。尤其是在被要求完成那些既不需要大量前期开发投入，也不会带来高昂持续维护成本的任务时，你应该适当调整以满足重要客户的需求，从而争取一些政治资本。或许你会觉得这种建议有些奇怪，毕竟我们在第 9 章中花了大量篇幅探讨如何终止那些使用率低的功能。确实，这种做法有时会导致开发出一些一次性功能，这些功能的维护和运营成本可能超出预期，最终还不得不被淘汰。

但有时候，团队非常清楚自己的需求，而作为平台负责人，我们的职责就是支持他们，并提供他们不可或缺的支持或资源。在平台管理中，应当避免以下两种极端情形：

*无条件接受所有需求，最终沦为单纯的功能商店*
  第一种情况是过度反应的极端表现。每当收到一个请求时，你便匆忙响应，试图迅速拼凑功能或服务。这样的做法会让你的平台逐渐演变成一个越来越难以扩展和维护的系统，最终沦为一个缺乏整体规划、拼凑而成的"弗兰肯斯坦怪物"[译注1]。这表明你在面对利益相关者（通常也包括你的团队）时，缺乏果断拒绝的能力。这可能还反映出你缺乏清晰的平台战略，但并非必然如此：有时，仅仅因为即时满足他人的冲动压倒了对平台愿景的专注，就足以让你陷入这种困境。

*总是说"不"，仿佛你对企业价值拥有无懈可击的判断力*
  然而，另一个极端同样不可行：完全僵化不变，仅仅构建你认为正确且符合平台战略的内容。你需要与企业内部客户保持紧密协作，最终目标是为公司整体及业务创造价值。这与第三方供应商的职责有本质区别，你的任务不仅是构建一个能够满足需求的产品，更重要的是提供一个具有核心价值且足够灵活的解决方案，以便根据企业内部人员的特定需求进行定制化调整。

---

译注1：源自玛丽·雪莱于 1818 年创作的科幻小说《弗兰肯斯坦——现代普罗米修斯的故事》，
    在小说中，弗兰肯斯坦是一位疯狂的科学家，他创造出了一个由尸体拼凑而成的怪物。

在我们管理过的平台领导者中，那些成效最差的往往恰恰是那些对平台拥有最强技术和产品愿景的人。他们错误地认为，这种愿景赋予了他们为企业做出正确决策的必要知识。这种误解导致他们拒绝与那些对潜在价值持不同看法的利益相关者妥协，而是坚持以自己的愿景为唯一准则。他们常常辩称，现有系统的所有问题都源于过去的妥协，而他们的职责就是防止新系统或建设团队重蹈覆辙。因此，当他们的团队遭遇挫折时，那些早已心生不满的利益相关者便会迅速指出，这些领导者不仅难以合作，甚至在执行能力方面也表现不佳。

当重要客户提出一个仅需你付出微小代价的请求时，答应他们是明智之举。同理，当有人提出某项功能需求，而该功能显然应由你的平台提供，并且有紧迫的业务交付成果作为支撑，同时有证据表明该功能是实现这一业务交付成果的关键环节时，也应予以支持。在这种情况下，与其因这一意料之外的需求产生分歧，不如思考如何通过必要的妥协来实现目标。

在新功能的范围和时间安排上寻找折中方案。你是否可以先开发一个精简版功能，以更快解除他们最关键的业务阻碍？或者，他们是否能够调整自己的时间表，在专注于其他工作的同时，给你更多时间来交付？当你与对方达成最低限度且现实可行的方案后，你可能需要确保其他利益相关者了解这些优先级的调整及它们可能带来的影响。但不要因为某件事情不在你的原定计划中，就害怕支持团队的工作。

### 10.3.3 如何说"不"而不破坏关系

如同与所有利益相关者的对话一样，这类讨论的效果取决于你们之间的关系、你团队的角色定位，以及对方请求的重大程度。在本节中，我们假设你最终可以拒绝对方，尽管这么做可能会损失一些职场政治资本。如果面对的是一个你完全无法拒绝的人，那么你需要采用另一种应对策略，建议向你的主管寻求帮助（如果连主管也无法拒绝，那么你需要重新评估这是否确实是一个可以"妥协接受"的情况）。

当你有机会说"不"时，可以考虑以下选项：

*因为优先级而说"暂时不行"*

  你是在拒绝，还是在说"暂时不行"？有时候，需求确实很有价值，你也希望实现，但目前却无法将它列为优先事项。在这种情况下，你需要让利益相关者明确了解可能的交付时间，并提供他们在需要更快实现时的可选方案。这可能意味着，你可以指导他们先自行实现这一需求，而你的平台团队可以在未来适当的时候接手。安排团队成员与他们合作开发是一个不错的选择，这不仅能加快开发进度，还能确保你对设计方案有一定的洞察和建议。另一种选择是向他们展示来自其他团队的、更紧急的优先事项。或许，他们可以说服其他利益相关者调整优先级顺序。对于那些你认为值得实现但目前无法立即实施的需求，保持开放态度，提供可选方案是很重要的。

*因为技术而说"暂时不行"*

另一种"暂时不行"的情况是，你在技术上尚未准备好提供某项功能。在这种情况下，合作团队无法帮助你解除阻碍。由于缺乏支持该需求的底层技术模块，你暂时无法启动这项工作。不过，你仍可以与他们协作，共同探讨在正式开发之前是否存在其他可行的替代方案。无论如何，要耐心向他们说明技术制约因素，并且如果你的团队确实还无法实现他们的需求，就要坚持立场，切勿假装可以。因为假装能够完成只会从长远来看损害你的声誉和团队稳定性。

*因为产品策略而说不*

并非所有功能都适合整合到你的平台中。要克制住将平台无限扩张的冲动，不要因为有人表达了兴趣就对每个可能加入的功能一概接受。你需要清晰地理解产品的核心使命，因为并非所有功能都能与这一使命相契合。如果核心使命的边界逐渐模糊，那么很可能会削弱产品的核心价值，并使后续的支持与演进变得更加复杂。更理想的做法是，让你的平台具备一定的灵活性，使提出需求的用户能够自行绕过这些功能缺口，或者开发自主管理的扩展功能。此外，当你能够为他们推荐更符合他们需求的其他系统时，这种方式通常也更容易被接受。

*因为技术而说不*

同样地，有些事情在技术上确实不可行，这一点必须明确指出。这就是为什么我们需要那些曾经是工程师的领导者加入平台团队；因为他们深知，并非所有的好想法都能真正实现。Ian 在处理设计不当的网络系统时积累了许多深刻教训，他非常清楚，基于网络的解决方案往往伴随着巨大的运维成本，那些表面上看起来简单快捷的实现方案，实际运营起来可能会变得极其复杂。Camille 也因对分布式共享内存系统抱有带有幻想色彩的想法而付出了代价。拥有远大的梦想固然重要，但除非你的团队能够证明他们确实掌握了可靠的方案来解决某个悬而未决的问题，否则不要害怕拒绝那些在技术上不可行的事情——关键是要尽量清楚地向工程师解释其中的原因。

提出坚决的拒绝从来都不是一件轻松的事。不要让这成为自我情绪的体现！你的利益相关者并不是因为不了解技术局限性，或者无法像你一样清晰地理解产品战略，就显得"无知"。当你不得不做出明确的拒绝时，最好能够准备一个替代方案或建议，就像处理"暂时不行"的情况一样。他们是否可以寻求其他团队的支持？是否可以从不同的角度重新审视问题？即使你无法直接帮助他们，也要让对方感受到你对他们需求的真诚关注。这对未来的合作关系至关重要，因此尽量避免让他们觉得完全被拒之门外。

我们请教了特约作者 Jordan West，询问他们是如何处理"接受"与"拒绝"之间的平衡的。以下内容来自 Jordan 本人。

> **平台视角**
>
> 在我加入的一个平台团队中，如何在"接受"与"拒绝"之间找到平衡是一项挑战。这个团队是在一次组织重组后新成立的。由于前任团队被认为执行力不足，我们起初显著减少了工作范围——仅承诺在未来 12 个月内完成三项任务，并最终超预期完成交付。然而遗憾的是，到了第二年，抱怨声依然不断；只不过这次的不满已经从"无法交付"变成了"平台团队过于频繁地拒绝需求"。
>
> 我们最初倾向于拒绝更多请求，以便更快地交付更少的内容。然而，面对反馈的强烈程度，我们最终采取了另一种策略：对更多的请求妥协后接受，但严格限制每个项目的范围，从而依然能够交付。
>
> 以下是两个示例：
>
> - 我们承诺提供图存储服务，但首次发布时仅支持中小规模的用例，并排除所有可能影响网站稳定性的核心路径。我们也说明，在下一轮规划中，我们会重新评估是否仍然有需求来开发大规模解决方案。
> - 我们承诺添加一个缩减版的版本化数据集功能——听起来很高级的名字，其实就是"将数据从数据仓库提取并存入 OLTP 数据库"。从长远来看，我们希望能支持数据的增量更新，但在第一年，我们仅承诺实现静态数据集的数据传输功能。
>
> 在这两种情况下，我们覆盖了相当一部分用例，满足了早期用户的需求，同时通过制定剩余功能集的规划和时间表，也满足了期望完整功能集的用户。这种增量式交付方式使我们能够更灵活地接受更多需求，最终团队的形象在各方眼中得到了显著提升。

## 10.3.4 影子平台的妥协方案

最严重的利益相关者关系问题往往起因于"影子平台"的建立。如我们在前几章所述，影子平台是指一个模仿现有平台功能的系统，通常采用不同的底层开源软件和供应商技术，并在功能集或系统（成本、性能、可靠性）特性方面与原平台略有差异。

在理想状态下，这些差异会被及早发现，现有平台也会扩展功能以支持新的用例。然而实际上，利益相关者团队通常会主动着手构建（或提议构建）一个新的系统——虽与现有系统相似，却有所不同。这往往令平台团队的工程师感到恼火，他们试图阻止这种"错误的事情"发生，并迅速上报给管理层。

在找到一个可接受的妥协或恰当的行动之前，你需要首先明确是什么促使这些团队构建影子平台。常见的原因包括：

*等不及了，不想等了*

有时，产品团队会面临迫切需求，但无法按照平台团队的排期获得支持。诚然，这种需求可能是伪紧迫性，而产品团队决定构建新解决方案，往往源于一种过于简单化的认知，认为搭建新平台或支持新的基础设施既容易又低成本。然而，也确实存在一些情况，企业需要在有限的时间窗口内捕捉价值，而此时所需的功能在现有平台中尚未存在，且无法快速添加。在这种压力下，即便应用团队自行构建平台会给平台团队带来后续的困扰，我们也不能完全责怪他们。

*新型需求*

有时，应用团队可能需要某些与平台服务契合但尚未进入其他团队关注范围的功能。这种情况可能源于某个机会对截然不同的技术能力的需求。例如，某团队可能需要图数据库以支持全新业务的启动。由于其他团队没有这方面的需求，你可能选择不予支持，因此他们转而独立开发了。

*不愿意合作*

当应用团队与平台团队关系不和，不愿意面对合作中的种种挑战时，就会出现另一种情况。这可能源于缺乏耐心——毕竟，即使在小公司里，协调工作也需要时间，更不用说在大公司了。然而，更常见的情况是，应用团队过去与平台团队有过不愉快的经历，这往往与双方或某一方形成的对立心态有关。我们都见过工程师回避冲突的习惯，也深知有时候人们宁可独自行动，也不愿与其他团队协商——尤其是当双方之间存在未解的积怨，或者仅仅是对合作经历抱有矛盾情绪时。

*不了解你说"不"背后的运维成本*

有时候，即使你已经明确拒绝某个提议，团队仍然决定要开发它，尽管你非常确定它的运营成本会大幅超出他们的预算。这种不理解的行为可能让人感到沮丧，尤其是当你知道最终这件事还是会回到你这里，需要你来负责支持时。

*工程师只想创造*

最后，有些情况仅仅是因为工程师希望构建新系统。在应用团队中，总会有一些工程师更倾向于开发全新的系统，而不是为现有产品添加渐进式功能。一些公司的晋升机制甚至间接助长了这种倾向——工程师如果不开发新系统，就很难获得晋升机会。这种机制导致工程师更倾向于人为制造大问题并加以解决，而不是与平台团队合作添加一些功能。这种情况始终是影子平台系统发展的一个因素，因此工程管理层必须关注团队激励机制的设计，以有效控制这种习惯。

既然我们已经了解了导致影子平台形成的驱动因素，那么我们应该如何应对它们呢？以下是几点建议：

*打破壁垒*

解决"我们与他们"的对立文化问题并非易事。我们在第 5 章中已经探讨过这个话题，但你越是致力于清理这种对立思维，并主动与其他团队的领导层接触，就越能取得积极的成效。这不仅能帮助你更早洞察他们的实际需求，还会让他们在独立开展建设之前，更倾向于将你视为值得信赖的顾问。同时，这也能有效减少你在毫不知情的情况下发现隐秘基础设施正在被建设的可能性。

*紧急问题合作伙伴*

请记住，技术创新往往意味着摆脱现有解决方案，这也意味着团队有时会脱离你的平台，以满足他们的创新需求。这种创新可能仅仅适用于他们所在的小领域，也可能在未来某天被重新整合回你的平台，为更多业务提供支持。如果这是平台当前无法满足的合理需求，最好的选择可能是允许他们继续推进——你可能没有足够的精力来应对对新平台功能的紧急需求。即使团队遵循了正确的流程先来找你商讨，你可能也无力调整当前的工作优先级（或增加人手）来提供帮助。

在这种情况下，我们建议你参考第 5 章中关于寻找新产品的策略，并尝试与团队合作，协助开发并了解正在创建的成果。这样你就能密切关注情况，评估这种紧急需求是否适合日后纳入你的产品体系，或者所开发的成果是否仅对该特定团队具有战略价值。如果是后者，那么你可以及早设定明确的界限，决定你的团队是否最终会承担该平台的支持与运营工作。

*要有耐心，并接受这样的事实：有时候你需要充当清理残局的角色*

有时候，一个团队无论如何都会去构建某个东西，这种情况下，你能做的最好的事情就是观察并等待。眼看着宝贵的研发资源在开发过程中被浪费，或者想到未来几年可能要面对的运维困境，确实会让人感到沮丧。但即便如此，引导自己（和团队）保持谦逊，务实地认识到自己知道什么、不知道什么，依然是值得的。同时也要意识到，有些你凭直觉就能判断出的情况，利益相关者可能需要等到亲眼看到他们构建的成果后才能理解。

有时候，影子团队所能取得的成果会让你大吃一惊，尤其是当他们具备我们在第 8 章中讨论过的那种"开拓者"思维模式时。那些你原以为完全不可能实现的想法，或许最终会被证明是勉强可行的，尽管在运维中存在诸多挑战，这仍然能够为用户带来显著的价值。至少，这种价值体现为：应用团队的相关人员能够确切了解管理一个简陋但实用的平台究竟意味着什么，从而更深入地理解你们所面临的问题。

是的，有时这意味着你不得不接手那些几乎难以维持运转的系统，承担起清理和改造的任务，将它打造成平台级产品。然而，贴近问题的人往往能提出许多富有价值的想法。你的团队有时会收到一些想法虽好但实现方式值得商榷的方案，当这种情况发生时，请将清理和改造的过程视为一次难得的机遇，积极拥抱它。

## 10.4 资金困境：成本与预算管理

在经济下行期（无论是整体经济环境还是仅仅是你所在的公司），平台团队往往会经历最痛苦的时刻之一。此时，有人会开始质疑你的团队是否真的有存在的必要，询问你们到底在做什么，以及是否真正创造了足够的价值。在这种情况下，利益相关者对你的信任程度以及他们对团队及团队的成就的了解程度，将决定你应对局面的能力。然而，不幸的是，即使你已经与那些既有影响力又对项目抱有兴趣的利益相关者建立了良好的关系，那些有影响力但此前对项目漠不关心的人也可能突然表现出兴趣——这种兴趣往往与他们认为"平台"预算没有为该业务部门带来相应价值的观点成正比。在这种情况下，你将面临两个重大挑战：

*路线图不重要*

你可能认为采用第 7 章所述的自下而上的规划方法可以规避这种情况，但事实是，尽管你的 KTLO 工作估算确实十分有价值，除此之外的所有规划都会被视为经济景气时期的冗余产物。在艰难时期，每个团队都不得不重新证明自己的规模和路线图的合理性，与业务紧密对齐的应用工程团队也无法幸免，他们和平台团队一样，都必须经历这一痛苦的调整过程。

*指标没有帮助*

接下来你可能会想到指标。然而，问题在于平台团队通常只能依赖一些松散的指标，这些指标与结果的关联性较弱。在第 5 章中，我们探讨了如何建立产品指标来衡量工作的影响力；在第 6 章中，我们讨论了一些用于确保系统健康状态的运营指标。然而，即使你把这些都做得很好，在证明工作价值和影响力时，特别是在与业务战略举措相对照时，你可能也只能借助次级指标。当公司正在为生存而战时，开发效率往往不会受到太多关注。系统可靠性固然重要，但人们会质疑：为什么一个更小的团队在开发更少功能的情况下，反而做不到更好？就连效率项目通常也不重要，除非能够在短期内带来显著的成本节省。

如果你发现自己身处这样的情境，就需要尽一切努力将自己的工作更直接地与关键业务成果挂钩。无论是支持某人偏爱的项目、让旗舰产品团队的工程负责人满意，还是有效阐述不进行平台投资可能引发的不可接受风险，现在正是全力以赴，将自身工作与业务目标紧密对齐的关键时刻。

应如何着手处理这一问题呢？我们建议采用一个三步流程，接下来会对此进行详细阐述。

### 10.4.1 第一步：弄清楚谁将在未来受益

首先，仔细审视所有非 KTLO 类别的工作，并针对每个重要项目明确它的目标客户和价值定位。对于那些与高影响力产品交付或核心业务计划密切相关的项目，这些工作是合理的，值得推进。如果可能，你甚至应该进一步强调这些项目的重要性。是否存在一些小型且关联性较弱的工作，你认为重要但可以巧妙整合到这些核心计划中，而不会引起过多关注呢？通过将这些工作与重要任务对齐，你可以节省一部分可支配预算。同时，当团队积极创新，探索如何将工作与最具价值的客户需求相结合时，你很可能会在这一过程中创造出更大的价值。

在这个过程中，你会发现某些项目很难与任何重要的商业案例直接对接，而这往往是最棘手的部分。或许你是对的，尝试新的调度算法可能会在长期内提升机器学习平台的性能并优化成本特性，但眼下，这似乎与企业当前的生存目标背道而驰。面对这种情况，你可以考虑以下几种选择：

*暂停项目*
　　如果项目处于早期阶段，方向尚不明朗，且参与人数过多，建议完全暂停这一举措。当前并非继续投入大量资源进行高成本的试探性工作的适宜时机。

*缩减项目规模*
　　将工作简化并融入所有人都认同的重要项目中。如前所述，你需要为自己争取一些缓冲空间，而将探索性工作与必要工作相结合是一个不错的策略。

*展现业务价值所需的工作*
　　这意味着你需要阐明该项目如何能够为企业带来利益，使利益相关者达成一致，并加快实现价值的进程。你甚至可能需要进一步争取某位重要的利益相关者成为项目的高级赞助人。如果你的团队对项目的价值深信不疑，就应该给他们一个展示的机会——取消项目可能会极大地打击团队士气，而这也是一个教导团队如何向持怀疑态度的利益相关者推销他们想法的绝佳机会。

## 10.4.2　第二步：将工作划分为团队（避免逐一分配给个人）

除非团队规模很小，否则无须过于详细地报告每位成员的具体工作内容。提供这样的细节不仅可能引来不必要的关注，还会让人误以为这些数据具有一种精确性，而这种精确性往往难以真正实现。

相反，应将工作划分为合适规模的任务块：最小的任务块应足够一个标准项目团队（例如 3~5 人）完成，而最大的任务块不应超出加倍规模的团队（10~12 人）能够管理的范围。这种方法对数百名工程师的团队来说是行之有效的。如果你管理的是更大规模的组织，则需要确保有人负责将所有项目工作划分为类似规模的任务块，并在各团队之间进行合理分配。

以项目规模为单位组织团队工作，可以避免误以为可以对所有领域进行均匀裁减并维持正常运转。团队不应在各个领域按照某个百分比普遍超员。因此，当你需要进行合理化调整（或更糟糕的是裁员）时，你的目标应该是识别可以完全终止的项目，从而保留其他项目并确保它们的专注性。

### 10.4.3 第三步：提出削减内容的建议，并对需要保留的内容表达明确意见

人们会对强硬与软弱作出相应反应。如果你试图为团队所做的每项工作辩护，并试图证明任何内容都无法削减，这将向利益相关者传递一个信号：你并未认真对待当前的局势，也未倾听需要做出改变的关键信息。然而，对于那些最为重要的工作，尤其是涉及探索性投资或深度技术的内容，你必须清晰论证为何这些工作至关重要。

基于指导团队应对预算紧缩的经验，我们建议你预先评估并决定哪些项目需要缩减或取消，并积极参与决策，提出这些建议。这些决策应以客户和利益相关者的反馈为参考（如果没有人理解你在做什么，而你自己也无法清楚解释，这就是一个警示信号），但不应完全依赖他们的意见。作为该领域的专家和负责人，你需要展现专业判断与责任担当——即便某些事项未被他人理解或认可，只要你深信其不可或缺，就应据理力争。

在这个调整过程结束时，裁员幅度可能超出预期，但通过提前制定战略，你应该能够保留最重要的投资（除非面临不可避免的大规模 40%～50% 的裁员要求）。如果你此前与利益相关者建立了稳固的关系，将有助于减轻调整带来的冲击；虽然裁员在所难免，但基于已建立的信任基础，你应该能够按照你认为最优的方式进行调整。

## 10.5 结语

根据我们的经验，平台团队的成败关键在于利益相关者关系管理的成效，而培养良好的管理实践对整个团队来说至关重要，怎么强调都不为过。你需要深入了解利益相关者与团队的关系，明确他们关心的重点，并掌握与他们进行有效沟通和协商的方法。这些技能对工程师来说通常并非天生具备，但你不能仅仅将这些职责推给产品管理团队，指望问题能够自行解决。利益相关者可以决定你工作的轻松与否，而如何管理这些关系，不仅关乎你的团队和平台，更关乎整个公司的利益，这一责任最终还是会落在你的肩上。

在建立这些关系时，要充分考虑不同的接触点。除了进行一对一会谈，你还需要组织协作会和顾问会议，为各位利益相关者提供一个倾听你的意见并相互交流的机会，从而提升整体的一致性。尤其是在面临挑战的时期，更要加强沟通，以维持适当的信任与透明度。

在需要谈判和妥协时，与利益相关者的关系会真实地显现出来。即使计划突然发生变

化，也要保持灵活应变的能力。简单的请求要接受，明确且紧迫的业务需求要支持。有时，你可能需要说"不"或"暂时不行"，并接受应用团队可能会搭建自己的影子平台这一现实。始终以实现双赢为目标：即使只是为他们的平台提供建议，也能让你从中学习经验，并在该平台取得成功后，可能有机会参与它的后续开发和运营。

最后要关注预算问题。当资金紧张时，人人都在寻找削减开支的方式，如果没有与利益相关者建立良好的关系，那么你的平台团队很可能首当其冲被裁撤。要未雨绸缪，提前判断哪些领域可以削减，哪些是必须保留的核心业务。你越是认真对待预算削减，就越有可能争取到一个可以接受的结果。如果你已经完成本章所述的其他工作，并建立了稳固的合作关系，就能避免最坏的局面，继续推进工作。

# 第三部分
# 怎样算成功

> "在我们的国家,"爱丽丝仍有些喘息地说,"如果像我们刚才那样长时间快速奔跑,通常会到达别处。"
>
> "真是个缓慢的地方!"皇后说道,"在这里,你得拼尽全力奔跑,才能停留在原地。如果你想到达别处,那你至少得跑得比现在快上一倍!"
>
> ——刘易斯·卡罗尔,《爱丽丝镜中奇遇记》,第 2 章

平台团队即便全力以赴,往往也看似进展甚微。你将一些系统调整至稳态运行,使团队能够专注于其他领域,但一两年后却被迫回头,因为这些系统已然过时,无法满足公司的需求。你精心铺设的道路或许能让 80% 的用户满意,却仍有 20% 的人抱怨他们的需求未被满足。你经过努力组建了一支结构均衡的团队,却可能因预算紧缩而不得不裁员,或者在业务增长期目送优秀人才另谋发展。更为重要的是,即便项目顺利推进,价值交付的过程依然缓慢:打造高质量产品需要时间,说服客户采用需要时间,而完成全员迁移则更需要时间。

这就是为什么我们反对将"指标和衡量方法"作为评估平台工程成功的主要依据。这并不是说这些指标毫无价值。在本书的这一部分,我们将探讨采纳指标和客户满意度指标,同时建议参考 CNCF 平台工程成熟度模型(*https://oreil.ly/VcKqO*),以进行基准测试并寻找改进机会。然而,这些指标和模型更适合作为衡量过去行为的广泛信号,它们过于简单且具有滞后性,既难以全面反映你当前的实际情况,也不足以为下一步的成功投资提供明确的指导方向。

因此,我们建议采用全面性方法,从以下四个维度评估持续的成功,以判断你是否正处于最佳发展路径上:

- 你的平台相互协同。
- 你的平台值得信任。

- 你的平台管理复杂性。
- 你的平台深受喜爱。

作为一名平台工程领导者,你需要持续评估自己在各个领域的表现和进展,这也是接下来的四个章节所专注讨论的内容。有时,正在发生的变化可能会导致失败,而在纠正问题时,你往往需要进行权衡。然而,只要你能在出现失衡时及时调整方向,并耐心等待经过校准的路径逐步显现成果,你终将能够使平台发展到公司所需的状态。

# 第 11 章
# 你的平台相互协同

> 团队的意义不在于实现目标,而在于目标的一致性。当团队履行自身的存在意义时,团队成员会更高效,因为他们更有方向感。
>
> ——Tom DeMarco, Tim Lister,
> *Peopleware: Productive Projects and Teams*

协同(alignment)是全面评估平台工程团队成功与否的首要标准。这需要我们审视所有平台团队,并思考:我们的工作是否相互协同?缺乏协同的平台团队会形成一种不同于第 1 章所述"过度泛化"的另一种形式的泥沼。这种泥沼充斥着重叠且不兼容的产品,这些产品难以配合使用,目标往往相互冲突。这种状况同样难以应对,甚至更加令人沮丧,因为客户不得不面对那些被自建孤岛困住、难以跳脱局限的平台团队。

我们通常看到团队在以下三个方面缺乏协同:

*目标*

如果平台团队缺乏全局视角(以产品为导向开发软件抽象层,为业务提供基础支持并服务于广泛的用户群体),而是局限于狭隘的视角,就会导致团队在目标上缺乏协同。

*产品战略*

当平台团队各自为政时,尽管能够专注于构建特定用途的平台,却往往造成资源重复浪费,且阻碍跨平台场景的实现,这反映出团队在产品战略上缺乏协同。

*计划*

当平台团队在执行关键项目时不相互支持,而是相互干扰,并且在与客户沟通时间表及变化时出现误解,这表明各团队在计划上未能达成一致,缺乏协同。

在本章中,我们将深入探讨这些类型的不一致,并讨论如何成功管理它们。

## 一个误导性的成功指标：采用率指标

当平台团队自问"怎样算成功"时，通常首先想到的是某种采用率指标。较高的采用率通常表明，平台团队通过构建客户乐于采用的平台，为公司创造了价值。但这种思路若走得过远，可能会出现问题。

聚焦于平台的采用率，平台团队可能会认为，他们的唯一使命是确定未来的平台，推动平台采用率达到100%，并尽快废弃所有其他方案。然而，只有当客户真正拥有选择自由时，100%的采用率才能真正衡量成功。当面对完全或几乎没有选择权的用户群体时，使用采用率指标存在风险：团队可能会忽视构建用户真正需要的功能，而是开发他们认为用户应该需要的功能，并强迫用户接受这些方案。

采用率比完成率更能有效衡量成功。完成率是一个敷衍了事的指标，仅仅反映了你宣布胜利的能力，但这并没有太大意义。当团队按系统（甚至按功能）逐个来衡量采用率时，这种做法会在团队间制造竞争以争夺用户注意力，从而违背了协同一致的目标。如果平台团队为了达成采用率目标而推行强制迁移，这一指标就失去了衡量用户自发需求的价值，反而变成了对客户施压的工具。在最糟糕的情况下，你将面对一系列令人困惑的平台服务，而客户则在强制迁移的威胁下不得不为平台的低采用率辩解。

这一问题至关重要，因为每当平台团队为客户增加额外工作时，都会削弱平台的杠杆作用。如果平台团队将推动使用的责任转嫁给客户，例如，要求客户自行定义需求或强制客户迁移到最新产品，这实际上削弱了平台应当维护的生产力。而当平台团队内部缺乏协同，并通过推出彼此不兼容的产品而产生内部竞争以争夺客户的关注时，反而会加剧它原本应该解决的复杂性和混乱。

因此，要谨慎对待将采用率作为次要指标以外的任何衡量标准。相反，重点思考如何通过平台产生杠杆作用：明确哪些用户能够从平台中获得最大收益，并聚焦于这些最具价值客户的采用率。通过与他们协作识别出可衡量的痛点，确保新平台能够有效解决这些问题，从而实现有针对性的推广和应用。

你不必要求所有团队都使用你提供的每一款产品。对于某些针对性很强的系统类型来说，这可能确实是必要的——例如，你可能不希望在内部同时存在多个员工身份系统。然而，有些平台对某些团队而言更具价值，而试图强制所有团队都使用这些平台，可能适得其反。在将团队统一到一个平台的过程中，你可能会逐渐忽略自己究竟在哪些方面能够为公司创造最大价值。

跟踪用户采用率，并将它融入产品战略。但不要将它误认为成功的唯一标准。

## 11.1 目标一致

以下是一个关于目标偏离的典型案例：某 CI（持续集成）平台的运行任务经常因底层操作系统平台的系统更新而被中断。这导致任务必须重新启动，从而增加尾延迟，影响了 CI 用户的体验。乍看之下，推迟操作系统更新至无任务运行时似乎是一个简单的解决方案，但这种做法只会在本已问题多多的遗留操作系统平台上再添一层临时性修补。相反，操作系统平台团队建议 CI 平台团队优先迁移到一个采用不可变镜像的新操作系统平台。尽管双方都认同这是理想的工程目标，但问题在于该项目需要耗费数月的开发时间才能完成，而在此期间，操作系统团队拒绝实施一个能够迅速缓解用户影响的临时解决方案。

当我们深入探究为何会出现如此严重的分歧时，我们发现操作系统平台团队的领导层尚未在角色定位上达成一致，未将他们视为一个平台工程团队。相反，他们仍然保持着基础设施思维模式。他们与合作伙伴发生冲突的原因在于，他们将技术质量视为首要目标，而非最终客户体验。更甚者，他们利用客户的不满作为筹码，以加速完成他们所期望的系统迁移，从而改进技术架构。简而言之，操作系统平台团队未能理解他们决策的产品化影响。

平台团队要想取得成功，必须拥有共同的目标。这又回到了我们在第 2 章中讨论过的平台工程的支柱：

*产品*
　　采用精心策划并以产品为导向的方法。

*开发*
　　开发基于软件的抽象。

*广度*
　　服务广大应用程序开发人员。

*运维*
　　作为企业的基础设施开展运维。

每个平台团队还会根据平台领域来定义特定目标。然而，这四大支柱对于所有平台团队而言都是不可或缺的，因为它们共同发挥杠杆作用，使团队能够有效应对使用开源软件和云基础组件构建时的复杂性，同时实现与其他平台的高效协作。为此，你需要组建一支团队，并塑造与这四大支柱相一致的团队文化。

### 11.1.1 通过合适的人才组合使团队与目标保持一致

正如第 4 章所讨论的，与目标保持一致始于找到合适的人才。在组建团队和招聘新人的过程中，应公开讨论团队角色与技能的平衡，以帮助所有成员明确新团队的组成应具备哪些要素。在小型公司中，每个人都应该参与招聘过程，这有助于团队就平台工程所需的工程师类型达成共识。

在大型组织中推动人员相互协同是一项更具挑战性的任务：虽然可以通过跨团队面试来促进文化交融，但你可能最终需要重组一些现有团队，以确保拥有合适的人，拥有合适的技能，覆盖正确的产品领域。如果你正在改造基础设施团队，那么可能已经存在多个功能对齐的子团队（例如计算、网络、存储等）。在这些团队职责出现重叠的区域，你可能需要重新调整团队结构，甚至可以考虑抽调人员组建更多跨职能的独立团队，从而更好地支持平台项目。

### 11.1.2 通过共同实践使文化与目标保持一致

保持目标一致的下一步在于文化。首先，团队需要围绕我们的四大支柱建立共同的实践。通过以产品管理为核心的文化，将内部用户视为客户（而非仅仅是利益相关者），并与这些客户建立合作关系以识别新产品，你可以打破对立思维模式，培养构建卓越平台产品所需的同理心。同样，共同的运维实践，包括运维评审、无责复盘，以及从 DevOps 和 SRE 理念中汲取的其他最佳实践，都有助于打破团队与平台之间的界限。

### 11.1.3 借助团队协作使文化与目标保持一致

协作方式在很大程度上决定了团队文化，而组织内部协作越频繁，整体文化就会变得更加紧密。如果你是一位负责多个平台领域的高级管理者，那么你的核心职责就是定期促进团队间的团结协作。例如，确保组织内的每位成员都能彼此使用对方的平台。这样不仅有助于打造统一的企业文化，而且这种"自用实践"还能够激发许多富有创意的产品策略构想。

如果你是工程经理、高级独立贡献者或产品经理，则可以通过寻找与其他团队同事合作的机会，并鼓励团队成员适时抬头看看，关注周围的全局动态，为这种协作文化贡献力量。实现这一目标的一种有效方式是组织架构与产品策略评审，邀请其他平台团队的成员参与，了解相关内容并提供建设性反馈。毕竟，共享工作以推动协作，正是激发创新思维的重要来源。

## 11.2 产品战略的协同

下一个亟待解决的失衡问题是产品战略。我们发现，在经历了一段人员迅速扩张的时期后，平台团队之间缺乏协同，导致问题浮现。四个团队各自押注了四种不同的技术方向，并分别与不同的客户合作，将他们作为早期用户。几年后，当我们接手时，情况变得一目了然：五个不同的计算平台，其中规模最大的平台已被弃用，不再适用于新的使用场景，而其余四个平台尚未达到生产级别——这无疑暴露了产品战略的严重失误。

然而，问题并未就此结束。当这四个新团队试图突破"临时拼凑"的架构桎梏时，他们发现只有通过增加工程师才能实现这一目标。而要证明增加工程师的必要性，他们不得不围绕相同的应用场景展开竞争。正如我们在第 3 章中讨论的，重复开发通用功能并不总是问题。但当各个平台不仅在功能上重复，还为了证明合理性而争夺相同的客户群时，这表明整体上缺乏明确的产品战略。

为了协同各平台的产品战略，我们提出了四种战术，接下来将详细说明。

### 11.2.1 通过独立产品管理培养跨平台思维

如果产品经理向负责特定平台领域的工程经理汇报工作，那么他们将很难在这些领域之外进行战略性思考。他们会逐渐成为工程经理和首席工程师的延伸或附属，并将大部分时间花在各自孤立的工程领域内的沟通和规划上。这种侧重虽然有助于在工程职能领域内实现增长和拓展，但往往忽视了跨平台领域的产品改进机会。

正如我们在 11.1 节中所讨论的，文化在促进相互协同方面起着关键作用，它可以促使各自为政的产品经理更加开放地合作。然而，各平台领域在策略偏好上不可避免地存在冲突，尤其当负责绩效考核的工程经理仅专注于某一领域时，这无疑会使产品经理的处境变得更加艰难。

为了应对这个问题，产品管理的汇报体系应与工程管理体系保持足够的独立性，以便两者能够独立运作。我们倾向于将所有平台产品经理归属于一个独立团队，这个团队向产品管理负责人汇报，而产品管理负责人则向跨领域的资深平台工程领导汇报[注1]。通过这样的架构设计，平台产品管理负责人可以负责确保各个平台作为产品能够协同运作，发挥整体效能。

在最佳实践中，产品管理负责人会意识到，他们的职责并非专注于推行某个统一的愿景（类似于史蒂夫·乔布斯作为"远见卓识"型产品领袖的方式），而是通过激励让产品管理团队在制定计划时展开合作（这种领导风格被称为"亲和式"或"协作式"）。

### 11.2.2 促进具有独立贡献者的跨平台架构体系

有时候，产品战略上缺乏协同实际上源于工程架构缺乏协同。我们经历过一个类似的案

---

注 1：为什么不让产品管理负责人担任最高层领导呢？本质上我们都是工程领域的负责人，而工程和运营对于成功至关重要，这让我们对由一位产品管理负责人全面负责感到有些担忧。不过想想看，也许这种方式真的行得通！

例：一个部署平台在应对大型容器镜像的存储吞吐量需求和扩展容器部署时遇到了困难。虽然我们确实有一个存储平台，通过一些工作可以支持这一需求，但团队成员当时忙于处理各自的客户问题，因此在最初接洽时拒绝了参与。面对这一情况，部署平台团队没有将问题上报，而是深入研究并着手对存储系统架构重组进行原型设计，以应对更大规模的需求。由于这一过程被视为纯技术决策，因此产品经理未参与其中，而工程经理则乐于让团队接手这个有趣的技术项目，尽管这明显存在技术归属和专业知识缺乏协同的问题。最终，在投入了大量资源并面临严重的交付挑战后，这一问题才引起高层领导的关注，存储团队随后接手了这个本应从一开始就由他们负责的系统。

为了避免这种情况，工程团队中需要一些不仅能深入思考跨平台架构问题，还能够倡导并推动解决这些问题的工程师。虽然我们并不赞成设立架构评审委员会这样烦琐的官僚体系，但让平台工程部门最资深或卓越的工程师与产品管理负责人共同向同一位高层领导汇报，是一种非常有价值的做法。这位工程师应保持一定的实践参与度，以确保决策的务实性，同时也需要将相当一部分精力投入解决架构层面的协同问题上，例如：

- 当初级工程师试图减少架构不一致性却遭遇产品/工程管理方面的阻碍时，提供升级机制和支持。
- 识别团队因认为这样更便捷（或更有趣）而不当重复开发架构的现象，以避免忽视团队协作的重要性。
- 对于大型组织而言，需要主持跨团队的架构与工程设计研讨会，通过这种方式进行重大决策的交叉审查，同时促进团队间最佳实践的分享。

这个角色还应包括与客户深入探讨影响架构的产品决策。但需警惕所有重大工程决策都集中于单个人审批——这不仅会成为瓶颈，还会限制他们偶尔动手实践的能力。考虑到这一点，随着组织的发展壮大，资深工程师应逐步在各自的平台领域承担这一角色，同时由首席工程师推动，培养跨平台思维，积极倡导和支持其他平台的发展。

## 11.2.3 从全平台客户调查的评论中主动寻求反馈

在建立独立的产品管理体系后，产品经理应被激励去跳出自身的局限，开拓视野、制定战略。然而，尤其对于大型平台来说，这类战略讨论通常仅限于部分用户参与——这些用户多为资深用户，他们可能已经习惯了平台的种种缺陷，因此未能察觉那些令新用户感到困扰的相互协同问题。为了解决这一情况，我们倾向于利用来自全平台客户调查的开放式评论数据，来增强产品管理的直接反馈活动。

客户调查无法发现所有问题，但当产品功能层级上缺乏协同阻碍了客户完成工作时，这往往是他们表达不满的唯一出口。我们的经验表明，花时间深入调查这些反馈问题几乎总是值得的，因为这不仅能够帮助我们了解问题的实际严重程度，还能判断某位客户的挫败感是否在更广泛的客户群体中普遍存在。当然，一条反馈只是一个样本，但正如俗话所说，哪里冒烟，哪里往往就有火苗在暗燃，这可能意味着还有许多用户正经历着类似的困扰。

### 11.2.4 审慎地通过重组解决缺乏协同问题

当不同团队提供的平台功能集存在重叠时，就会面临协同难题。这种情况在与应用团队合作拼凑形成的平台中尤为常见，有时重叠程度甚至高到共享功能多于独特功能。这会引发产品和工程两方面的担忧。从产品角度来看，重复功能是否会使用户感到困惑？限制重复会带来哪些潜在问题？从工程角度来看，这种重复是否会浪费工程资源或增加额外成本？

在这种情况下，双方都可能做出错误的决策。产品经理为了集中产品领域的所有权，可能会力推产品整合，即使这会导致失去重叠选项中宝贵的独特功能。工程负责人同样希望扩大团队规模，他们会主张统一所带来的成本效益远大于缺失功能的边际收益。通过团队重组，将所有产品归于一位负责人来解决问题的做法，往往具有难以抗拒的诱惑力。

请牢记第 8 章和第 9 章的重要教训：架构重构、迁移以及逐步淘汰系统，这些工作不仅需要大量的精力和时间投入，还需要在执行过程中进行反复调整和优化。而组织重组并不会改变这一现实（即便从长远来看，这可能是正确的选择）。更为棘手的是，重组会影响工程团队的稳定性，同时让客户在寻找文档和获取支持等方面产生困惑。诚然，组织结构会对它所产生的系统产生深远影响，领导者确实需要关注重大的结构性问题。然而，以协同为导向的重组应谨慎实施，仅在缺乏协同带来高昂代价且重组收益明确的情况下，方可考虑执行。

事实上，我们的重组更多是因为有能力的领导者能够承担更大的职责范围（或者相反，因为某些领导者无法胜任当前的职责范围）而推动的，而非为了将理想的产品组合与工程组织架构相匹配[注2]。回到我们之前提到的五个计算平台的例子，这是我们在 18 个月内逐步解决的问题，每次整合都帮助我们更深入地理解了自身战略。在此期间，我们要求每个平台团队的负责人关注彼此在客户使用场景中的竞争，并与同事协作，明确各自产品战略的差异化定位，以避免重复竞争。通过观察这些领导者如何运用自身影响力与同事化解分歧，而不是单纯对下属发号施令，我们实际上也由此识别出了真正的领导人才。

## 11.3 计划的协同

让我们回到前面提到的操作系统平台团队，来看一个计划缺乏协同的典型案例。虽然他

---

注 2：有时被称为"逆向康威定律操作"（Inverse Conway Maneuver）。

们强制迁移到不可变镜像的举措确实给持续集成平台带来了问题，但他们同时还面临着另一个挑战：构建工具平台团队计划在两年后才开始不可变镜像项目的相关工作。这是因为构建工具平台团队的路线图已经被各种并行的新版本项目排得满满的，他们认为由于对客户的承诺，调整计划不可行。

尽管我们对这个 2.0 版本方法仍存有诸多疑虑（这些经验教训构成了第 8 章的核心内容），但构建工具平台团队的客户急切地等待交付。仅仅在目标和战略层面达成一致是远远不够的，我们必须逐层深入，直至在具体执行计划上也取得共识。

## 11.3.1 仅需在较大型项目上达成一致，而无须关注每一个细枝末节

当我们谈到协同计划时，我们指的是仅关注那些开发工作量达到或超过一个人年的重要项目，评估每个项目对其他平台领域的依赖关系，以及该项目被优先列入这些领域的理由。这又回到了第 7 章的讨论：实现协同计划的成功路径，并不在于为所有平台团队制定过于详细的计划。这样不仅工作量庞大、细节烦琐，还会限制团队的敏捷性——而这种敏捷性正是业务在应对紧急需求时所不可或缺的。

我们听到了一些对这项建议的担忧——有人担心，排除小型项目可能会降低团队计划的透明度，同时增加管理层将个人偏好项目伪装成小型工作的风险，以规避监管。然而，即便小型项目被纳入评估，投机行为仍然可能发生，比如为了让计划获得批准或争取更多的人员编制，而对工作量和风险进行过度乐观或悲观的估算。避免这种投机行为的关键在于建立统一的文化，并通过各团队领导向工程管理层的平行汇报，形成制衡监督机制。这种方式使你能够专注于重大项目，并相信团队共识与文化能够有效约束小型项目的执行。

## 11.3.2 直面分歧时要坦诚相待

平台负责人需要协同决策，对路线图中的某些项目进行艰难的权衡，这些项目虽然能够造福平台 A 的用户，却可能以牺牲平台 B 的计划为代价（例如，B 团队需要投入资源以解决 A 团队的阻碍，或者不得不推迟自己的计划，以避免对同一批用户造成过于频繁的迁移）。这种情况带来了两个挑战：

- 这些权衡往往带有政治色彩。尽管我们希望平台工程师能够基于公司需求理性选择工作，但大多数人也希望看到"自己的"工作取得成功，尤其是当这些成果与薪酬和晋升等组织认可体系直接相关时。

- 在众多相互竞争的计划中，往往难以判断孰轻孰重。各团队的方案都致力于解决客户痛点，并推进产品战略向前发展。理想情况下，我们希望能够兼顾两者，但现实

却需要基于公司整体利益做出一些艰难的抉择。

软弱的平台领导者往往选择轻易放行每个团队的提议以避免冲突，认为可以灵活应对，事后再纠正。虽然对于仅影响单个团队的决策而言，这种灵活性确实是优势，但当这些决策对其他平台团队及客户产生连锁反应时，情况就变得截然不同了。最终，这些问题都需要解决，而推迟处理只会导致更多的工作被浪费，客户会因错过截止日期和变更路线图而感到困惑。因此，直面问题，尽早解决，才能避免日后陷入更大的混乱。

Ian 曾在亚马逊工作十年，这家公司有一条领导力原则（*https://oreil.ly/RTnjM*），旨在避免规避冲突的倾向——他们希望领导者既能对自己的主张充满信念，也能接受不同的结果：

> **有主见，敢于表达异议但依然承诺执行（Have Backbone; Disagree and Commit）**
> 作为领导者，当持有不同意见时，即使这让人感到不适或疲惫，也有责任以尊重的方式提出异议。领导者应当坚守信念，展现坚韧不拔的品质。他们不会为了追求社交和谐而轻易妥协。一旦决策形成，他们就会全身心地投入。

人们往往过于关注这一原则中的"敢于表达异议但依然承诺执行"，却忽略了"有主见"才是核心。你的平台团队由具备坚韧领导力的成员组成。如果希望他们最终能够接受并执行一个他们并不认同的决策，首先需要为他们提供一个讨论的场所，让他们能够充分表达自己的专业观点。

### 11.3.3 最终的协同源于原则驱动的领导力

但平台领导者究竟该如何做出能够承诺并履行的最终决策呢？完全依赖平台工程组织最高负责人的个人判断来决定胜负吗？我们都经历过这样的情形：某位高层领导以看似随意的方式做出决定，让团队感到这位领导既不理解也不关心客户和团队的需求。然而，总要有人做出最终决策，否则我们可能会因制定了无法兑现的计划而辜负客户的期望。

要解决这一难题，高层领导需要运用深思熟虑的推理逻辑来做出决策，并将该决策明确传达给所有相关人员。决策过程必须是合作且透明的。"敢于表达异议但依然承诺执行"并不意味着高层领导的武断决策，而是指建立一种流程，使团队能够理解决策背后的原因，从而在决策上达成一致并全力支持。正如我们在第 5 章和第 7 章所讨论的，成功的关键在于通过细致的计划和资源整合，并通过团队贯彻实施这些计划。

## 11.4 统筹整合：推动组织协同

当平台团队发展到一定规模，包含多个独立领域，每个领域由多个团队运作时，在重大举措上达成一致往往会成为一项紧迫的挑战。每个领域团队不可避免地会提出重要计划，旨在推动他们负责的平台部分向前发展。即使你已经建立了一个高效运转的组织，在众多重大举措中确定优先级依然困难重重。Camille 曾在一家拥有约 1000 名工程师的公司中领导一个约 100 人的平台团队，该团队业务范围广泛，且多个平台正面临扩展瓶颈。尽管团队通过平衡技能配置、聚焦客户需求以及改进支持和值班实践，在团队文化上取得了良好的融合，但在架构重构工作和重大投资决策上仍存在分歧。每个领域团队都坚信自己需要立即获得深度投资，以解决底层技术问题、为未来扩展做好准备并交付下一个重要的客户功能，而这些项目则在争夺用户的关注和调整预算。

在 11.3 节中，我们讨论了操作系统平台团队和构建工具平台团队之间的一个冲突案例。操作系统平台团队坚信，他们必须采用不可变镜像，以避免变更型操作系统更新对低延迟业务和持续集成的客户造成影响。而构建工具平台团队则认为，他们需要重构现有的专用平台，以支持更多的行业标准工具，并借助热门的开源构建系统 Bazel 来提升性能。两个团队分别进行了项目评估和路线图规划，结果发现，这不仅是两个规模庞大的项目，还涉及大规模的迁移工作，而且每个项目的迁移都会给对方团队带来大量额外工作。由于无法同时推进这两项迁移工作，如何解决这一矛盾成了关键问题。两个团队的负责人都坚信各自的领域最为重要，而产品管理负责人也都坚持自己的优先级更高。更有甚者，双方都有客户在支持他们的解决方案。就这样，两个团队僵持不下。

解决这个僵局并不容易。以下是解决过程：

1. 首先，各个团队制定了自下而上的路线图规划，对来年的投资方向、需要追加资金的项目以及整体预算进行了评估。这一成果源自第 5 章所述的产品路线图流程，并作为输入支持了第 7 章描述的自下而上路线图评估流程。

2. 基于这些信息，领导层团队（由各领域负责人、产品管理人员和首席架构师组成）识别出各团队在技术和产品方面的共同主题。其中五个主题被确立为组织的高层目标，反映了大家一致认为最重要的领域以及解决这些问题的总体方法。例如，其中一个假设是，他们未能满足用户需求的原因在于试图提供端到端的解决方案，却未能提供稳定的基础构建模块，因此目标被设定为"基础模块优先，而非全面封装"。这些目标被用来重新调整各团队的产品投资优先级。那些看似不错但与目标不符的项目被终止，以推动目标领域的可衡量进展。

3. 随后展开了一系列评审会议，由其他领域负责人、资深个人贡献者和产品经理共同审核各领域的规划。这些评审揭示了一些团队在评估工作成本时过于乐观的情况，尤其是当他们的计划可能影响到其他尚未纳入考量的平台领域时。通过这一过程，他们成功剔除了部分过于理想化的项目。

4. 最后，每位部门主管需要带着他们认为与整体目标不符、应该被取消的项目来到团队中讨论。这种做法之所以奏效，是因为他们开始建立起了互信，并且相信 Camille

会以公司整体利益为重来帮助他们确定优先事项。因此，他们没有玩弄政治手段来扼杀彼此的项目，而是带来了他们真诚的意见。这进一步突出了那些看似风险较大或非必要的项目，其中一些（但不是全部）要么被砍掉，要么缩小了年度范围。根据潜在影响，产品目标再次用于决定优先级。

5. 通过这个过程，最终的项目清单能够满足各个重要利益相关者的工作需求，同时每个人都清楚了解彼此的投入。尽管仍然存在一些分歧，但整个团队已经达成共识，承诺继续推进，并在必要时调整方向。

这个过程虽然未能让团队完全达成一致，但为后续在分歧中达成并执行共识的工作方式奠定了基础。操作系统平台团队仍然认为公司需要采用不可变操作系统镜像，但他们也清楚，在未来 12 个月内启动大规模迁移并非产品的首要任务。同时，尽管操作系统平台团队的主管 Ian 并不认同构建工具平台团队将构建系统迁移至 Bazel 的策略，但他认识到同事提出的继续推进该工作的理由是合理的，尤其是在计划过程中为此牺牲了其他项目。尽管他心存疑虑，最终还是决定支持这一项目。这些策略中确实有一些未能成功，例如 Bazel 迁移，但其他一些引发争议的决策（如将公司迁移至 Git）却为随后的平台重要改进奠定了坚实基础。

从执行的角度来看，这正是推动平台协同的成功典范。这一流程不仅适用于解决重大产品投资冲突，同样适用于对架构重构和技术投资冲突的处理。尽管这一过程必然耗时费力，充满挫折与混乱，但通过主动收集细节以论证决策，忍受挫折与可能的失望，并在实践中逐步调整方向，最终可以实现目标。显然，这种方法远胜于领导层回避矛盾，任由团队各自为政，最终将更为棘手的决策留给下一代（在投入更深层次资源之后）来处理的做法。

## 11.5 结语

那么，协同在平台成功中究竟发挥了怎样的作用？我们经常会被问到：如何判断我们的平台是否优秀，或者是否在持续改进？事实上，衡量成功的唯一方法就是达成一致的目标并为之努力。当你深入开展协同团队及计划的工作后，你将对需要专注的重点领域有更加清晰的认识，并能够制定一系列目标和具体的工作项来实现这些目标。如果你已经完成了识别目标市场所需的产品分析，并且定期从用户那里获取反馈，而不仅仅依赖内部指标，你就能够判断平台是否在既定重点方向上正在不断得到改进。当然，这并不意味着你选择的方向一定是正确的——我们都有可能犯战略性错误！但如果不进行这些工作，你将永远无法有意识地改进平台的核心能力。

本章隐藏了一个秘密：它的内容并非平台工程所独有。如果你希望成为任何类型团队的成功领导者，关键在于打造共同的愿景，并在文化层面上让团队相互协同。你需要制定清晰的战略规划，并将它分解为可执行的任务，然后分配到团队的各个部分，以确保每个人都能够理解整体目标，从而做出基于充分信息的明智决策，明确工作重点。

平台工程团队的独特之处在于，你所创造的价值通常与收入增长等明确的成功指标相去甚远，因此很少会有业务驱动的交付成果直接决定你的路线图。由于平台价值的间接性质，平台领导层在投资方向的选择上拥有更大的自主权。然而，这种自由也往往成为平台战略失败的一个常见原因：在面临多种可能的发展方向以及就此展开艰难对话的挑战时，领导者常常选择回避决策，而是任由各个产品团队按照其狭隘的视角自行其是。这样的做法虽然可能在某些领域取得局部的成功，但由于整个团队缺乏协同，始终无法实现卓越的整体表现。

# 第 12 章
# 你的平台值得信任

> 信任如同我们呼吸的空气：存在时，人们往往视而不见；缺失时，却无人不察。
>
> ——沃伦·巴菲特

在团队及产品中建立协同之后，下一个成功的关键点在于赢得他人的信任。你可能会问，为什么要将信任（一种感知或信念）置于实际成果之前？如果你能够提供一个既能管理复杂性又能为组织的应用团队产生杠杆作用的平台，这难道不比信任这样的次级信号更加重要吗？

当你的平台团队能够持续交付价值时，信任将随之而来。然而，你现在已经有了正在运行的平台。这些平台的功能和改进需要时间来交付，而交付过程离不开客户的信任，这体现为客户愿意保持耐心，并参与测试、验证和采用。如果缺乏信任，一次不幸的事件就可能让你精心规划的产品路线图化为泡影，迫使你投入大量无价值的临时性工作来应对危机。

我们观察到，平台失去信任主要有以下三种方式：

**运维**
未能展示出满足客户需求规模的运维能力。

**认同大额投资**
在启动重大投资之前未寻求外部的认同，假设平台团队之外的人无须关心此事。

**成为瓶颈**
成为业务拓展的瓶颈，不仅未能为企业创造杠杆作用，反而削弱了企业的影响力。

本章将探讨在这些领域中如何避免失去信任。

> **迷惑性假象：认为对领导的信任就是对平台的信任**
>
> 在各类工程管理中，最大的管理失误之一莫过于团队领导越界，超出了他作为协作决策引导者的职责范围，而变成一位仁慈的独裁者，所有细节都由他亲自决策——无论是管理、工程还是产品方面的决定。表面上看，将决策权集中于一个人似乎更为高效，因为此人既了解产品、利益相关者、工程和管理决策之间的交集，又能够以独断方式迅速化解冲突，同时还承担团队成败的主要责任。然而，这种做法在长远来看会削弱团队的信任基础，因为它未能帮助团队成员之间建立起彼此的信任。
>
> 诚然，仁慈独裁模式确实能够高效运作，尤其是在领导者拥有卓越的沟通与决策能力，并且只需管理一个小团队以及少量用户和利益相关者的情况下。在这样的场景中，领导者可以通过一对一会谈深入了解任何冲突的细节，亲自承诺采取必要行动，并为团队提供明确的方向，从而避免编写冗长的权衡文档，也免去了耗时且充满争议的决策会议。
>
> 问题在于，带来高效性的因素同时也导致了系统的易碎性。团队之所以能够正常运作，是因为有一位具备平台深厚专业能力的专家，而且（目前）这位专家有时间与各类用户和利益相关者进行定期沟通，从而维系彼此间的信任。然而，一旦客户数量超出个人可管理的范围，或者这位专家因过度工作而精疲力竭并选择离职，组织将面临双重危机：不仅失去了决策者，还丧失了原有的信任基础。
>
> 因此，平台团队不得不从零开始，逐步建立围绕信任与决策的团队机制，使团队本质上运作速度较慢。产品团队通常需要耗费数月甚至数年的时间，才能摸索出如何与其他团队及利益相关者协商决策并建立互信关系。事后回顾，如果决策管理者能够更早地进行授权并分担部分责任，从而在团队内部构建信任基础，这显然会是一种更高效的方式。
>
> 这是否意味着你永远不该让某人扮演仁慈独裁者的角色？当然不是。实际上，在灵活发展阶段与可扩展阶段，让具有开拓者或定居者思维的领导者担任这样的角色，能够带领小团队为少量客户快速做出决策，从而带来极大的灵活性。然而，这种管理方式既不可持续，也无法适应更大规模的团队或客户群。如果你正是这样的领导者，那么你需要挑战自己，开始学会授权。这对你和所有利益相关者来说都会是一个艰难的过程，因为短期内决策速度可能会变慢。但这种改变是值得的，因为从长远来看，你将培养利益相关者对整个团队的信任。

# 12.1 信任你的运维方式

你可能会以为本章不过是第 6 章内容的翻版：只需实施一些值班和支持轮值实践，辅以 SLO、变更管理和运维评审，就能赢得信任，对吧？但事情并非如此简单。

我们认为，所有这些实践都是确保严谨性并让平台领导层承担责任的关键。然而，即使你完成了所有这些要求，仍可能无法赢得应用团队中资深工程师在实际运维中的信任。在他们迁移到你的平台之前，这种信任缺失可能会表现为意见僵持、项目进度拖延，以及提出模糊的"概念验证"要求。即使在平台被采用后，这种问题仍可能持续——例如，当某些运维小故障发生时，客户可能会向领导层施压，要求批准他们构建一个更"简单"的、更贴合他们需求的影子平台。

我们深有体会。在职业生涯的早期，我们也曾是那些对采用光鲜亮丽的新平台持谨慎态度的高级应用工程师，或者是那些接手了运行在摇摇欲坠的通用平台上的应用程序，并希望将它迁移到更简单解决方案的工程师。除了对自身命运似乎缺乏掌控感之外，作为应用工程师最令人沮丧的莫过于平台团队往往低估了他们的关键性失误对我们造成的实际影响。这是一种双重信任问题："他们不仅在运维方面表现糟糕，甚至还完全意识不到自己的糟糕表现！"

这个挑战的根源在于，唯有通过实际运营规模化基础系统，才能真正掌握其运作之道。当 Ian 在亚马逊工作时，这个问题如此普遍，以至于他们创造了一句名言："经验无法通过压缩算法获取。有些教训唯有经历完整的成长曲线才能真正领悟。"作为平台团队的领导者，若你发现资深用户在运营方面对你的团队缺乏真正的信任，该怎么办？你仍然有两个手段：

1. 通过引进并授权具有大规模运营经验的领导者，加速发展曲线。
2. 根据运营风险容忍度对新用例进行排序，从而优化曲线。

下面结合我们的背景实例，一起来探讨这两点。

## 12.1.1 通过充分授权经验丰富的领导者加速信任的建立

当 Camille 首次担任平台工程负责人时，她接手的团队正面临着运营稳定性方面的严峻挑战。工程团队和系统是在资源有限且临时的情况下构建的，而在过去的几年中，尽管团队规模迅速扩张，但几乎没有对系统改进进行投入，更不用说进行系统架构的重构了。

团队新加入了几位经理，他们此前曾在大型公司担任运营职务。这些经理对如何稳定系统充满信心，但他们仍需要支持：一方面，需要在客户对新功能需求的压力下，腾出精力专注于系统稳定性的改进工作；另一方面，也需要帮助激励他们的团队——一个以软件工程师为主的团队——让大家认识到这项工作的价值所在。

回顾过去，Camille 觉得自己非常幸运。虽然确实面临问题，但解决问题所需的一切要素都已具备：才华横溢、经验丰富的管理者，实力强劲的工程师，以及 CTO 的全力支持。在招聘工作顺利完成的基础上，Camille 的贡献在于赋权——她认真对待信任问题，为组织的运营方式制定了一项广泛的文化使命，并以一种团队整体和利益相关者及客户都能理解的方式清晰地传达了这一使命。

为了实现这一目标，她采用了现已成为其管理工具箱中的关键工具——运营卓越的目标与关键结果（Objectives and Key Results，OKR）。尽管 OKR 在公司内部已是一项成熟的实践，但过去通常聚焦于新能力建设。Camille 确立了提升运营稳定性的目标，并促使各团队负责人承诺实现与该目标相关的可量化关键结果。随后，她在 OKR 分享会议上向整个工程部门广泛传达了这一计划，在团队全员大会上向其组织进行了详细说明，并在定期的季度报告中向执行管理团队（她的同级管理者和主要利益相关者）进行了汇报。

制定可衡量的目标使管理者能够清晰地向利益相关者解释为何将重点放在运营稳定性相关工作上，而非功能开发，并阐明这项工作预期将带来的成果。将它明确设定为全组织的核心关注领域，促使团队更加严肃认真地对待这项工作。随着时间的推移，Camille 将这一目标的责任委托给组织内有潜力的新兴领导者，为他们提供了领导跨组织项目的宝贵机会。对这些 OKR 的持续追踪，也为运营改进举措成效提供了有力证据。这些证据在晋升评审讨论中同样发挥了重要作用，因为此前晋升评估往往只将新功能的交付表现作为评估依据。

这项工作带来了有意义的成果。客户满意度调查显示，这些系统实现了可量化的改进。系统的运维负担变得更加可控，这显著提升了工程团队的满意度和士气。高层的对话也从指责平台的运营问题，转变为更加友好地讨论新机会与功能开发。

## 12.1.2 通过用例排序优化信任增长

信任的建立需要一个过程，其中重要的一环是，在确信系统能够满足应用程序的业务需求之前，不应急于推进采用。这不禁让我们回想起合作中的一个经验教训：当时许多计算和存储平台还处于新兴阶段，各团队都希望通过推动采用率来证明平台的价值。然而，这些团队并未进行充分的性能测试，未能准确了解平台的实际（而非理论）性能 SLO。结果，当应用程序尝试迁移时，系统往往难以满足性能需求，引发延迟问题，甚至出现轻微的性能不可用。即使这些尝试是在可控的概念验证试验中进行的，失败的结果却进一步加剧了信任的缺失，给人留下平台尚未准备就绪的印象。同时，这也暴露出平台工程师在理解运营需求方面，未能像应用工程师那样深入。

在这种情况下，有一个此前被忽视的机会浮现出来。平台的许多潜在用例是支持内部用户的日常工作流程。这些重要的业务流程可以接受一定程度的延迟和停机。随着团队开始更加关注稳定性，Camille 的领导层从性能需求敏感度的角度重新审视，评估他们是否选择了适合的平台用例。他们的评估不仅关注平台的功能，还包括平台能否可靠地满足客户的运营效率和性能要求。

这改变了团队对产品路线图和功能特性的思考方式。团队不再认为在成功接入首位客户后即告完成，而是采取了阶段性的方法，先从一些非关键应用程序开始着手。这些应用程序提供了数据，用于优化性能并解决其他问题。在完成这些改进后，他们利用这些成果逐步赢得下一批更关键使用场景的信任，依次推进。

在提升团队运营能力方面没有捷径可走，但如果能授权给合适的领导者，并让他们优先关注建立信任而非推动采纳，你将能够更快地迈向成长曲线的高点。

## 12.2 信任你的重大投资

无论是投资于新平台还是进行重大架构重构，重大投资都需要在成果尚未显现之前付出极大的信任。这类投资不仅需要很长时间才能完全实现价值（通常需要数年），还会使开发人员难以专注于当前平台的快速价值交付。因此，那些等待投资成果的客户往往会质疑项目的动机。他们可能会指责平台团队追求"简历驱动开发"——将炫目的新技术置于他们认为能更直接带来业务价值的基础工作之上。工程师往往喜欢彼此抱怨，这种反馈无法完全避免。真正的成功在于让核心利益相关者理解并信任这项投资背后的逻辑与理由。

如果你忽视这一环节，只说"相信我，这件事很重要，这是我的团队，我会负责"就开始行动，那么你很可能会陷入困境。当用户向你反映各种问题时，如果你只是以平台正在重构为由表示无法满足他们的需求，他们很可能会逐级上报。若你事先没有获得各方的认可，这些用户反馈将引发高层领导对你的策略提出尖锐质疑：为什么在现有用户需求得不到满足的情况下，我们还要投入资源支持这项工作？为什么他们会使用技术 X？这个决策是谁批准的？除非新项目能够完美推进（而这种情况几乎不会发生），否则你的整个规划很可能会被推翻。为了避免这种局面，你需要提前建立信任基础。

### 12.2.1 获得技术利益相关者对架构重构的认可与信任

在重新设计架构时，在开展工作之前，向利益相关者清晰说明计划内容及原因至关重要。这也是为什么我们在第 8 章中建议引入一个正式的决策流程来指导这些投资。该流程不仅能够生成记录以阐明项目投资决策的依据，还能证明你的团队在做出这些决策时遵循了严格的标准。

尽管管理层的利益相关者可能对你严格审查这些投资的证据感到满意，但高级个人贡献者（如资深工程师等）通常会希望了解更多细节，尤其是技术决策方面。因此，即使公司没有固定的"设计评审"或请求评审流程（Request For Comment，RFC），你仍然应该按照第 7 章所讨论的方法，撰写年度项目计划。秉承亚马逊"有主见，敢于表达异议但依然承诺执行"的领导力原则，如果你在项目启动前不给客户团队的资深工程师提供反馈的机会，就不要指望他们在你后期推动团队采用时会"闭嘴并执行"。

## 12.2.2 为赢得对新产品的信任寻求高管背书

在提出新产品时，你不仅能够获得技术和投资的基本支持，更有机会争取到高层领导的支持背书。这些高层利益相关者能够从全局视角出发，判断什么才是对企业最具价值的。平台负责人往往过于专注于技术层面的目标：是否具备扩展性、是否能够高效运作、是否能够降低成本等。然而，他们可能会孤立地追求这些目标，而忽视了一个重要的现实：平台建设不仅成本高昂，还占用了大量本可以用于其他项目开发的工程师资源，这对企业而言是一种不小的机会成本。此外，平台工程师（包括负责人）有时会将平台本身与他们试图实现的成果混为一谈，但需要认识到，仅仅建成一个新平台本身并不等同于目标的实现。

邀请其他业务领域的领导者听取他们业务领域中的关键需求，可以帮助你避免在平台设计中遗漏盲点。人们往往会假设每个人都关注成本、性能或全天候可用性，但深入探讨后，你可能会发现真正的问题与自己的初步假设并不一致。这些领导者还能帮助判断你是否与他们的技术战略保持一致；你可能认为某个核心应用程序或架构模式至关重要，而他们可能正计划减少对此的投入，转而支持其他业务增长领域。

## 12.2.3 维护旧系统以保持信任

即便获得了利益相关者的认同，大型投资项目依然是高风险的活动。高管的支持是有时限的；如果你正在推进一个为期 12 个月或更长时间的项目，就需要改变那种认为对旧系统的改进是毫无意义的看法，因为新系统在很长一段时间内对用户来说仍是不可见的。这里我们所指的不仅仅是保持系统正常运行的工作。在旧系统的负载显著减少之前，你需要持续投入以改进系统。此外，正如我们在第 10 章中讨论的，有时你还需要添加新功能，无论是为了满足紧急的业务需求，还是为了安抚客户及利益相关者。

无论你对重大战略投资多么充满信心，其他人总会抱有一些合情合理的疑虑。如果你在保留他们现有系统的同时不做出适当的妥协，那么你将失去他们的信任。

## 12.2.4 赢得信任需要对"正确"保持灵活性

在以下例子中，我们回到 Ian 担任计算平台团队负责人的时期。当时，他的一个团队正设法从严重的运营不稳定中脱身。尽管他们已经引入了合适的领导力量以改进运营实践，但重要的利益相关者——尤其是一个对业务至关重要的团队（我们称之为 Icicle）——仍然对他们心存疑虑。

Icicle 团队的工作负载对性能时延极为敏感，他们一贯通过在高度定制的物理服务器上运行工作负载来解决这一问题。然而，这种方法的弊端在于服务器利用率低且成本高。他们的业务管理层希望提升成本效率，但更倾向于信任工程团队的判断，而非平台团队。Icicle 的工程师们注意到，当前平台为降低成本所采用的方式（服务器的超额订阅）导致了不可预测的时延问题，这是他们无法接受的。

因为将问题单纯视为技术难题，两个团队在下一步的"正确"举措上陷入了僵局。计算团队希望 Icicle 工程师提供"硬性 SLO"，以便他们能够据此设计和测试解决方案。而 Icicle 团队则希望计算工程师构建一个功能强大的"压力测试引擎"，以证明他们的平台能够在实际环境中正常运行。这种僵局让双方的信任降至冰点，甚至导致 Icicle 工程师提议组建一个独立的影子平台团队，以满足他们的特殊需求。

为了打破这一僵局，Ian 和他的领导团队不仅调整了发展路线图，还重新制定了产品战略。他们推出了一款全新产品，彻底移除了平台中所有的超额订阅功能。尽管新产品的价格高于旧版本，但与 Icicle 团队此前使用的物理服务器相比，这一改进无疑是一次显著的提升。

即便作出了这样的调整，Icicle 工程团队仍然对该平台是否能达到他们的运行标准持怀疑态度。因此，平台团队首先将其发布给数据科学用户，向这一具有高度关注度的业务群体提供了更优异的性能，并借此增强了对系统设计的信任。在经过六个月成功运行的验证后，他们终于赢得了足够的信任，使 Icicle 工程团队同意迁移至该平台。

通过灵活探索能够同时满足技术和业务利益相关者需求的解决方案，并展现他们以高标准实施该解决方案的坚定承诺，团队成功化解了源于信任不足的僵局。

## 12.3 信任优先交付

最后，你需要确信你的平台不会成为业务交付的阻碍。无论你如何应对复杂性或在长期内提升开发人员的生产力，如果平台成为交付业务价值的瓶颈，其效用在此刻就会受到质疑。即使是一些被公认为困难的任务，比如在新的云服务商上建立和部署平台，平台团队之外的人往往也会低估这项工作的复杂性。随着瓶颈的持续存在，他们会逐渐失去信任，并开始质疑平台团队的所有决策，甚至有时会对平台本身的价值产生怀疑。

在本节中，我们将探讨三项对于避免瓶颈至关重要的关键活动：提升交付速度、设置任务优先级，以及重新审视产品范围的假设。

### 12.3.1 打造高效文化

当利益相关者和你的高管团队听到关于平台团队成为瓶颈问题的抱怨时，他们通常会将原因归结为计划不足。确实，如果你没有完成本书中所探讨的计划内容，他们的观点可能是有道理的。如果在现有平台无法满足业务需求的情况下，你却优先考虑进行重大架构调整或开发新平台，那么你很可能确实存在需要解决的计划与优先级问题。

在敏捷且瞬息万变的业务环境中，认为计划能解决所有信任问题是错误的。回到第 1 章，敏捷之所以能够胜过瀑布式开发，是因为大多数功能的商业价值都存在足够的不确定性。相比之下，快速构建、获取反馈并持续优化的方法，能够带来更具杠杆效应的成果。

如果应用团队的迭代周期是两周，而平台团队却表示"这件事需要等到下个季度的 OKR"，那么这将严重打击团队士气。这正是为什么仅仅依靠团队或客户团队的规划不足以解决交付瓶颈问题。这种做法不仅浪费时间去试图厘清业务部门无法提供的价值，还助长了一种错误的文化，认为业务部门未能提供完美的路线图需求是一种过失，而非接受这是客观现实。

当 Ian 领导的平台组织发现自己对应用组织的动态新功能需求至关重要时，他着力打造了一种高效交付文化：通过敏捷响应的方法平衡计划交付的效率与临时的应用程序需求。这一做法有两个目标：

- 他向团队强调，不能仅仅因为某个请求不在他们的原有计划中，就对新的应用团队的需求产生抵触情绪。
- 他提醒利益相关者，若未能及早向团队说明需求，计划将不得不调整以适应新增工作，这将导致更高的成本。

### 12.3.2 确定项目优先级以释放团队产能

我们邀请了一位资深的平台工程领导者 Diego Quiroga，请他分享如何成功扭转一个几乎成为业务发展瓶颈的团队的经历。以下是来自 Diego 的讲述。

> **平台视角**
>
> 在我担任平台团队的工程领导角色后，我开始深入了解我们的专业领域，并寻找值得探索的有趣问题。我管理的团队中有一个小型平台团队，肩负着至关重要的职责——负责管理一系列支撑企业社交网络运行的基础服务。应用团队依赖于这个平台提供的多样化能力，以打造面向客户的产品功能。
>
> 平台团队在开发这些功能时始终发挥着核心作用。在每个季度规划中，各应用团队会提出对新能力的需求或现有能力的改进请求。然而，由于团队的工作负载有限，部分请求不可避免地未能列入优先事项，导致积压的任务清单不断增加。
>
> 尽管公司认可了我们的努力，但团队是否能够有效管理日益增加的积压任务却成为

日益严重的担忧,尤其是某些功能的延迟可能会危及公司的业务增长目标。此前,为了将这一问题置于首要位置,团队不得不牺牲对运维的投入,这不仅导致紧急值班负担增加,还引发了外界对平台运行稳定性的负面评价。

在人员编制固定的限制下,我与团队共同分析了客户请求的特点,试图寻找其中的模式,以发现其他提升效率的可能性。通过回顾一年来的数据,我们识别出了一些反复出现的请求,例如在创建新数据源时需要进行的跨服务链复杂配置变更。这为我们提供了一个契机,可以将这些请求打包为一种自助方式,从而有效减少团队未来的工作量。

在我们已经成为显著瓶颈的情况下,论证投资于团队效率的价值确实面临不少挑战。在直接可见的功能价值与团队产出承诺之间寻求平衡,是一项难以让人信服的工作。为了保持领导层的信任并确保这项工作能够持续推进,我们必须通过直观的可视化和量化指标来证明这些投资的实际成效。

项目完成后,我们在服务组合中引入了这一全新的"自助式能力"。过去那些需要平台工程师全力以赴专注整整一个月才能完成的客户需求,如今只需几次技术咨询即可解决。这一转变使我们能够腾出更多资源,专注于其他重要工作。在应用团队未能提供长期路线图的情况下,我们选择基于历史趋势进行投资决策,这是一场经过周密权衡的冒险。事实证明,这一决策取得了丰硕的成果,并为我们在后续规划周期中寻找类似机遇树立了成功的典范。

我们采用了类似的策略来加快团队对技术支持请求的响应时间。应用团队经常向我们寻求帮助,包括代码审查、平台功能使用指导以及运营问题的解决。随着工程组织的不断扩展,我们团队每周需要处理的技术支持请求平均达到 30 个。尽管我们安排了一名专职工程师负责分类工作,但快速响应的压力持续增加,尤其是在每季度末期尤为明显。为了解决这一问题,我们分配资源开发了新的故障诊断仪表盘和自助诊断工具,将非核心工作转由应用团队自行处理。同时,我们还实施了标准化答复,指导用户查阅相关文档,这一举措也有效减少了此类支持请求的数量。

随着瓶颈问题的解决,团队的项目逐渐转型为更有趣、更具影响力且更高效能的工作,这显著提升了工程师的参与度和投入感。客户也从中获益匪浅——凭借新获得的充裕产能,我们得以持续解决系统性能和可靠性问题,并建立了卓越运营的声誉。总体而言,尽管分析的投入成本不菲,这些项目在价值回报上也存在一定风险,但它们对于我们从业务发展的瓶颈转变为企业值得信赖的坚实基础起到了至关重要的作用。

### 12.3.3 挑战产品范围的假设

平台交付优先级的权衡是一个持续的过程。理想情况下,我们应打造广泛适用的产品或服务，以满足大多数客户的需求，同时避免因应用团队的关键开发路径而承受快速添加功能的持续压力。然而，在某些情况下，平台的核心特性决定了覆盖范围可能会产生一些固有的瓶颈：

1. 该平台正试图展现广泛的功能范围。
2. 该平台正在努力支持一组多元化的应用程序。
3. 该平台的开发设计使它无法信任用户自行解除限制。

一个经典的例子是，某些公司会设立一个集中式云赋能团队，负责管理所有公有云的采用。这支团队不仅需要确保开发人员能够快速访问所需的云服务，还必须对这些服务以及团队的使用方法进行严格的安全审查。这个案例几乎完美地符合我们刚才描述的三个特征：

1. 开发者可能希望使用的公有云服务的涉及范围极其广泛，更糟糕的是，这些服务的变化速度非常快。
2. 除非公司规模非常小，否则平台团队通常需要支持多种应用程序及开发人员，而这些开发人员在选择公有云服务用于应用程序部署时，往往看法不一。
3. 让应用团队自行解决问题本应是最佳方案，但出于安全考虑，我们无法赋予开发人员超级用户权限，让他们随意操作。因此他们只能被困在不断地对要启用的功能进行优先级排序和协商，同时还要不断应对新的请求。

为了缓解此类情况下的瓶颈，我们通过收窄范围取得了一些成效，具体做法是支持更少的应用程序类型，并提供更多精心设计的高级别产品。我们并未向所有人开放云基础组件，而是构建了面向主要使用场景的平台，用于协调计算与存储资源。这种方式虽然覆盖范围较小，但更具针对性，使平台团队能够对底层云基础设施的管理做出更为明智的选择。这看似引入了一个不必要的中间人，但实际上，这一平台整合了公司核心的身份管理与安全理念，代替用户处理了云端的复杂性，并为公司带来了显著的杠杆效应。

尽管如此，这一解决方案仍然不够完善。当团队需要使用平台之外的云产品时，仍会在评估、安全审查以及启用新产品方面遇到瓶颈。然而，通过构建功能强大的平台来满足80%的常见需求，将此类情况限制为少数特殊场景，团队可以更高效地解决这些瓶颈问题。

在构建平台时，需要在赋能用户的同时，确保不授予他们过多的信任。因此，在设计平台功能时，应从如何管理或避免这些潜在瓶颈的角度进行深入思考：

- 你是否考虑过通过仅支持某些类型的应用程序来缩小服务范围？
- 你是否已经通过迭代找到了合适的抽象层，既能为客户提供支持，又不会暴露过大的接口范围？

- 在系统设计中，你是否通过减少可能需要安全与合规审查的管控点，帮助用户自主解除阻碍？
- 平台是否具备可扩展性机制，允许用户自主改进和扩展特定的平台功能？

为应对你面临的重大挑战，你可能需要综合运用以下四种方法：通过有限的范围和良好的抽象来涵盖常见场景，并采用更优的可扩展性实践以及用户驱动的贡献方式来解决边缘问题。

## 12.4 整合探讨：过度耦合平台案例

我们将这个过往的故事称为"过度耦合的平台案例"。问题的起源可以追溯到一个为期两年的项目，项目目标是构建"功能齐备"的平台。这是对上一代平台的一种反思，当时那些平台的仁慈独裁者们在各自为政的思维模式下独立构建自己的平台，导致系统之间无法协同运作。"功能齐备"这一理念旨在传达未来产品战略高度统一的愿景。这个愿景更加强调平台的角色不是作为"产品"，而是作为实现"工作流程"的工具，从而让客户能够直接使用平台，无须自行开发，也无须关心底层的运行机制。从许多方面来看，这听起来像是一个理想的"无缝集成"平台——这种从端到端的整体体验，不正是人们钟爱苹果产品的原因吗？

那么，将这种方法应用到这些内部平台时究竟遇到了什么问题？遗憾的是，"功能齐备"这一高标准要求意味着，平台团队在开始编写代码之前，必须为每个用例完整设计端到端的工作流影响。这一要求过于严苛，以至于初期的产品不得不采取一些捷径。而随着时间推移和新功能的不断增加，整个系统逐渐形成了深度耦合的状态。这种深度耦合使得系统重构变得异常困难，最终迫使平台团队决定将所有内容重写为 2.0 版本，希望在引入新功能的同时实现架构优化。然而，这些雄心勃勃的规划目标却导致了巨大的延迟，并进一步加剧了客户的不满情绪。

这些平台团队深陷自身制造的困境：他们提供的端到端工作流总是显得不够完善——未完全完成、尚未充分准备、缺乏足够可靠性，也未能完全契合客户需求。尽管在早期紧密协作和迅速发展的阶段，"功能齐备"曾是凝聚信任的关键因素，但随着平台组织因过度耦合而陷入停滞，解决方案似乎只能寄希望于开发新版本。然而，这种信任已大幅流失。多位利益相关者反馈道："你们的组织开发新平台，似乎只是为了开发而开发。"

为了解决这一问题，Camille 意识到需要调整方法，她明白这不仅是文化问题，还需要从产品层面着手。于是，她制定了一个 OKR 目标："提供组件，而非完整功能集"（如第 11 章所述）。这一比喻基于以下三个概念：

*把创建组件作为根本*

在团队努力快速创建第一版内置功能齐全的工作流时，他们选择在组件层面集成不同平台，而不是使用规范的 API。随着工作流功能的不断扩展，这些组件在操作稳定性方面频频出现问题——由于接口定义不清晰，因此系统难以修改、测试和监控。为了解决这些问题，团队决定暂缓开发部分工作流功能，优先确保这些工作流的基础组件足够稳固。

*组件是可组合的*

组件级耦合不仅仅是系统稳定性的问题，更是改进跨平台"开箱即用"工作流程的一大障碍。这种耦合导致某个平台的变更可能会在工作流程的其他环节引发意想不到的副作用，从而显著减缓功能交付速度。更糟糕的是，过度专注于将平台使用视为固定的工作流程，而非灵活的抽象设计，完全剥夺了高级用户通过构建自定义工作流程来自主排除障碍的能力。构建模块的方法强调了，尽管团队仍需为常见工作流程提供端到端的封装，但同时也必须建立独立的平台抽象层以隔离副作用。这不仅使平台团队能够更轻松地调试和管理系统，还允许受信任的用户突破工作流程的抽象限制[注1]，自主解决问题。

*组件可以逐步切换*

正如我们在第 11 章提到的，整个平台组织经历了一次调整过程，暂停了一些大型举措，使团队能够专注于最重要的工作，同时确保有时间交付更紧迫需求的解决方案。仅仅承诺推出一个能够带来革命性改变的 V2 版本，最终解决所有用户问题，已经不再满足要求；现在，提案的评估标准包括：（1）能否通过逐步交付并重构架构实现；（2）迁移成本；（3）高层支持其潜在商业价值的程度。

这种方法意味着，在某些领域，团队需要在易用性上做出一定妥协，以确保系统的稳定性、解耦能力以及消除瓶颈。Camille 通过逐步清除障碍赢得了高层利益相关者的支持，例如我们之前提到的 Ian 团队为对性能要求较高的用户提供更优质服务的案例。借用苹果公司产品的比喻，平台提供的服务更像早期的安卓设备——虽然不够精致，但赋予了更多选择自由。关于这一选择，每个人可能有不同的偏好，但我们坚信，对于内部工程平台而言，平台的稳定性和未来的灵活性对客户来说至关重要，绝不能为了追求理想的易用性而妥协。

## 12.5 结语

建立信任需要耗费漫长的时间，而摧毁信任却轻而易举。许多超出控制范围的事件都可

---

注 1：如需更详尽地了解这一理念，请参阅 Will Larson 的文章 "Providing Pierceable Abstractions"（*https://oreil.ly/w-p3o*）。

能侵蚀信任:"黑天鹅"事件引发的运维问题、无法及时应对的重大业务变革,以及即使有周密计划也因团队人员流失而难以有效执行等。鉴于这些风险始终存在,领导者必须通过一切行动付出努力,以不断巩固信任。

这是平台领导者导致公司失败的最常见原因之一。由于过度自信,因此他们认为自己更有见识,缺乏足够透明的沟通,并且过于信任团队而忽视了客户和利益相关者的反馈。当你认识到在这一职位上取得成功的关键在于建立和维护信任时,你就会采取必要的措施,打造值得信赖的平台,从而满足业务发展的需求。

# 第 13 章
# 你的平台管理复杂性

> 我们的设计应当基于人们的行为方式，而非我们对他们行为的期望。
>
> ——唐纳德·A·诺曼，*Living with Complexity*

本书开篇探讨了平台工程背后的原因和动机。要解决的问题是什么？技术复杂性的快速增长正在拖慢应用工程团队的步伐，同时企业从每位开发人员身上获得的价值也在逐步减少。为什么我们需要平台工程？因为它采用系统性方法来应对复杂性问题，通过一个由软件和系统专家组成的团队，减轻复杂性对应用团队的阻力。

这并不意味着平台能够消除所有复杂性。平台通过有效管理复杂性来实现杠杆效应，而非试图将复杂性彻底消除。作为平台团队的领导者，你必须能够从容应对一切事情中的复杂性。

本章将重点阐述四个需要管理复杂性的关键领域，以确保你走在成功的道路上：

- 非本质复杂性：平台在试图解决复杂性问题时，常常只是将问题转移到其他领域，反而额外增加了人为工作负担。
- 影子平台：一场微妙的博弈，既要赋予应用程序组织敏捷性，又需避免因多个相似影子平台共存而导致的复杂后果。
- 失控的增长：平台组织处理复杂性的唯一方式是依赖于这样一种假设——明天可以招募新的工程师来解决今天累积的技术债务。
- 产品探索：对于某些问题，只有通过反复迭代交付的尝试，才能找到真正能够同时简化客户和平台团队复杂性的产品。

正如本章开篇引言所指出的，在设计解决方案时，我们必须以现实的态度看待人的行为特点。技术方法固然必要，但还不够，只有将技术与对人性和组织动态的深入理解相结合，才能解决复杂性的各个方面，从而实现真正的杠杆作用。

## 成功的假象：单一视图

如今，在技术用户体验领域，将所有功能整合到"单一视图"（Single Pane of Glass-SPOG）的理念备受推崇。许多开源工具和厂商产品都宣称，通过一个统一的用户界面，你可以全面掌控整个系统、管理完整的开发体验，或优化所有的沟通流程。通过提供统一界面来减轻用户的认知负担，似乎是一个明智的选择，可以有效消除不必要的复杂性。因此，许多团队投入大量资源构建统一视图，寄希望于此来解决用户体验方面的问题。这类项目通常在初期进展顺利，并能为一些常见的使用场景带来实际价值，然而，根据我们的经验，这种早期的成功往往难以长久维系。

Camille 对此深有体会。她所管理的开发者体验（DevEx）平台团队发现，开发人员需要在多个不同的工具中寻找与工作相关的信息：一个用于代码审查，一个用于查看构建进度，一个用于处理任务工单，一个用于代码搜索，还有他们所选用的代码编辑器以及用于执行各种其他操作的命令行界面。为了应对这种复杂性，团队将其中的一些功能整合到一个单一视图的 Web 用户界面中，从而优化了工作流程，减少了上下文切换的干扰。

起初，这个想法看起来很有吸引力，但随着时间的推移，团队逐渐意识到，为了让所有人都能使用内部界面，他们不得不重新构建每个底层供应商工具的全部工作流程[注1]。而这些供应商自身也在通过提供彼此之间的接口和集成功能，试图成为"单一视图"。随着时间推移，团队发现，他们的"单一视图"要么成了开发人员通往所需界面的额外阻碍，要么成了原始工具的简化版，甚至是劣化版。

他们还面临着构建开发者工具和平台时的另一个常见难题：开发者对界面并不感兴趣。开发者对自己的工作方式往往十分挑剔：一些人对图形界面兴趣不大，更倾向于在命令行中完成尽可能多的操作；另一些人则倾向于将所有功能整合到他们的 IDE 中；还有一些人希望能够集成 ChatOps 功能（但仅限于他们值守期间）。

平台的统一管理界面仅能满足单一用户角色的需求。然而，这种设计存在局限性，因为不仅不同的人拥有不同的角色，同一个人在一天内根据他所扮演的角色（如支持工程师、软件开发人员或项目经理），即便使用相同的工具，也可能需要切换到不同的角色模式。团队最终意识到，与其试图满足所有需求，不如依赖 GitHub、Slack、Jira 等主流平台中现有的集成功能，并将平台功能嵌入这些常用工具中，以更好地适配不同用户角色及其多样化需求。

正如这个例子所示，"单一视图"的理念通常更适合被推广至其他应用场景。尽管我们可能会为特定场景设计这样的体验，但核心目标并非界面本身，而是构建一个在

---

注 1：这种情况让人联想到将供应商或开源 API 包装成适用于内部使用的形式时所面临的挑战，但可能更为复杂，因为你不仅需要应对 API 的持续变化，还必须紧跟用户界面和用户体验的变化。

> 人机交互设计上高度优化的系统，使用户能够轻松获取所需资源。鉴于你的系统需要满足不同用户角色在不同时间使用不同工具的需求，这种优化系统的基础构建模块是 API 及对应的数据模型。与其直接着手开发统一视图界面，不如从支撑该界面的 API 入手设计，这样可以为根据不同用户角色开发差异化体验预留足够的空间。你可以为基础用例设计简洁的用户界面，同时为偏好命令行的开发者提供集成选项。在此过程中，建议尽可能利用工具本身提供的现有界面，因为这些界面往往经过更充分的优化，可能比你自行开发的更加完善。
>
> 用户界面天生复杂且难以设计完善，因此，如果你的目标是降低复杂性，我们建议首先确保产品提供可访问、文档齐全且结构清晰的 API。在设计 API 时，应尽可能严格遵循 REST 标准。确保命名规范一致；每次调用专注于单一功能，避免依赖有状态的调用序列来实现单一任务；预留向后兼容的设计，并避免频繁修改已发布的 API。在此基础上，可以进一步探索与命令行工具、类似聊天机器人的接口、IDE 支持及 Web 界面的集成。尽管简化 API 层仍然充满挑战，但如果忽视这一环节，则用户界面无法从根本上解决问题。

## 13.1 应对人际协调中的非本质复杂性

评估平台在管理复杂性方面是否成功的一个关键指标，是应用团队仍需开发多少"黏合剂"来与平台协作。如第 1 章所述，"黏合剂"指的是团队为整合各系统而构建的代码、自动化流程、配置和工具。这些"黏合剂"是对底层系统管理复杂性的一种应对，而平台的目标应是构建抽象层，以消除每个应用团队自行开发"黏合剂"的需求。整体"黏合剂"的减少，表明基础设施复杂性已得到有效降低。

在第 1 章中，我们还遗漏了一种"黏合剂"：人际协调。Tanya Reilly 在她的演讲和博文"Being Glue"（*https://noidea.dog/glue*）中生动地描述了这种"协调性工作"：当团队的实际工作与目标之间出现差距时，需要通过手动解决方案、文档编写和跨部门协调来弥补这些缺口。然而，一些平台团队在试图减少第 1 章中提到的技术层面的黏合工作时，却因过度依赖人际协调而额外引入了新的复杂性。

设想一个没有为应用团队配备运维工具的平台。这就像驾驶一辆引擎盖被封闭的旧车——尽管我们不期望大多数司机都能修理发动机，但他们至少需要知道烟雾来自哪里。当问题发生时，如果平台没有提供足够的诊断工具，应用团队就会陷入困境。他们无法自行解决问题，不得不联系平台团队以确认问题是否出在平台本身，这对双方来说都令人沮丧。正如第 6 章所述，公开平台指标并使用合成监控是避免此类问题升级的关键。复杂的故障仍可能悄然发生，但有了适当的工具支持，就可以避免让平台工程师和 DevOps/SRE 充当人工仪表盘的角色。

如果你想判断自己在管理复杂性方面是否做得足够好，可以遵循一个经验法则：思考你在解决问题时对"人际协调"的依赖程度。你是否依赖手动流程来协调开源软件的升级，或者推动解决常见的应用程序故障？作为工程师，我们认为，人力应该专注于处理真正复杂的场景，而对于那些单纯复杂的情形，我们应该通过软件来解决。接下来我们将以迁移为例进行说明。总体而言，在你的平台及使用该平台的应用团队之间，越少依赖人工来协调各类操作，就意味着你越能有效地减少用户面对的复杂性。

## 管理迁移复杂性

我们在第 9 章中分享了一个成功的迁移案例：面对一次重大的操作系统版本升级，Camille 向团队提出挑战，要求他们在没有人工项目管理支持的情况下完成整个迁移工作。团队积极响应，首先编写了一段小型代码工具，用于跟踪每台主机的状态，包括是否需要升级以及由谁负责。这个工具每天运行一次，生成一份迁移进度报告，展示迁移的整体进展情况。随后，这些报告数据被输入到 JIRA 系统，自动生成任务，并分配给相关人员，同时附上需要完成的具体内容。

当然，这件事并不像听起来那么简单。成功的关键要素之一是第 2 章中提到的代码所有权元数据登记表，它记录了代码与团队的归属关系。这些数据为工单分配流程提供了初始支持。团队随后编写代码，利用启发式方法分析与系统资源相关的各种标识符，从而找到最适合的工单处理人选，最大限度减少因错误分配引发的混乱。最终，这演变为一个实用的系统，不仅能够更广泛地管理和追踪所有权数据，还能为其他迁移提供支持。

这一变革显著改变了公司处理迁移工作的方式，将烦琐的人力驱动流程转变为更可预测的机器驱动流程。团队不再局限于依赖项目经理跟踪电子表格和召开无休止的状态更新会议，而是将精力集中在增强工具功能上，通过细化依赖关系映射和智能提醒机制来提升工具的效能。同时，他们致力于将迁移过程中常见的流程组件实现自动化，从而显著减轻了客户团队的迁移工作负担。然而，随着时间的推移，我们面临的最大挑战在于：许多团队在尚未深入思考迁移流程细节之前，就迫切希望使用这一工具来推动迁移工作。

我们并没有完全消除对技术项目经理的需求，但他们的角色已经从与每个迁移团队逐一攻坚转变为监督者和联络大使。由于每次迁移中需要手动跟踪的工作减少了，因此他们能够专注于处理那非典型的 20%，从而支持更多的迁移项目。例如，如果我们发现要完成某个迁移需要升级一个大客户的存储系统，而这项工作需要与客户团队进行大量协调，我们就可以在这个时候部署技术项目经理支持，以便解除另一个可自动化部分的阻碍。

这一切的目标是将技术项目管理专家视为稀缺的专业人才，仅当无法找到其他工程

> 驱动的巧妙方法来实现迁移的自动化或客户自助式操作时，才会寻求他们的帮助。根据我们的经验，团队中仍然需要拥有这种技能的人才，但他们应该是少数几位因自身严谨的工作态度、对细节的高度关注以及卓越的组织能力而备受团队推崇的人。

## 13.2 管理影子平台的复杂性

我们在第 10 章中讨论过影子平台，在此简单回顾一下：这是应用工程团队有时会为自身需求而构建的冗余平台。从整体来看，影子平台确实会增加公司软件系统的复杂性，但通常它们的创建是为了降低特定领域的复杂性。正因为这种局部视角，平台团队之外不可避免地会有一些与平台相关的工作在进行。我们的目标并非完全禁止这些工作，而是要保持对它们的关注和掌握。

试图阻止每个应用工程团队构建那些可能被认为属于平台职责范围的内容无异于徒劳。在大规模环境下，这根本无法实现。此外，试图阻止组织外团队进行与平台相关的实验和创新也是一种欠考虑的做法。这些团队作为自身需求的专家，通常会以开创性思维来解决他们面临的问题。当你的平台能够满足他们的需求时，他们可能会选择使用；但当自主开发对他们更有优势时，他们有时会选择自己动手。在此过程中，他们或许会构建出下一个有价值的平台解决方案的初步版本。

要有效管理这些影子平台，你需要基于第 12 章所讨论的信任——这能让你始终掌握动态。掌握信息能够帮助你做好准备，应对各种可能的情况：无论是安排工程师参与项目，定期获取团队的进展汇报，还是在团队可能希望你接管项目时为未来设定相应的期望。

当你决定接管一个影子平台时，必须认识到，这一过程中不可避免地会引入新的复杂性。毕竟，你的目标是使平台的功能超越原团队的使用范围，这通常意味着需要扩展其覆盖面。在这一阶段的关键在于，既要减少由初创者带来的复杂性，又要将新复杂性圈定在平台团队内部，而不是让它外溢到最终用户。

> **管理影子平台的案例**
>
> 根据我们的经验，一个成功处理的"影子平台"更像是一个管理得当的混乱局面，而不是一幅非黑即白、执行完美的图景。接下来的这个案例将向你展示，成功有时是一个迭代且充满混乱的过程。
>
> 在 Ian 接手五个内部计算平台中的第二个约六个月后，CTO 开始推动数据科学领域的人工智能发展，并将大量人员编制分配给一位面向业务的技术高管，以执行这项战略。这位高管随后为该计划招募了一位主管，这类人（渴望彻底变革的开拓型远见者）通常会与平台工程负责人产生分歧。这位新任主管认为，制约人工智能创新的关键问题在于与现有内部平台（在他看来，这些平台存在缺陷）的高度耦合，这

阻碍了数据科学家快速采用最前沿的公有云和开源系统。他的目标是构建一个全新平台，让每位数据科学家都能像在小型创业公司一样，拥有自己的云账户，自由选择并使用任何 IaaS 基础设施原语和开源软件。

在处理这件事时，Ian 犯的第一个错误是误以为所有人都能理解这项工作的复杂性，并认为那位开拓者在收到反馈后会迅速调整方向。毕竟，大多数数据科学家连管理自己的开发工作站都显得力不从心，如果让他们独立管理云环境，情况势必会混乱不堪。此外，为了使数据科学家们的现有工作流程能够实际使用，还需要进行大量的平台集成工作，而这正是 Ian 的团队已经规划好的任务。只是，要想"正确"地完成这些工作，并避免编写多余的黏合代码，确实需要相当长的时间。

然而，这位开拓者执意推进自己的计划，并组建了一支团队来推动这项工作，计划在 Ian 团队不认同他理念的领域构建影子平台。他的理由是，约 10% 的数据科学家拥有工程背景，完全能够应对管理自身环境和编写平台黏合代码等复杂任务。鉴于这个平台仅用于实验性工作，并且在转入生产环境时需要重新开发，因此他的团队和早期用户都认为，开发一个缺乏 Ian 团队所提供的运维基础的系统是可以接受的。他们认为，这些架构问题可以留到后期再处理。

当 Ian 意识到最初的方案被采纳后，他开始定期与开拓者团队召开会议。这些会议的目标是下决心解决如何将平台的覆盖范围从当前 10% 的高级用户扩展到所有用户的问题。这些会议暴露了开拓者团队在扩展服务时忽视的诸多薄弱环节。例如，他们未曾考虑如何迁移用户离开现有系统（这将耗费数百开发人年的工作量），也没有规划如何管理非技术用户的使用。

然而，"推动 AI 领域的发展"这一需求显然得到了包括 CTO 在内的高层支持。这使得 Ian 面临两种选择：他可以任由先锋团队在缺乏他的支持的情况下构建一个复杂的影子平台，或者他可以寻求一种折中方案，从而对项目施加影响，尽可能避免系统架构中不可避免的复杂性。

他最终选择的折中方案是调整并重新设计其中一个团队的路线图，从中抽调两名开发人员来支持这一项目。这正是 CTO 关注所带来的优势——当其他利益相关者质疑这些变动时，Ian 可以明确告诉他们，这源于 CTO 的优先事项。他挑选的两名开发人员都是务实型人才，他赋予了他们一项颇具挑战的任务："你们的职责是在不拖慢项目进度的情况下，找到可以构建合适的'长期'组件的地方，并利用这个时机提前完成这些组件的开发。"

在实践中，他们取得了部分成功。为了保持项目快速推进，不可避免地需要采用某些无法扩展的临时解决方案。不过，即便只是这样的部分成功，也依然具有重要意义，尤其是随着系统逐步成型，发生了两个关键变化：

> 1. 此前受阻的 10% 的数据科学家现在终于可以顺利访问云平台开展迭代实验了。
> 2. 当其余 90% 的数据科学家有了实际的操作对象后，Ian 团队早先提出的关于运营、管理和集成方面复杂性的担忧变得显而易见。
>
> 这一方案并未能立即化解僵局。在最终逐步淘汰旧系统并转向统一的集成平台之前，团队经历了长达数年的调整。然而，在这两年间，公司确实收获了许多原本难以实现的创新成果。这个案例很好地展示了平台团队如何在不拖慢应用工程团队效率的情况下展开合作，而不是像以往那样被排除在混乱的"充满干劲的"阶段之外。总的来说，正如第 5 章所述，这是一个通过合作成功打造出更优质且更具可持续性产品的典范案例。

## 13.3 通过控制增长管理复杂性

增长会令人上瘾。当你将一个平台团队从初创阶段一步步发展为一个稳定的组织后，很容易陷入这样的思维定式：唯一能取得更大成就的方法就是引入更多成员。否则，又如何弥补产品功能上的缺口呢？你需要一支完整的工程师团队，既负责开发又承担轮值待命任务，还需要一位产品经理，以及所有必要的支撑体系来保障新团队的运转。实现这一切，似乎唯一的出路就是不断地追求增长，再增长。

这种思维定式的危险在于，无节制的增长会加剧你原本试图通过构建平台来规避的复杂性。首先，它削弱了处理复杂问题的动力：面对问题时，人们往往倾向于盲目增加人力，而不是投资于自动化或重新审视工作方式。这种做法催生了软件工程师最不愿从事的工作：枯燥乏味的轮值待命，需要全公司范围内人工跟进的迁移任务，以及必须执行数十个步骤才能完成的配置请求。如果长期不在自动化方面进行投入，就越容易陷入这样的困境：自动化系统已无法有效管理日益攀升的复杂性，而你只能被迫依赖一种无法扩展的人员配置模式来勉强维持支持工作。

增长同样会推动复杂性的增加，因为它减轻了对构建内容和投资方向保持审慎的压力。当工程师能够为任何个人偏好项目辩护时，他们往往会忽视客户的实际需求而进行开发。而管理者和产品经理则发现，与其与同事协作解决问题，不如建立自己的权力中心来得更为轻松。增长也为各种问题提供了合理化的借口：责任可以推卸给他人，或者归咎于那些尚未熟悉内部运作的新员工。最糟糕的情况是，你最终会积累起一堆未成熟的想法和粗糙的产品，它们之间缺乏良好的整合，导致客户面对一片复杂而混乱的产品体系，难以下手。坦率地说，我们对平台团队作为众多新举措的发起者持保留态度。正如我们在第一部分所述，我们预期大多数创新将来自开发自身所需功能的应用团队，而非平台团队本身。

即便考虑了所有这些因素，那些职业生涯一直在成长型公司的人士可能会认为我们判断失误，觉得在没有外部压力的情况下建议放缓增长步伐可能不符合实际。当你已经忙于应对公司快速发展和规模扩张时，为何还要尝试新事物？而且，当应用工程团队同样热衷于扩张时，我们又为何特别推动平台团队减少增长呢？

不过请记住，平台团队和应用工程团队是有区别的：平台团队通常被视为"成本中心"，因此通常被期望提高效率，而不是作为一个创收型组织。在这一领域，引导一种智慧高效的文化是领导者的重要职责，而复杂性则是效率的最大敌人。平台工程的职责并非通过任何手段（例如，通过外包来控制人工操作成本）来提升效率。相反，应通过软件工程和产品发现的方式，战略性地实现简化，从而提高效率。

我们知道，有时确实需要实现增长，而进入新的产品领域可能就是这样的时刻之一。如果你的组织已经高效运转到无法从现有团队中抽调资源来支持新的业务，那就需要增长。当然，在公司规模扩张和发展的一些阶段，扩展是合理的。但优秀的平台领导者明白，他们的平台能够产生杠杆作用，这意味着一旦这种杠杆点被确立，平台团队的增长速度就无须与整个工程团队保持同步。

作为一条防护原则，我们建议遵循以下经验法则：在成熟领域中的新增工作，应主要由现有团队成员承担。这种做法迫使管理层聚焦核心任务——如果团队的 KTLO 负担已经失控，他们能否找到有效的方法来降低相关成本？他们是否清楚哪些领域最值得投入，是否果断减少了对那些"已经足够"，甚至更糟糕的是尚未证明其价值的功能的投入？

应对复杂性不仅意味着你的平台能够支持远超开发者数量的用户，还意味着一旦你在某一产品领域实现基础覆盖，就无须为该领域的每项新功能按比例增加平台工程师的数量。这并不意味着你应该过度削减人员配置，导致组织失去弹性。这正是为什么衡量"KTLO + 强制性任务 + 运维优化"如此重要：了解处理这些工作负载所需的最低人数，可以帮助你确定团队规模的最低限度（可能需要在该数字基础上增加 20%，以避免团队成员集体离职）。在这个基础之上，你可以审慎决策并制定投资计划。深入思考下一阶段的工作重点，统筹考虑客户需求、团队诉求和自身战略见解、在申请扩充团队之前充分挖掘现有团队的潜力，这些都是成熟的平台规划能力和领导力的体现。

## 13.4 通过产品发现管理复杂性

产品发现是一项旨在理解客户需求并设计解决方案的工作。正如硅谷产品集团（Silicon Valley Product Group）所定义（*https://oreil.ly/N5Icw*），它是"为这一问题创造一个可用、有用且可行的产品解决方案"的过程。产品发现不仅适用于从零开始开发的产品，对于那些主要基于开源系统构建的平台而言，这也是一项至关重要的实践。如果你希望打造经过精心筛选的产品组合，产品发现的作用尤为关键。然而，在潜在替代性平台的持续压力下，许多团队往往直接采纳客户的表面需求，仅仅提供客户要求的开源系统，而没有花时间仔细评估该系统是否真正适合作为整个平台的最优解决方案。

这导致了一个常见困境：负责提供（或更常见的是继承）这些开源系统服务的团队，不得不应对运营复杂性随着用户数量和用例的增加而呈线性增长的局面。尽管可以通过投资自动化来减少这种线性增长的趋势，但从设计角度来看，大多数主流开源产品都向用户暴露了过宽的功能范围。这种现象在分布式数据处理的开源软件中尤为明显，例如关系型数据库（PostgreSQL、MySQL）、Cassandra、MongoDB 和 Kafka 等。这些系统本质上就具有高度复杂性，而开源软件供应商模式又促使它们通过不断添加新功能展开竞争，最终导致功能接口变得过于宽泛。

一些领导者会迅速断定，必须通过标准化和限制选择来应对这一挑战。这一思路无疑具有吸引力，但应如何具体落实？根据我们的经验，总体上，应用程序开发人员可能会认可减少基础设施选择能够简化工作，但他们往往难以就具体的选择范围达成一致。如果你具备足够的决心（并且获得高层领导的支持），或许能够及早制定标准，避免因减少重复而取消已有功能，并避免强制迁移，以防引发客户不满。然而，如果这一过程显著降低了应用团队的开发效率，可能会适得其反，并引发组织内部的反对声音。在大多数情况下，标准化只有在平台团队达到承受极限时才会启动，即当维护众多开源软件选项的负担加重，引发对为何需要如此多选择的质疑时。

在"让百花齐放，直到无法容忍[注2]"与"提供一个几乎不允许任何变通的严格平台"这两种极端之间，还有一个中间选项——正如你所猜测的，这与你的产品文化密切相关。要实现这一点，你需要花时间深入了解客户。探究各团队选择特定工具的原因，是因为习惯使然，还是为了满足某些核心功能需求。通过反复迭代的产品发现过程，你可以获得必要的洞察，从而精心策划产品方案，简化系统复杂性，更好地满足客户需求。在我们的最后一个案例分享中，我们将深入剖析这样一个发现过程，以及通向成功的多次迭代历程。

## 13.5 整合全局：平衡内外复杂性

在这个案例中，Ian 领导着一个约 10 人的团队，负责管理一系列开源系统（包括 PostgreSQL、Kafka 和 Cassandra）。团队采用数据可靠性工程（Data Reliability Engineering，DRE）方法[注3]，通过提供一个平台，负责这些系统的支持与资源调配。团队将工程资源主要投入自动化领域，特别是在增强系统韧性和实现自动扩展方面。

---

注 2：参阅 Peter Siebel 的文章 "Let a 1000 Flowers Bloom. Then Rip 999 of Them Out by the Roots"（*https://oreil.ly/slEdD*）。

注 3：请参阅 Laine Campbell 和 Charity Majors 所著的 *Database Reliability Engineering*（O'Reilly）。

## 13.5.1 开源软件运维的倦怠问题

正如我们在第一部分中预测的那样，这种平台交付方式难以扩展。每个开源软件系统都具有广泛的功能覆盖面，而将它作为公司基础架构来运营所带来的复杂性，导致运维压力持续存在。尽管采用了两班倒的值班制度，每周的高严重性事故数量仍然接近 50 起而非 5 起，即便通过全天候轮值机制稍作缓解，问题依然突出。DRE 团队已经触及了自动化所能达到的效率极限。

遗憾的是，应用团队并未察觉到这些运维中的挑战。相反，他们对开源系统所提供的广泛功能及灵活性感到非常满意。他们的主要诉求是希望 DRE 团队能够扩大服务范围，增加更多服务。然而，当 DRE 团队领导试图解释说，他们需要将工程师团队规模扩大一倍才能可持续地管理现有的工作量，更不用说考虑新增服务时，却遭到了难以置信的质疑。DRE 团队被迫通过支持更多系统和配置来实现扩展，但他们深知，这样做很快会再次面临同样不可持续的扩展瓶颈。

## 13.5.2 试图改变局面（但未能成功）

这一僵局促使团队多次尝试降低他们需要管理的复杂性。他们首先尝试改变的模式是尝试退出运维领域，转而采用供应商托管的开源 IaaS 解决方案，将运维责任转移给各应用团队。在其他公司，将运维负担转移给供应商或许能解决问题。但由于该公司对多云架构的需求，不同供应商平台间的差异使得应用团队难以独立完成运维管理。这一问题直到供应商方案部署后才被充分暴露：由于应用团队缺乏深入排查复杂问题的能力，DRE 团队仍然不断接到紧急问题处理请求。此时他们才意识到，所谓"退出运维领域"最终却演变成"以运维团队的身份继续深陷其中"。

下一个策略是借鉴 SRE 的经验（https://oreil.ly/p5cFs），尝试通过改进 SLA 文档来改善现状。其核心思想是清晰记录团队在 SLA 框架下能够支持和无法支持的内容，从而帮助应用团队认识到，他们的定制化配置无法仅由 DRE 团队独自支持，而需要建立一种共享运营模式。DRE 团队将此视为一种理性的折中方案，既能满足客户的定制化需求，又能在团队规模化管理能力范围内实现平衡。然而，在客户看来，这更像是一种律师式的责任推脱，他们认为团队正利用规则和流程将自己定位为顾问和布道者，而非真正的责任主体。虽然 Ian 通过自上而下的交接促成了与一个最大客户的合作转移，迫使双方各自做出妥协，但显然，如果无法避免持续的冲突和组织间的政治斗争，这种方式将难以维持下去。

团队接下来转向了一种基于软件的方法：完全封装。在第一部分中我们已经提到，通过创建一个服务 API 层，完全封装开源 API，从而使平台团队能够完全掌控他们支持和运营的内容。尽管用户对于放弃对数据存储的直接访问权限，转而选择这个选项并不感兴趣，但团队想到了一个主意，即将这个选项与一项支持多区域读写且具有简单（键值）语义的功能相结合。早期客户对此感到满意，但当平台团队寻找下一批潜在客户时，他们发现其他客户在短期内对多区域使用场景并不感兴趣，反而更需要一个完整的 SQL 接口。因此，团队开始规划添加次级索引的计划，希望最终能够支持 SQL 语义。此时，Ian 介入并指出，构建一个内部的全球 SQL 数据库，与其说是雄心勃勃，不如说是一个几乎不可能实现的梦想。

## 13.5.3 影子平台带来重新规划

在这三次尝试期间，一些感到受挫的应用团队已经开始自行搭建影子平台，以满足他们的特定需求。例如，他们使用 MongoDB 来实现文档数据支持，采用 Foundation DB 来提供可水平扩展的事务性写入语义。这种情况通常具有一些共性：在应用团队快速扩张时，他们乐于承担所有运维工作；但随着初期工程师的离职以及运维负担的持续增长，这些团队迫切希望将运维职责移交给平台团队。尽管在现有技术栈中引入更多开源解决方案与团队的既定方向背道而驰，但这表明公司确实有某些需求未被满足。为此，Ian 要求他的团队深入思考如何有效地满足这些需求。

在这一阶段，团队通过引入一些具有产品化基础设施建设经验的管理者来进行重新规划。这些管理者首先开展了产品发现工作，全面审视现有系统的解决方案集合，并运用自身经验深入调查应用团队对这些系统的真正需求。具体来说，他们着重分析团队在使用 Cassandra、MongoDB、PostgreSQL、Kafka 和 FoundationDB 时必须满足的需求，而不仅仅是偏好性需求。基于这些洞察，平台团队致力于识别一个更小范围的共同需求，从而减少一到两个更广泛的解决方案。通过这项努力，他们发现了两个重要的机会：

*简化*

市场对跨应用程序的配置平台需求十分旺盛，而此类平台只需简单的键值对逻辑即可满足需求。为此，团队利用 Foundation DB 的影子平台投资，打造了一项专注于解决这一用例的托管式服务。

*组合多个基本元素*

市场对模式感知的解决方案依然存在需求，但通过产品调研发现，这类需求既与 ACID 事务处理相关，也同样涉及缓存和搜索功能。团队意识到，如果将 PostgreSQL 与搜索能力和缓存机制结合在一起，就可以打造一个更简化的 SQL 系统，足以满足大多数客户的需求。

他们还意识到，如果这两个项目能够成功推进，那么现有的主平台（Cassandra）和辅助平台（MongoDB）都可以退役。

## 13.5.4 重新规划的执行

为了打造这些新平台，团队与那些对相关服务有迫切需求的应用团队紧密合作。这种协作模式促成了平台的快速开发。尽管这些平台简洁高效，但已成功满足了早期用户的需求，并使他们成为公司内部平台建设的坚定支持者。这些初期的成功树立了良好的典范，随着平台逐步成熟，越来越多的应用团队也踊跃加入。

总的来说，经过大约四年的反复迭代，他们才找到了正确的产品方案，这一方案既能满足主要应用程序需求，又能在限制平台团队复杂性的同时，实现对增长的有效控制，从而避免未来的功能开发完全被影子平台接管[注4]。你可能会质疑，一个经历了三次失败尝试和多年迁移的过程是否真的算成功。但这正是应对企业独特复杂性的平台构建的真实写照：平台会不断演进，权衡往往十分困难，有时即使问题已经明确，最佳解决方案在当时也可能无法实现。因此，不要害怕继续迭代优化。

# 13.6 结语

对于平台团队而言，达成一致与信任虽然充满挑战，但这些目标是可以实现的。而管理复杂性则是一颗指引方向的北极星，它将引领你的组织前行，尽管你可能永远无法完全实现对它的掌控。我们确实可以采取措施来识别复杂性，并通过实践经验加以控制，但复杂性始终存在。这并不意味着我们应当因此而放弃。当你发现过度的人际协调或影子平台的存在时，应将这种情况视为一个契机，去开发新的自动化方案，简化流程，并深入理解客户需求。随着平台组织的不断发展和成熟，要始终牢记这一指引：过快的增长可能会使控制复杂性变得愈发困难，而在产品需求探索的迭代过程中，寻求最简单且可扩展的解决方案尤为关键。你用于思考并降低用户面临的复杂性的时间越多，你的平台也将变得愈加成熟。

---

注4：如果不坦诚面对这次转变所需付出的代价，那将是我们的失职：在本书撰写时，团队正处于一个五年计划的第二年，最终目标是完全停用 MongoDB 和 Cassandra 的相关服务。

# 第 14 章

# 你的平台深受喜爱

> 爱究竟能带来什么？还能带来什么？爱不过是一种二手的情感罢了？
>
> ——蒂娜·特纳

我们认识一位平台产品管理主管，他将关键指标归纳为四点："更简单、更快速、更经济，以及让用户喜爱"。这通常会引发两个问题。第一个问题，正如本章开头引言中蒂娜·特纳所问的那样，我们认为这是一个完全合理的疑问：为什么一个面向内部工程师的系统需要做到如此出色，以至于让用户喜爱使用它？"喜爱"意味着你正在激发用户的情感共鸣。这对于那些销售产品并致力于建立品牌亲和力、以此吸引用户持续购买的公司而言至关重要，但对于一个内部平台来说，这真的应该是一个值得追求的目标吗？

这就引出了第二个问题：赢得平台用户的喜爱是否值得付出这样的成本？大型科技公司能够打造定制化的内部工具，让员工多年后依然赞不绝口（没错，说的就是你们，谷歌和网飞的员工）。然而，我们大多数人都无法投入如此多的精力和时间来优化用户需求——除非你是一家拥有与规模相匹配的利润空间的大型科技公司，否则从经济角度来看，这样做似乎并不合理。

要回答这两个问题，不妨回想一下你日常使用并喜爱的工具：车库、厨房、浴室中的那些工具。它们很少是市场上价格最高的，也很少是那种试图满足所有需求的工具。相反，它们经过精心设计，以满足特定需求，正好契合你的使用习惯。你之所以喜爱它们，是因为它们不仅高效实用，还让完成任务变得愉快。当我们谈论令人喜爱的技术平台时，说的正是这个道理。对于内部平台而言，"喜爱"是衡量生产力提升的理想参照。

为什么不直接谈论工程生产力呢？原因之一在于，我们至今尚未找到一种能够客观衡量工程生产力的有效方法，这种方法不仅难以适用于大多数情况，更不用说所有情境。当我们转而关注诸如"采用率"或"效率"等简单指标时，就会倾向于将工作的重点放在消除复杂性上，而非管理复杂性。这几乎总是导致我们构建出便于平台团队控制的系统,而非应用团队真正喜爱的系统。正如 Oscar Wilde 所言,愤世嫉俗者是那种"知道万物价格却不识万物价值"的人。因此,我们强调"喜爱"这一概念,以提醒大家:真正的成功远非仅仅提升某个数字那么简单。

令人欣慰的是,我们的经验表明,通过构建令人愉悦的工具来激发用户的热爱,是每个团队都可以努力实现的目标。在本章中,我们将分享一些被用户喜爱的实际平台,并深入探讨它们成功的原因。同时,我们还将讨论,在评估用户喜爱度时,为什么需要谨慎对待简单化指标。

---

### 成功的假象:谎言、CSAT

许多平台团队将客户满意度问卷调查作为收集关键指标的一种方法。在这些调查中,CSAT 是一个常用的衡量指标。以此为目标,你可能会认为这是一种衡量平台受欢迎程度的终极工具——因为用户感到满意是因为他们认为平台能够很好地支持他们完成工作。

我们在各个平台上进行了这些调查,结果显示:它们不仅提供了一些有趣的基础信息,同时也带来了一些误导信息。因此,在你准备发布客户满意度调查之前,请先考虑以下几点:

*你是否获取了优质的客户样本*

如果在客户满意度调查的回复率很低的情况下夸耀调查结果,你将会迅速失去客户的信任。开展此类调查时,你需要确保从目标受众那里获得充分的回复率,而不是仅仅依赖少数愿意填写问卷的人。调查可能会出于两个原因而失败:要么只吸引到最不满意和最爱表达意见的目标群体,要么因为回复率过低导致组织内部可能影响数据的客观性。切勿利用样本数据欺骗他人。对于规模较小的用户群,应当竭尽全力获取最高的回复率;对于规模较大的用户群,则应确保获得各个主要用户群体的代表性回复,无论这些群体是按组织区域、角色类型、使用频率还是其他维度划分。在分享调查结果时,应如实披露回复率、受访者构成以及调查覆盖范围中存在的局限性。

*你会根据这些调查结果改变工作吗*

在进行调查时,如果你询问用户他们对哪些产品最不满意、希望在哪些方面看到投资,或提出其他可能让受访者认为你会根据他们反馈调整关注点的问题,请务必确保你已经准备好真正采取行动。如果用户年复一年地在调查中反馈同样的问题,不断抱怨某个系统或反复请求某项功能,却始终看不到任何实际改进,那么这只会让他们对你的团队更加失望。

*你是想影响受访者,还是确实关心他们的反馈*

你可以设计一份有偏向的问卷,让你钟爱的项目看起来像是最佳选择,但我们恳请你不要这样做。这项调查的目的应该是了解人们的真实需求，而不是为了诱导他们为你的预设决定背书。

**基于这些反馈，你是否能够实现一些实际可交付的成果**

同样地，如果你向人们提供若干个听起来很不错的选项，而他们对你的所有想法都充满热情地回应，你真的能够兑现所有这些方案吗？务必要现实些。与其询问人们是否喜欢一长串诱人的选择，不如请他们按照优先级排序。

话虽如此，一份优质的客户调查确实能够提供大量有价值的见解和支持。有时，调查会揭示出大部分客户对某个系统感到极度沮丧的情况。我们曾见过一些调查结果，让平台团队意识到他们原本认为只是小问题的系统不稳定性，其实是一个许多人深切感受到的重大问题。知道系统存在稳定性和性能问题是一回事，而从那些平时不抱怨的用户那里收到大量反馈，明确地指出你正在给他们带来困扰，则是完全不同的感受！另外，调查也能揭示出用户真正喜爱的、需要重点保护的功能。

调查还可以为那些可能带来短期痛苦的重大变革提供理由。例如，我们注意到用户对代码审查流程的频繁投诉，这清晰地表明他们对我们的现有工具感到不满。尽管更换工具需要投入大量的迁移工作，但通过周密的规划、有效的沟通，以及以调查中记录的痛点作为支持性证据，我们成功向用户证明，这项工作正是为了回应他们对旧系统的种种不满而开展的。

调研（以及其他定性数据）是你工具箱中的重要组成部分，但需要以尽可能严谨的方式进行。精心设计调研问题，确保样本量足够，并认真思考如何根据结果实施切实可行的改进措施。如果调研被滥用，它将失去应有的价值——人们可能会拒绝参与或对结果漠然视之。一项调研若无法带来实际改变，被用来掩盖众所周知的问题，或是与现实严重脱节，注定会被人冷落。

# 14.1 喜爱，自然而然

在 Ian 作为一线工程师的 11 年职业生涯中，他最钟爱的一个平台是亚马逊的部署系统 Apollo。亚马逊无疑是一家规模庞大的科技公司，因此你可能会认为用它作为例子有些不够公正。然而，Apollo 系统构建于公司发展相对早期的 2004 年左右，而 Ian 在 2006 年开始使用它。尽管 Apollo 的出现早于容器技术，但它的核心功能与现代基于容器的部署系统类似——将二进制文件部署到文件系统，并通过启动和终止进程来运行这些文件。

尽管并非尽善尽美，但普遍的体验是它确实奏效了。在亚马逊当时拥有 5000 名工程师的规模下，促成 Apollo 成功运作的要素包括：

*出色的 UI 和自动化接口*

很明显，UI 并非后来附加到底层实体模型或系统模型上的，用户也从未质疑 UI 显示的是否是系统的真实状态。系统的所有功能都可以通过 API 实现，同时也能通过 API 进行监控。Apollo 的诞生早于"自动化即配置"（Automation as Configuration）运动，因此所有的自动化均通过丰富多样的命令行脚本来实现。团队在这方面投入了大量工作，使得编写多个操作的自动化脚本变得非常便捷，从而有效规避了点击操作陷阱。

*明确的观点*

Apollo 对文件在主机上的部署方式以及发布流程有明确的观点，并提出了一套标准化且顺畅的路径。这些选择虽然对 20% 具有特殊需求的系统确实带来了一些挑战，但对于其余 80% 的系统而言，却实现了开箱即用的效果。为新应用程序配置发布流程变得极为简单，而且即便不同团队的应用程序架构截然不同（例如离线批处理与在线服务），他们依然能够遵循同样的发布流程，保持一致性。

*穿透机制*

为了支持剩余 20% 的特殊情况，该平台确实提供了一个关键机制，能够"穿透"抽象层次。当发布流程启动时，平台的自动化工作流允许用户在部署主机上执行任意脚本。这意味着，当应用程序有特殊需求时（例如，Ian 曾经遇到过一个服务，需要在新旧进程之间进行长达 10 分钟的状态交接，这种设计虽然并不理想，但短期内难以快速重构），你可以通过开发 Linux 脚本来实现这些需求。因此，尽管有时你可能会触及系统设计中带有主观性限制的边界，不得不编写额外的黏合代码，但你始终能够找到解决方案，而不会陷入无计可施的境地。

Ian 非常喜欢使用这个工具，并在长达七年的时间里将它应用于各种软件中。它赢得了他最喜爱的平台的地位，因为它能够将复杂的需求转化为恰当的界面，从而让一切正常运作。

# 14.2 喜爱也可能是一种取巧之道

在 Ian 的平台团队开发的产品中，最受用户欢迎的是我们在第 11 章提到的五个竞争中的计算平台之一——Waiter。Waiter 是一个经典的开创性产品，与那些为数据科学家开发工具的应用团队密切合作开发而成。正是这种与用户的紧密协作，使得 Waiter 深受喜爱，因为它能够精准满足用户需求，即便在其他平台工程师看来，它的实现细节有时可能显得像是一些临时手段或取巧方法，但这丝毫不影响它对用户的价值。

Waiter 成功的主要原因在于它专注于减少用户摩擦。平台的开创者们不仅关注应用程序开发人员的生产力，同时也注重提升数据科学家在迭代开发代码时调用应用程序的便利性。它最具创新性的功能是"以……身份运行"（run as）机制——工作负载能够以调用者的 UNIX 账户身份运行，并继承相应的访问权限和授权。从技术角度看，这需要将负载均衡器（用于拦截传入的应用程序调用）与编排器进行复杂且带有一定临时性质的集成，以确保应用程序进程能够以正确的账户身份启动。这样的设计使得应用程序的调用者能够直观理解应用程序可以访问哪些下游资源。这一特性对面向数据科学家的应用程序尤为重要，因为应用团队只需授予数据科学家对应用程序的访问权限，而无需额外管理数据访问权限，因为应用程序会以调用用户的身份运行，仅能访问该用户被授权查看的内容。这一机制还彻底解决了应用程序在开发者工作站上运行正常但在生产环境中出现问题时的调试难题。

最终，开拓者团队将系统移交给了一支定居者平台团队。这支团队在推动系统演进的过程中，延续了"效率优先"的核心文化，专注于提升系统的可扩展性。每当他们发现开发与生产体验之间存在差距时，便致力于消除这些用户使用中的摩擦，即便这意味着需要采取更多权宜之计的复杂实现方式。正如第 13 章所述，他们的使命是为用户管理复杂性，而非试图消除它。

除了 Waiter，我们还见过一些受人喜爱的黑客式系统，例如：一个服务库，当找不到正在运行的远程系统时，会启动一个进程内的实例（既令人胆战心惊，又极其巧妙！）；还有一个命令行工具，可以运行由单体代码库构建的任何二进制文件，无论它是否已部署到本地机器，都能按需拉取工件以启动必要的进程。这些系统处处彰显开拓者的印记：它们由那些致力于攻克难题、为所有人提供便利的人打造，但这些人可能并未深思它们在更大规模下的影响。尽管这些系统充满了丑陋的边缘案例，但它们都有一个共同的闪光点：让大多数用户根本不想费心思考的问题彻底消失。

当你接手这些系统时，可能会因为它们的缺陷以及给平台团队带来的困扰，而产生直接淘汰或彻底改变它们的想法。我们完全能够理解这种冲动，但我们建议，在计划重大变革之前，先通过用户满意度调查等方式，弄清楚哪些古怪的遗留系统深受用户喜爱，以及他们喜爱的原因。

## 14.3 喜爱可以很明显

Camille 所在的组织曾开发并推出了一个备受欢迎的内部 S3 版本。没错，你没看错——这样一项简单的内部 blob 存储服务竟然赢得了广泛的喜爱。当时，公司主要采用本地部署模式，尽管已有几项优质的内部存储解决方案，但仍缺乏一款兼容 S3 的对象存储服务。虽然用户并未明确提出这样的需求，但存储团队的产品经理坚信，只要推出这项服务，大家就会开始使用。他看到了 S3 在外部市场的广泛价值，尤其是在数据科学领域的工程师中，并确信这项服务会为内部用户带来显著的价值。事实证明，他的判断完全正确！这项服务在推出后迅速受到热烈欢迎，用户采用率节节攀升。

这或许看起来是显而易见的结果；毕竟，S3 是 AWS 最成功的创新之一。然而，一项技术即使在外界备受推崇，也并不意味着它一定会在你的组织内部获得认可——有些在市场上炙手可热的技术，一旦引入企业环境，可能以失败告终。在权衡是否引入某项技术时，如何才能最准确地预测它是成功还是失败？这取决于几个关键因素，这些因素对于打造深受用户喜爱的产品至关重要。而即便是在追随技术潮流时，也不能轻易视为理所当然：

*意识*

当用户不仅了解产品，还能够熟练使用产品时，说明一切进展顺利。这正是像 S3 这样的产品所具备的优势：许多开发人员在大学或其他公司就已经积累了使用经验，因此无须向他们解释产品的价值主张。同时，平台团队通过客户团队有效地传递了产品相关信息，从而确保他们能够及时了解产品的可用时间。

*兼容性*

在这种情况下，S3 具备额外的优势：工程师和数据科学家日常使用的许多工具本就支持 S3，因此大部分实施工作只需封装内部认证协议并进行性能优化，而无须设计所有可能的客户端实现。在将流行的外部技术引入公司生态系统时，常见的一个陷阱是，将新技术与现有软件系统进行整合所需的工作量往往超过了这项新技术所能带来的增量价值。而在这个案例中，团队通过及早开展整合工作，并提供开箱即用的良好用户体验，成功预见并避免了这一潜在问题。

*工程质量*

本书反复强调的一个核心观点是，如果这款产品在发布时不稳定，可能无法迅速获得当前的广泛采用。人们喜欢那些开箱即用、无须额外操作的产品，尤其是在处理关键生产负载时更是如此。由于该平台是基于生产级组件构建的，因此更容易实现稳定的产品交付。

*上市时间*

这款产品之所以备受青睐，部分原因在于它从产品洞察到正式发布的周期远短于大多数重要产品——在这个案例中，从产品经理启动研究到发布包含大部分客户系统集成的 Alpha 测试版本，仅用了不到一年的时间。这得益于平台构建在现有组件之上，无须大规模迁移即可投入使用，同时也不需要编写大量新的文档、开发集成接口或支持客户工具。利用亚马逊已有的成功与影响力，显著减少了产品开发工作量，而重用内部组件则大大降低了工程复杂性。正如我们在第 13 章中提到的，当你交付了一个出色的产品时，人们会忘记延迟交付的痛苦，但交付一个既出色又快速上线的产品，依然能让人感到非常欣慰。

这或许听起来算不上是卓越的产品管理智慧，但能够敏锐洞察到市场认知、适配性以及技术基础这三者的完美交汇，并将它们转化为迅速实现高价值的产品突破，这样的眼光实属难得。当这些要素水到渠成地融合在一起时，市场反响往往迅速而热烈。

## 14.4 喜爱的力量：让用户非凡卓越

Smruti Patel 是 Apollo GraphQL 的工程副总裁，拥有超过二十年的平台构建经验。我们邀请她分享一个关于如何打造深受用户喜爱的平台的故事，以及帮助用户实现卓越表现和自主能力的关键策略。以下是 Smruti 的分享内容。

---

### 平台视角

### 问题

由于多年积累的技术债务，我们的单体应用系统中存在着大量令人头疼的依赖关系。在开发者生产力调查中，开发人员经常反映他们无法确信当前生产环境中运行的变更内容。这种情况最终导致了多起线上事故，原因是意外将破坏性变更部署到生产环境中。

因此，我们决定构建一个服务交付平台。我们的目标非常明确：让产品工程团队的工作更加高效（将功能交付前置时间缩短 50% 以上），并使变更管理更加安全。

### 方法

我们有意识地将产品思维引入平台开发，明确定义了用户角色及他们需要完成的任务。根据我的经验，与其让 1000 个用户对我们的产品感到一般满意，不如专注于让 10 个用户感到超级满意，这往往更有价值。

要打造令人愉悦的用户体验，并赋能用户，让他们更出色，我们需要深入理解他们的工作流程，以及在平台之外我们能够提供的工具集。哪些是精心规划和铺就的路径？有哪些深度融入平台的防护机制？我们需要提供哪些应急出口？我们的目标是让正确的选择变得轻而易举，而错误的选择几乎无从下手。

当我们正确完成用户分析，并充分理解用户画像的技能组合、优势和痛点后，使用平台就如同使用一把瑞士军刀，可以灵活运用一系列专门针对需求、场合和用户成熟度的工具。关于用户成熟度，我倾向于从渐进式披露的角度思考，或者从分层的视角来看待解决方案。平台是为开发者服务的，当你在抽象掉一些复杂性的同时，总会有一些充满好奇心的开发者想要剥洋葱式探索，深入了解平台，并根据他们独特的需求进行调整和优化。一个成功的平台应该为这类开发者提供可编程和可组合的组件。

一年后，我们平台上的生产流量还不到 5%。不仅如此，我们还需要承担同时维护两个交付平台的成本：一个是尚未达到功能对等的新平台，另一个是仍在大规模使用的旧平台。总的来说，我们的处境甚至比 18 个月前刚起步时还要糟糕！

我们意识到，我们在平台推广中采取了一种"只要建好了，他们就会来"的心态。我们未能有意设计平台的推广方式，也未充分评估平台部署后组织需要承担的投入成本。结果是，我们未能实现预期效果——事实证明，仅仅完成平台的构建并不意味着我们的工作就已经结束。

为了解决这一问题，我们制定了一份详尽的迁移策略，其中既考虑了旧平台的平滑退出机制，也规划了新平台的顺利接入路径。我们发现，需要构建一个 A/B 测试工具，以便开发人员能够逐步调节流量，从旧平台逐步切换到新平台，同时确保整个迁移过程几乎不间断运行。

大约一年后，我们的所有服务（100%）都已迁移至新平台，每个新服务也都直接接入该平台。我们的功能交付平均时间不仅缩短了 50%，而且达到了 65% 的大幅缩减，同时生产环境中的破坏性变更也减少了许多。

> **要点回顾**
>
> 一个成功的平台能为组织带来的最大推动力，在于提升用户的工作效率，令用户感到愉悦，并让用户在工作中表现卓越。要实现这一点，不仅需要以产品思维来构建平台，还需要摒弃"只要建好了，他们就会来"的被动思维，转而采取更有针对性的策略，专注于从第一天起的主动采用。

# 14.5 结语

大多数时候，我们已经很幸运能够创造出那些淡然融入背景的产品——用户或许不会表达喜爱，但也不会频频抱怨或感到沮丧。Smruti Patel 曾在一次演讲中提到，一个好的平台应该像瑞士军刀一样，是一种无趣但有用的多功能工具，而不是像一朵神秘的野生蘑菇——你以为使用它会很有趣，但总是隐隐担心可能会有从糟糕到致命的体验。我们开发的平台大多会是无趣但有用的，它们或许不够有趣，但用户可以信赖它们完成预期的工作。

我们见过的最成功的平台之一，是一个在公司初创时期构建的分布式作业调度器。随着公司的发展壮大，这个平台也不断演进与成长，履行着它的职责，通过持续改进，并在必要时获得重大投资，确保能够提供作为关键系统所需的可靠性保障。多年来，许多人看到这个外表简陋的遗留系统后，都提议用更新颖、更复杂、功能更全面的系统来替代它——比如 Airflow、Luigi，或是当时流行的其他技术。这些尝试虽出于良好意图，但始终未能在主流系统中获得采用，仅在少数特殊系统中得以应用。与此同时，这个作业调度器依然稳步运行，通常仅需少数核心人员支持。这也揭示了平台的另一个教训：即使是最优秀的平台，有时也未被充分重视。

假如你计划用一个新平台替代现有的成功但被忽视的平台，并且相信这个新平台不仅能获得用户的接受，还能受到用户的喜爱，那么务必不要忽视我们在第 7 章～第 9 章中讨论过的那些基础性工作。你需要确保有一个完善的计划，明确现有系统中哪些功能正在被使用，然后要么通过重新架构解除那些紧密耦合的集成，要么在新系统中重新实现这些功能。同时，应采用双写模式（dual-write）以确保至少实现功能兼容，并且要周密规划迁移。在这个讲述"喜爱"的章节末尾提到诸多关于细节、规划和严谨性的内容，或许显得有些突兀，但请记住，这是平台工程。在这个领域，只有先建立起牢固的信任基础，才能让"喜爱"真正得以扎根。

# 结束语

在动笔写这本书之前,我们曾问自己:平台工程是否会成为短暂的行业风潮,就像过去 25 年间席卷整个行业的诸多潮流一样?尽管我们希望通过这本近 10 万字的著作已经让你确信并非如此,但我们仍然担心平台工程可能会沦为技术炒作周期的又一牺牲品。如今,供应商大力推销具体的实施细节,咨询顾问忙于编写各种检查清单,我们可能会为了在企业高管的仪表盘上呈现一些指标而忽视平台工程的核心本质与细节。

这正是我们在第一部分花费了大量篇幅来讨论当前行业所面临的复杂性的转折点的原因。尽管云计算、供应商和开源软件生态系统在业务需求的推动下加速了技术创新(2024 年,这主要集中在与人工智能相关的领域),但与 20 世纪 90 年代那个将服务器视为宠物般精心管理、依赖专有供应商平台的时代相比,软件系统并没有变得更加简单。困扰的焦点只是从与数据中心工程师打交道,转变为应对 Terraform 代码库中以复制粘贴为主的开发方式,但系统的复杂性依然如故。事实上,在持续追求创新的同时,加之整合遗留系统的需求,整体复杂性反而进一步增加,最终导致了我们在第 1 章中提到的那种过于泛化的泥沼。

业界需要转变对平台的认知:不能将平台简单地视为炒作周期的实现细节(例如 IDP[注1]),也不能将它当作当下热门的应用团队为了整合供应商和开源系统而采用的临时黏合剂,而不去考虑未来的成本。要超越这种短视的做法(并让应用团队接受这一理念),需要结合我们在第二部分中讨论的内容,比如:

- 构建兼具软件开发与系统运维专注领域及专业特长的跨职能工程师团队。
- 要解答团队应优先处理哪些任务这一问题,需要结合产品、工程和运维三方面的视角进行综合分析。
- 通过将敏捷方法与必要的严谨规划相结合来实现交付。

---

注 1:没错,这是讽刺。为什么在平台工程的热门搜索结果中,有如此多的内容都在讨论实现细节?我们不得而知,但可以肯定这只是短暂的风潮罢了。

- 与其直接开发新系统，工程团队往往需要投入更多时间来重新架构现有系统并从旧系统中完成迁移。

掌控这种平衡并非易事。失败的可能性无处不在，即使你取得了成功，也会不断受到来自团队、同行、利益相关者，甚至领导层的评判——而他们每个人对你所维持的平衡都只能窥见一隅。在第三部分中，我们展示了一些成功的案例，正如你所见，即使这些成功的背后也充满了无数令人沮丧的时刻。但话说回来，我们选择成为工程师，正是为了迎接棘手的挑战，而棘手的问题总是伴随着挫折——也正因如此，它们才称得上是难题。我们应当铭记，挫折为我们提供了培养谦逊和成长的契机。

这让我们不禁回想，为什么我们（Ian 和 Camille）即便面对重重挑战，依然坚持投身于这个领域。首先，这源于我们对技术基础层面的细枝末节的真诚热爱，以及对利用软件解决重大问题的无限热情。其次，我们对理解复杂系统充满热情，无论是技术层面还是人性层面，并致力于将这些洞察转化为改进的动力。最后，我们深信，这个行业在驾驭复杂性方面不仅可以做得更好，而且应该迎难而上，必须为工程师创造更高效、更便捷的工作环境。

能够读到这里的你们，同样具备这些特质。善用这些特质，成长为更卓越的平台工程领导者，汇聚团队内外拥有多元技能与视角的人才，共同构建公司所需的平台——即便面对阻力甚至反对，也要坚持不懈。真正的平台领导者，能够将摩擦转化为机遇，开创出整体价值超越个体之和的系统。以韧性、同理心和远见展现领导力，你终将让质疑者转变为坚定的信任者。

# 关于作者

**Camille Fournier** 是一位资深科技高管，拥有从早期创业公司到《财富》全球 50 强企业的领导经验。她曾是 CNCF 技术指导委员会的创始成员之一，现在是 ACM Queue 的编委。她在 O'Reilly 出版了 *The Manager's Path: A Guide for Tech Leaders Navigating Growth and Change* 和 *97 Things Every Engineering Manager Should Know* 两部著作。

**Ian Nowland** 拥有 25 年软件行业从业经验，最近 4 年曾在 Datadog 担任核心工程高级副总裁。在此之前，他曾供职于 AWS（2008 年至 2016 年），担任 Amazon EMR 项目的技术负责人，并领导了 EC2 Nitro 项目最初五年的研发工作。目前，他是一家创业公司的联合创始人。

# 关于封面

本书封面上的动物是一种名为大理石蝾螈（学名：*Triturus marmoratus*）的两栖动物，主要分布于西欧的法国和伊比利亚半岛。这种蝾螈因独特的外观而得名：深褐色或黑色的身体上布满不规则的绿色大理石状花纹。这种颜色为它在森林和草原的自然栖息地中提供了极好的伪装。此外，雌性大理石蝾螈的背部还有一条醒目的橙色条纹。雌性通常体型较大，体长为 5～6.5 英寸。

大理石蝾螈主要以昆虫、蠕虫和其他小型无脊椎动物为食，无论在陆地还是水中它都能捕食。虽然这种动物以陆生生活为主，但作为两栖动物，它们需要水域进行繁殖，并且通常在寒冷季节栖息在池塘中。每年二月的繁殖季节，雄性蝾螈的背部会长出醒目的羽状背冠，并通过摆动尾巴的动作传播信息素来吸引配偶。雌性蝾螈产卵时极为谨慎，会先嗅闻和检查水生植物的叶片，然后选择合适的叶片将每一颗卵单独包裹起来。研究发现，大理石蝾螈能够依靠地磁场和星座等天体线索来准确找到它们熟悉的繁殖池塘。

大理石蝾螈因栖息地丧失，已被世界自然保护联盟（IUCN）列为易危物种。O'Reilly 出版的图书封面上的许多动物都濒临灭绝，它们对这个世界都很重要。

封面插画由 Jose Marzan 创作，灵感源自 Lydekker 所著 *Natural History* 中的一幅黑白版画。该系列的设计由 Edie Freedman、Ellie Volckhausen 和 Karen Montgomery 完成。

# 推荐阅读

## ChatGPT 驱动软件开发：AI 在软件研发全流程中的革新与实践

作者：[美]陈斌　书号：978-7-111-73355-3

　　这是一本讲解以 ChatGPT/GPT-4 为代表的大模型如何为软件研发全生命周期赋能的实战性著作。它以软件研发全生命周期为主线，详细讲解了 ChatGPT/GPT-4 在软件产品的需求分析、架构设计、技术栈选择、高层设计、数据库设计、UI/UX 设计、后端应用开发、Web 前端开发、软件测试、系统运维、技术管理等各个环节的应用场景和方法，让读者深刻地感受到 ChatGPT/GPT-4 在革新传统软件工程的方式和方法的同时，还带来了研发效率和研发质量的大幅度提升。

# 推荐阅读

## 分布式系统架构与开发：技术原理与面试题解析

ISBN：978-7-111-71268-8

深入探讨分布式系统的14个核心技术组件，从实现原理到应用方式，再到设计思想，全方位解析其精髓。
结合阿里巴巴、京东、网易等行业巨头的面试真题，提炼面试技巧，助你在技术面试中游刃有余。

## DDD工程实战：从零构建企业级DDD应用

ISBN：978-7-111-71787-4

全面剖析领域驱动设计（DDD）的核心理念、技术架构、开发框架以及实现策略。以实际项目为蓝本，逐步引导你构建一个功能完备的企业级DDD应用，让你在实践中掌握DDD要点。

## Spring Boot进阶：原理、实战与面试题分析

ISBN：978-7-111-70674-8

详尽介绍Spring Boot技术栈的工作原理和最佳实践方法，涵盖Spring Boot的6大核心主题。针对每个知识点提供高频面试题目的深入分析，帮助你在技术面试和职业晋升中事半功倍。

# 推荐阅读

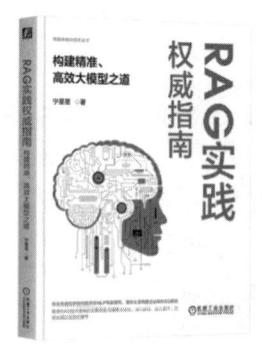